工程应用型院校计算机系列教材

安徽省高等学校"十三五"省级规划教材

胡学钢◎总主编

多媒体技术与应用

DUOMEITI JISHU YU YINGYONG

主　编　张　辉　王轶冰

编　委　（按姓氏笔画排序）

王轶冰　方　洁　刘　刚

吴　蕾　张　辉　施　俊

北京师范大学出版集团
BEIJING NORMAL UNIVERSITY PUBLISHING GROUP
安徽大学出版社

图书在版编目(CIP)数据

多媒体技术与应用/张辉,王轶冰主编. —合肥:安徽大学出版社,2020.12
工程应用型院校计算机系列教材/胡学钢总主编
ISBN 978-7-5664-2110-4

Ⅰ.①多… Ⅱ.①张… ②王… Ⅲ.①多媒体技术－高等学校－教材
Ⅳ.①TP37

中国版本图书馆 CIP 数据核字(2020)第 177356 号

多媒体技术与应用

胡学钢 总主编
张　辉 王轶冰 主　编

出版发行:北京师范大学出版集团
安 徽 大 学 出 版 社
(安徽省合肥市肥西路 3 号 邮编 230039)
www.bnupg.com.cn
www.ahupress.com.cn
印　　刷:安徽省人民印刷有限公司
经　　销:全国新华书店
开　　本:184 mm×260 mm
印　　张:19.25
字　　数:370 千字
版　　次:2020 年 12 月第 1 版
印　　次:2020 年 12 月第 1 次印刷
定　　价:49.00 元
ISBN 978-7-5664-2110-4

策划编辑:刘中飞　宋　夏　　　　　装帧设计:李　军
责任编辑:宋　夏　张明举　　　　　美术编辑:李　军
责任校对:陈玉婷　　　　　　　　　责任印制:赵明炎

前　言

　　计算机的发展日新月异，多媒体工具、技术和平台也在同步快速发展。事实上，这种变化的速度是以几何级数呈现的，多媒体的新概念和新应用在出现和得到广泛关注后，很快就会被无法预知的、更新的概念和应用所淹没。所幸的是，处理各种多媒体对象所涉及的基本概念和技术并没有特别大的变化，支持多媒体的计算机工作原理和基本结构也没有特别大的变化，因而我们还是可以从多媒体基本技术和基本应用方面来介绍计算机的这一领域，通过学习让计算机真正发挥其处理多媒体对象的能力。

　　本书主要介绍多媒体的基本组成部分、当前的主流技术和应用软件，探讨如何使用图像、动画、声音和视频素材，进行有意义的组合、存储和传输。书中讨论了设计、组织和制作各种多媒体产品的相关知识，同时还介绍了美学在多媒体设计中的应用问题。总之，本书是多媒体方面的一本具有现代气息、文理兼容、贴近生活的教材。

　　本书主要讨论了多媒体的基本组成元素和处理这些元素所需要的技能，详细介绍了所需要的硬件和软件工具，论述了如何选择颜色，如何合成、修改图像，如何制作动画帧、生成矢量动画，如何剪辑处理声音和视频，如何应用网络流媒体，以及如何在最新的 H5 环境下开发多媒体产品。同时，读者还可以了解到多媒体是如何与人进行交互的，多媒体数据压缩的必要性和具体方法，以及完成一个多媒体项目所要经历的过程。这个过程不但需要创意和创新，而且要求组织完善和对美学的基本认知，包括绘画、色彩和构图。

　　本书的读者可以是高等院校的在校学生，也可以是致力于多媒体制作的初创人员，或者是乐于接受新挑战并且不害怕创新工作的人。

　　本书由长期从事一线教学的教师结合多媒体教学、赛事指导以及多媒体产品开发等方面实践的成果编写而成。其中第 1、2、3、7 章由张辉撰写，第 4 章由方洁撰写，第 5 章由刘刚撰写，第 6 章由吴蕾撰写，第 8、9 章由王轶冰撰写，第 10 章由施俊撰写。

　　我们虽然尽最大努力为本书添加有关多媒体的软件和硬件技术资料,同时尽量不忽略任何我们认为重要的细节,但在写作的过程中受限于时间、精力以及个人能力,难免有疏漏错误之处,万望不吝赐教,帮助我们精益求精,更好地完善本书的后续版本。非常感谢与读者分享有关多媒体的经验,希望本书对您的工作学习有更好的提升。

本书编写组

2020 年 8 月

目　录

第1章 多媒体技术概述

当今世界,信息技术创新日新月异,数字化、网络化、智能化深入发展,在推动经济社会发展、促进国家治理体系和治理能力现代化、满足人民日益增长的美好生活需要方面发挥着越来越重要的作用。

全媒体不断发展,出现了全程媒体、全息媒体、全员媒体、全效媒体,信息无处不在、无所不及、无人不用……

——习近平

在信息化社会,信息交流呈现多样化、数字化等现代特征,促进大众传播媒介产生方向性的变革,多媒体技术应运而生。

多媒体是使用微信聊天时的"呵呵"或者笑脸😊,是自拍后一键美颜的照片,是被孩子模仿必杀技的"奥特曼"动画,是等待地铁时耳机里传来的"我和我的祖国,一刻也不能分割"的音乐旋律,是在生日 party 上蛋糕砸向脸时的精彩短视频;多媒体也是实时视频会议、语音智能助手、大规模在线课程、即时战略游戏,甚至是 AI 语音识别产生的同声翻译、身临其境的 VR 赛事直播、3D 体验的虚拟试衣、AR 汽车驾驶信息的抬头显示、全息投影的舞台美术和科幻电影、远程医疗的实时控制和健康监测……总之,所有涉及图、文、声、像的集成、控制与交互的电子信息都可以归结为多媒体。

本章首先讲述多媒体和多媒体技术的主要概念以及数字化表示,然后详细阐述多媒体技术的发展和未来趋势,最后介绍多媒体在不同领域和行业中的实际应用。

1.1 基本概念

多媒体技术是计算机技术和社会需求相结合的产物,是简捷、形象地传播信息需求的产物。其核心是利用计算机技术对多种媒体进行处理,通过交互方式进行控制,使计算机在更广泛的应用领域发挥作用。

1.1.1 媒体与多媒体

1. 媒体的概念

解释多媒体首先需要弄清楚什么是媒体? 说到"媒体"很多人会想到报纸、杂志、新闻、广告等等。有些人会说我从事媒体行业,这里的媒体概念更倾向于传播学范畴。在信息传播媒介中,以纸质为媒介的报纸、杂志被称为第一媒体,以电波为媒介的广播被称为第二媒体,以图像为媒介的电影、电视被称为第三媒体,而以比特(字节)为媒介的互联网络则被称为第四媒体。

但是,从计算机领域来说,媒体一般包括两层含义:第一,媒体是储存信息的实际载体,如纸张可以记录文字,磁带可以记录声音,磁盘、光盘、半导体存储器可以记录文本、图像和音视频等文件;第二,媒体是表示信息的形式,包括文本、图形、图像、动画、音频、视频六大类。其中,文本、图形、图像均不随时间的变化而变化,被称为静止媒体;而动画、音频、视频可以随时间的变化而变化,被称为动态媒体。

根据国际电信联盟电信标准局的建议,媒体可分为以下五类。

(1)感觉媒体。感觉媒体是人类接触信息的感觉形式,即视觉、听觉、触觉、嗅觉和味觉,一些心理学家经过研究证明,视觉是人类接收信息的主要途径,经由视觉接收的信息占信息来源总量的83%,经由听觉接收的信息占信息来源总量的11%,而经由触觉、嗅觉和味觉接收的信息总量只占信息来源总量的6%,如图1-1所示。多媒体传统技术主要是研究视觉和听觉这两方面的知识,而触觉、嗅觉和味觉主要在虚拟现实技术中进行研究。

视觉　　　　　听觉　　　　触觉、嗅觉和味觉

图1-1　人类信息来源途径占比

(2)表示媒体。表示媒体是为了表达、处理和传输信息而构造的一种表达形式,即文本、图形、图像、动画、音频、视频等人类感知的内容在计算机中的数据格式和编码,如 ASCII 英文字符编码、JPEG 图像编码、MPEG 音视频编码等。这些数据格式和编码在计算机内一般以文件形式存在。信息借助表示媒体得以呈现。

(3)显示媒体。显示媒体也称表现媒体,主要是用来表现和获取表示媒体的物理设备,可以简单地将其理解为输入输出(I/O)设备。将信息从外部环境表现到计算机内部就是输入的显示媒体,将信息从计算机内部表现到外部环境就是输出的显示媒体。输入的显示媒体包括键盘、鼠标、麦克风等,输出的显示媒体包括显示器、打印机、音箱等。

(4)存储媒体。存储媒体是用来保存表示媒体的物理设备,便于计算机随时调用和处理存放在其中的信息编码,如内存、磁盘、光盘、优盘,甚至网络云盘等。

(5)传输媒体。传输媒体是用来传输表示媒体的物理设备,可以是有线传输介质,也可以是无线传输介质,如双绞线、同轴电缆、光纤、电磁波等。

2. 多媒体的概念

多媒体的英文为 Multimedia,由 Multiple 和 Medium 两词复合而成,仅从字面理解,多媒体就是多种媒体复合而形成的表示媒体。区别于单一媒体,多媒体是通过计算机进行数字化处理、传输和存储,具有人机交互功能的两种或两种以上表示媒体的集合。它将酷炫的图片和动画、动人的音乐、具有震撼力的影像以及最初的文本信息编织在一起,使用丰富多彩的方式来表达,作用于人类的视觉和听觉,并让人们可以对这些信息进行交互式的控制。

多媒体的实质是将自然存在的各种媒体数字化,利用计算机对这些数字信息进行加工处理并呈现给用户。在日常生活中,人们可以使用印刷文字、自然语言、视觉影像,甚至手势和体态进行信息传递,也可以通过触觉、嗅觉和味觉感受外界信息,因此从某种程度上说,人也是一种所谓的"多媒体信息处理系统"。

在现代多媒体技术领域,多媒体对象通常是指以下几种。

(1)文本。文本包括文字和符号,可以是使用文字编辑软件生成的文字,或者使用图像处理软件生成的图形符号,是采用数值编码、ASCII 编码或汉字编码形成的数据格式。

(2)图形。图形是计算机在平面坐标系和空间坐标系中,通过对运算表达式进行矢量运算和对坐标数据进行描述而形成的运算结果。由于图形具有方向和长度,因此又被称作"矢量图"。矢量图是通过计算产生的,放大后不会变形失真。

(3)图像。图像是自然界中的客观景物通过某种系统的映射,使人们产生的视觉感受。在计算机中,图像用像素点进行描述。有序排列的像素点表达了自然景物的形象和色彩,而像素点又是由二进制进行描述的,因此图像又称作"位图"。位图是由像素点构成的,放大后会失真。可以根据图像是否随时间变化而变化将其分为静态图像和动态图像两种。

(4)动画。动画是动态图像,由很多内容连续但各不相同的画面组成。由于每幅画面中的物体位置和形态不同,在连续观看时,给人以活动的感觉。动画有矢量动画和帧动画之分。矢量动画是在单画面中展示动作的全过程,是计算机的运算结果。帧动画则使用多画面来描述动作。一般来说动画是人为创作出来的,与真实影像记录的视频有所不同。

(5)音频。音频俗称声音,是振动产生的声波,通过介质(气体、液体、固体)传播并能被人或其他生物的听觉器官所感知的波动现象。根据表现的元素不同可将其分为语音、音乐和音响。

（6）视频。视频也是动态图像，是连续地随时间变化的一组图像，一般来说当图像是实时获取的自然景物时，称为"视频信号"。视频技术是获取、记录、处理、传输和重建动态图像的一种技术。

上述媒体对象在计算机中都需要经过数字化处理，以具体的文件形式保存在外存中。其中，音频文件格式有 WAV、MP3、MID 等，视频文件格式有 AVI、MPG 等。这些媒体文件都遵循国际制定的软件工业标准，规定了各种文件的数据格式、采样标准、量化指标以及相关的限制操作，统一硬件标准和网络标准，从而保证多媒体软件可以正常处理这些媒体文件。

1.1.2　多媒体技术

多媒体技术是利用计算机对文本、图形、图像、动画、音频和视频等多种信息综合处理、建立逻辑关系和人机交互作用的技术。

特别需要注意的是：多媒体技术以计算机为中心，建立在计算机技术基础之上；多种媒体的集合并不是简单组合，而是媒体与媒体之间具有内在的逻辑联系；交互性是多媒体的特征之一，没有用户与计算机的信息交换就不存在"多媒体"的概念。例如，传统电视节目虽然也是多种媒体的集合，但是由于信号是单向传递，不具备交互性，因此一般不被称为多媒体应用；而通过计算机来辅助教学，多种表示媒体在课堂上进行交互展示，就可以被称为多媒体教学了。

1. 基本特征

多媒体技术涉及的对象是各种媒体，即图、文、声、像的信息载体。从发展的角度来看多媒体技术具有以下四个基本特征。

（1）多样性。信息媒体的多样性决定了多媒体技术具备多样性特征，多样化的信息载体使得信息在交互过程中更加自由。如媒体信息可以存储在磁盘中，也可以存储在光盘中，甚至网络环境中，而同样的信息又可以通过不同的文本、图像、音视频进行表示，这就是多样性。

（2）集成性。集成性不仅包括信息媒体的集成一体化，还包括多媒体设备的集成处理。目前，完善的多媒体产品都具有图、文、声、像的综合功能，而每种信息载体有自己的特性，如文本表现更准确，图像表现更直观，动画和音视频表现更完整。多媒体对信息的集成处理就是通过多种途径获取信息，用统一格式存储、处理和合成，从而形成一个有机的、不可分割的整体。多媒体设备的集成性将不同功能和种类的设备集成在一起完成信息处理工作，为多媒体产品的开发与实现建立一个理想的集成环境。

（3）交互性。用户可以与计算机的多种媒体信息进行交互操作，包括数据交换、媒体交换、控制权交换等。交互可以增加用户对媒体信息的注意力和理解力，可以控制何时呈现何种媒体元素。媒体信息的交互性取决于具体的需求,而多媒体技术必须保证这种交互可以实现。

交互性具有不同层次,可以简单分为物理交互、情感交互和智能交互。其中,物理交互的对象是单一媒体信息或传感设备,如信息检索或仪器控制。情感交互让用户有更好、更愉悦的体验。这里一般涉及多种媒体信息,调动多种感官的参与,如人性化的出错提醒抚慰焦虑,情感化设计的产品界面降低用户使用难度。智能交互可以让用户进入一个与信息环境一体化的虚拟信息空间,用户本身也成为多媒体系统的一部分,达到交互应用的高级阶段,如虚拟现实(VR)游戏,增强现实(AR)全息投影等。

(4)实时性。实时性也称及时性,是多媒体技术对动画、音频和视频这些与时间紧密相关的动态媒体进行处理时,在规定时间内的反应能力。单机的媒体播放,网络的媒体传输都要尽量避免延时、断续和停顿等。实时性需要通过媒体压缩技术、数字编码技术、网络通信技术等来降低数据量,优化文件格式,提升网络带宽,保障声音、画面的流畅和同步。

2. 关键技术

多媒体的关键技术用来解决图像、音频、视频信号的获取和处理问题,包括多媒体数据的存储技术、压缩技术、通信技术和各种媒体的处理技术等。

(1)多媒体存储技术。由于多媒体数据不同于传统的数据类型,数据庞大且具有并发性和实时性。因此多媒体存储技术既要考虑储存介质,又要考虑储存策略。以磁盘为标志的大容量数据存储技术可以满足多媒体信息储存的要求,以光盘为代表的光存储技术也不断创新,并得到了广泛的应用,促进了多媒体技术的进一步发展。磁盘和光盘互相竞争,促进了存储技术的发展。随着通用性和便携性的要求越来越高,闪速存储器(Flash Memory)已经成为各类数字设备的常用存储介质,而基于云计算的分布式存储技术,更是实现了互联网虚拟化资源的扩展,在多媒体应用方面作用显著。

(2)多媒体压缩技术。数字化的多媒体数据的存储空间越来越大,给数据的保存和传送带来了困难。为了解决数据传输通道带宽和存储容量限制的问题,必须要通过不同的标准和算法对多媒体数据进行压缩,否则将在很大程度上限制多媒体技术的发展。虽然数据压缩既包含硬件技术,也包含软件技术,但是数据压缩的实现都是数学运算的结果。

数据压缩技术的研究主要包括:
①图像信号、视频信号和音频信号的压缩编码;
②文件存储系统和分布式系统的数据压缩编码;
③数据安全保密的压缩编码。

（3）多媒体通信技术。多媒体通信技术突破了计算机、通信、广播和出版的界限，使它们融为一体，利用通信网络综合性地完成文本、图形、图像、动画、音频和视频等媒体信息的传输和交换。多媒体通信网络在同步控制和差错控制机制方面都有极高的要求，如目前很流行的视频会议、网络直播，甚至短视频分享都是基于此通信技术发展而来的。流媒体技术是解决媒体信息流如何进行实时传送的技术，在 P2P(Peer To Peer)对等网络通信中，流媒体的去中心化视频技术更是区块链技术的直接应用。

（4）各种媒体的处理技术。数字图像处理技术、数字音频处理技术、计算机动画处理技术和数字视频处理技术都是将不同的媒体信息进行数字化后并利用计算机进行处理的过程。由于研究深度不同，本书仅仅从常规的存储、压缩和应用操作角度对以上内容进行表述。如图像处理中侧重介绍如何改变图像的色彩和形状，如何进行合成、修改以及文件格式的转换；音频处理中侧重介绍如何进行数字化，声音的编辑、合成、去噪，以及如何添加特效；动画处理中侧重介绍如何绘制生成动画，产生动态视觉的艺术效果；视频处理中侧重如何采集视频素材、编辑视频、同步音频、添加特效、进行重放等等。

总之，多媒体技术是以计算机为中心的综合技术，它包括信息处理技术、音频和视频技术、计算机硬件和软件技术、图像压缩技术、人工智能技术、机器学习模式识别技术、网络通信技术等等。随着计算机和网络的发展，时代也在不断地赋予多媒体技术以新的内涵和外延。

1.1.3　数字媒体和数字化表示

1. 数字媒体

数字媒体(Digital Media)是指以二进制数的形式记录、处理、传播、获取过程的信息载体。数字媒体可以在计算机上创建、浏览、分发、修改、存储，包括计算机程序和软件、数字影像、数字视频、网站网页、数据和数据库、数字音频、电子书等。与数字媒体相对应的是实体书、报纸、杂志等平面媒体，以及图片、胶片、录音带等模拟媒介。

数字媒体和多媒体的关系在于：二者都是通过数字技术对信息进行处理、储存和传播，数字媒体包含在多媒体范畴之内，多媒体是通过数字媒体技术处理后的结果；同时，数字媒体按组成元素可以分为单一媒体和多媒体，单一媒体是单一信息载体的表示方式，而多媒体是多种信息载体的表示方式。

另外，多媒体必须以计算机为中心。早期的 DOS 操作系统只能以单一的字符命令来控制计算机，虽然也是数字媒体的一种，但是只能被称为非多媒体计算机；后期的图形化 Windows 操作系统，不仅可以识别字符，还可以识别声音、影像,使用户能用多种方式与计算机进行交互,因此可以被称为多媒体计算机,当然这里还必须符合一系列的多媒体标准。

2. 数字化表示

在信息社会,数字化是重要的技术基础。数字化是将一个模拟对象通过采样生成其数字表示的过程。其核心思想和技术是利用计算机的数字逻辑世界来映射现实物理世界。数字化技术中的二进制位——比特(bit)已经成为信息社会人们生存环境和生存基础的 DNA,并不断改变着人类的生活、工作、学习和娱乐方式。离开数字化,信息社会就是空中楼阁。因此,有时将数字化社会作为信息社会的代名词。

在数字化社会,编码与人们密切相关。编码没有严格的定义,通俗地说,用数字、字母等按规定的方法和位数来代表特定的信息即为编码,主要用于实现人与计算机之间的信息交流。必须将文本、图形、图像、动画、音频、视频等各种数据进行二进制编码才能存放到计算机中进行处理。编码的合理性影响到这些数据占用的存储空间和使用效率。

由于计算机中存放的任何形式的数据都以"0""1"序列的二进制编码进行表示和存放,因而不同媒体的数据,不管外界环境呈现的信息如何表示,在计算机内部必然都要转换为二进制编码,图、文、声、像殊途同归。同样的,从计算机内部向外界环境输出数据而进行逆向的数据转换称为解码。各类数据在计算机中的转换过程大致如图 1-2 所示。

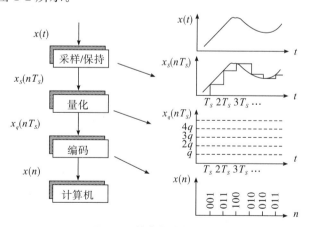

图 1-2 信息数字化过程

文本媒体的数字化过程比较简单。英文字符一般用 ASCII 编码转换为对应的二进制数,汉字字符通过汉字编码转换为对应的二进制数。目前,国际上研究多语言的统一编码 Unicode 可以满足跨语言、跨平台进行文本转化和处理的要求,同时还可以向后兼容 ASCII 码。

图形、图像、动画、音频、视频这些媒体信息中,音频是对声波的处理,动画和视频是动态图形图像,因而只要考虑声音信息的数字化和图形图像的数字化。

(1)声音信息的数字化。如果要使用计算机对声音进行处理,就需要将声音的模拟信号转换为数字信号,这一转换过程称为模拟音频的数字化。数字化过程涉及声音的采样、量化和编码。采样和量化的过程可由模数转换器(analog to digital conversion,A/D 转换器)实现。A/D 转换器以固定的频率采样,即每个周期测量和量化信号一次。经过采样和量化的声音信号再经过编码后就称为数字音频信号,以数字声波文件形式保存在计算机的存储介质中。若要将数字声音输出,则必须采用数模转换器(digital to analog conversion,D/A 转换器)将数字信号转换成原始的模拟信号。

要想在计算机上播放音频文件,就必须使用音频或媒体播放器软件。常见的媒体播放软件有 Windows Media Player 和 iTunes。也可以用应用软件或移动端 App,如酷我音乐盒、网易云音乐等,播放音频文件。

(2)图形图像的数字化。在计算机中,图形与图像既有联系又有区别。他们都是一幅图,但产生、处理和存储的方式不同。

图形一般是指通过绘图软件绘制的,由直线、圆、曲线等图元组成的画面,计算机通过计算生成矢量图。矢量图最大的优点在于对图形中的图元进行缩放、移动和旋转并不会失真,而且占用的存储空间较小。矢量图存储的是描述生成图形的指令,因此不必对图形中的每一个点进行数字化处理。

图像是由扫描仪、数字照相机、摄像机等输入设备捕捉的真实场景画面产生的映射,数字化后以位图形式存储。位图是由一个个像素点构成的,因此放大、缩小都会失真,占用的空间也较大。现实中的图像是一种模拟信号,图像的数字化是指将一幅真实的图像转变为计算机能够接受的数字形式,涉及对图像的采样、量化和编码等。

在后续章节中有对不同信息进行数字化的详细讲解,包括数字化过程、数字化的质量标准和对应的适用范围。

1.2　多媒体技术的发展历程和发展趋势

1.2.1　多媒体技术的发展历程

多媒体技术的一些概念和方法起源于 20 世纪 60 年代。1965 年,泰德·纳尔逊(Ted Nelson)为计算机处理文本文件时,提出了一种把相关文本组织在一起的方法,并为这种方法杜撰了一个词,称为"超文本"。与传统的文本不同,超文本以非线性方式组织文本,使计算机能够响应人的思维,而且能够方便地获取所需要的信息。多媒体信息正是采用了超文本思想与技术,构造了全球范围的超媒体空间。多媒体技术初露端倪则是 X86 时代的事情。如果非要从硬件上来印证多媒体技术全面发展的时间的话,准确地说应该是在 PC 上第一块声卡出现后。早在没有声卡之前,显示芯片就已经出现了。显示芯片的出现标志着电脑已经初具处理图像的能力,但是并不能说明当时的电脑可以发展多媒体技术。1984 年,第一块声卡的出现,不仅标志着电脑具备了音频处理能力,也标志着电脑的发展终于进入了一个崭新的阶段——多媒体技术发展阶段。

1988 年,运动图像专家组(Moving Picture Expert Group,MPEG)的建立使多媒体技术的发展如虎添翼。进入 20 世纪 90 年代,随着硬件技术的提高,特别是 80486 芯片电脑问世后,多媒体技术高速发展时代终于来临。20 世纪 90 年代中后期,多媒体技术的发展速度让人惊叹不已。不过,无论其发展多么纷繁复杂,似乎总有两条主线可循:一条是视频技术的发展,一条是音频技术的发展。从 AVI 格式出现开始,视频技术进入蓬勃发展时期,这个时期内的三次高潮主导者分别是 AVI、Stream(流媒体格式)以及 MPEG。AVI 的出现无异于为计算机视频存储设定了一个标准,Stream 使网络传播视频成为了非常轻松的事情,而 MPEG 则让计算机视频应用得到了最大化普及。音频技术的发展大致经历了两个阶段,一个是以单机为主的 WAV 和 MIDI 发展的阶段,一个就是随后出现的各种网络音乐压缩技术发展的阶段。具体来说,多媒体的发展主要经历了启蒙发展、标准化应用和蓬勃发展三个阶段。

1. 启蒙发展阶段

多媒体技术诞生于 20 世纪 80 年代中期。1984 年,美国苹果公司在研制麦金塔(Macintosh,MAC)计算机时,为了增加图形处理功能,改善人机交互界面,创造性地使用了位图(bitmap)、窗口(window)、图标(icon)等技术。这一系列改进所带来的图形用户界面(graphical user interface,GUI)深受用户的欢迎,加上引入鼠标(mouse)作为交互设备,配合 GUI 使用,大大方便了用户的操作。美国苹果公司在 1987 年又引入了"超级卡",使 MAC 机成为更容易使用、学习并且能处理多媒体信息的机器,受到计算机用户的一致赞誉。

1985 年,美国微软公司推出了多用户的图形操作环境 Windows。Windows 使用鼠标驱动图形菜单,是一个具有多媒体功能、用户界面友好的多层视窗操作系统。

1985 年,美国 Commodore 公司推出世界上第一台多媒体计算机系统 Amiga。Amiga 机采用 Motorola M68000 微处理器作为中央处理器,并配置 Commodore 公司研制的图形处理芯片 Agnus 8370、音响处理芯片 Pzula 8364 和视频处理芯片 Denise 8362 三个专用芯片。Amiga 机具有自己专用的操作系统,能够处理多任务,并具有下拉菜单、多窗口、图标等功能。

1986 年,荷兰 Philips 公司和日本 Sony 公司联合研制并推出交互式光盘(Compact Disc Interactive,CD-I)系统,同时公布了该系统所采用的只读光盘(Compact Disc Read-Only Memory,CD-ROM)的数据格式。这项技术对大容量存储设备光盘的发展产生了巨大影响,经国际标准化组织(International Organization for Standardization,ISO)认可后成为国际标准。大容量光盘的出现为存储和表示文字、图形、图像、音视频等高质量的数字化媒体提供了有效手段。

自 1983 年开始,位于新泽西州普林斯顿的美国无线电公司(RCA)研究中心组织了包括计算机、广播电视和信号处理三个方面的 40 余名专家研制交互式数字视频系统。该系统以计算机技术为基础,用标准光盘来存储和检索静态图像、运动图像、声音等数据。经过 4 年的研究,RCA 于 1987 年 3 月在国际第二届 CD-ROM 年会上展示了这项称为交互式数字视频(Digital Video Interactive,DVI)的技术。这便是多媒体技术的雏形。DVI 与 CD-I 之间的实质性差别在于,前者的编、解码器置于计算机内部,由微机控制完成计算,相当于把彩色电视技术与计算机技术融合在一起;而后者的设计目的,只是用来播放记录在光盘上的按照 CD-I 压缩编码方式编码的视频信号(类似于后来的 VCD 播放器)。这便是在 DVI 技术出现之后,人们就立即对 CD-I 失去兴趣的原因。

多媒体技术的出现,在世界范围引起巨大的反响,它清楚地展现出信息处理与通信技术的革命性发展方向。1987 年,国际交互式声像工业协会成立,并于 1991 年更名为国际交互式多媒体协会(Interactive Multimedia Association,IMA),此时已经有 15 个国家的 200 多家公司加入。多媒体技术初期的发展历程见表 1-1。

表 1-1　多媒体技术启蒙发展阶段

年份	标志性产品	多媒体关键技术
1985	世界上第一台多媒体计算机系统 Amiga 问世,能方便地处理音视频信息	硬件、操作系统
1986	CD-I 标准诞生,将多媒体信息存储在 650 MB 的只读光盘上,使用用户可以交互地读取光盘中的内容	存储、传播
1987	DVI 技术出现,以计算机为基础,用光盘存储和检索图像、声音以及其他的信息	音视频压缩

2. 标准化应用阶段

自 20 世纪 90 年代以来,多媒体技术逐渐成熟。多媒体技术从以研究开发为重心转移到以应用为重心。由于多媒体技术是一种综合性技术,它的实用性涉及计算机、电子、通信、影视等多个行业的技术协作,其产品的应用目标,既面向研究人员也面向普通消费者,涉及各个用户层次,因此标准化问题是多媒体技术实用性的关键。

在标准化阶段,研究部门和开发部门首先各自提出自己的方案,然后经分析、测试、比较、综合,总结出最优、最便于应用推广的标准,指导多媒体产品的研制。

1990 年 10 月,微软公司会同多家厂商召开多媒体开发工作者会议,提出了多媒体个人计算机标准 MPC 1.0。1993 年,由 IBM、Intel 等数十家软硬件公司组成的多媒体个人计算机市场协会(The Multimedia PC Marketing Council,MPMC)发布了多媒体个人计算机标准 MPC 2.0。1995 年 6 月,MPMC 又发布了新的多媒体个人计算机标准 MPC 3.0。MPC 1.0、MPC 2.0 和 MPC 3.0 从性能指标规定多媒体计算机系统需要达到的最低要求,主要指标见表 1-2。

表 1-2 多媒体个人计算机性能标准

最低要求	MPC 1.0	MPC 2.0	MPC 3.0
RAM	2 MB	4 MB	8 MB
CPU	16 MHz 80386SX	25 MHz 80486SX	75 MHz Pentium
磁盘	1.44 MB 软驱,30 MB 硬盘	1.44 MB 软驱,160 MB 硬盘	1.44 MB 软驱,540 MB 硬盘
CD-ROM	数据传输率为 150 KB/s,平均访问时间为 1 s	数据传输率为 300 KB/s,平均访问时间为 0.4 s	数据传输率为 600 KB/s,平均访问时间为 0.25 s
声卡	8 位采样,支持 22.05 kHz 输出	16 位采样,支持 44.1 kHz 输出	16 位采样,支持 44.1 kHz 输入和输出
显卡	VGA 显示,640×480 分辨率,16 色	SVGA 显示,640×480 分辨率,256 色	SVGA 显示,640×480 分辨率,65536 色
视频播放	无要求	无要求	MPEG-1 格式,NTSC 制式 30 帧/s,352×240 分辨率;PAL 制式 25 帧/s,352×288 分辨率
用户接口	101 键盘,2 键鼠标	101 键盘,2 键鼠标	101 键盘,2 键鼠标
I/O 接口	MIDI,并口,控制串口	MIDI,并口,控制串口	MIDI,并口,控制串口
系统软件	DOS 3.1 版本,Windows 3.0 多媒体扩充版	DOS 3.1 版本,Windows 3.1 多媒体扩充版	Windows 3.1 多媒体扩充版

1991 年,国际电信联盟(International Telecommunication Union,ITU)推出的静态图像压缩标准由联合图像专家组(Joint Photographic Experts Group,JPEG)制定,也称 JPEG 标准,适用于单色、彩色以及多灰度连续色调的静态图像。

1991 年开始,MPEG 在运动图像音视频领域陆续推出 MPEG-1、MPEG-2、MPEG-4、MPEG-7 和 MPEG-21 标准。这些标准具有广泛的兼容性,能够在多个行业通用,比如常见的 MP3 音乐就是 MPEG-1 音频标准中的第三层协议,已经成为广泛流传的音频压缩文件。

在多媒体数字通信方面(包括电视会议等),各机构也制定了一系列国际标准,如 H.264、H.265 标准,提供了 4K 以上超高清视频的压缩标准和传输机制。

3. 蓬勃发展阶段

各种多媒体标准的制定和应用极大地推动了多媒体产业的发展。很多多媒体标准和实现方法（如 JPEG、MPEG 等）已经发展到芯片级，并作为成熟的商品投入市场。与此同时，涉及多媒体领域的各种软件系统及工具也如雨后春笋，层出不穷。这些既解决了多媒体发展过程必须解决的难题，又为多媒体的普及和应用提供了可靠的技术保障，并促使多媒体成为一个产业，得以迅猛发展。

典型代表之一是不断发展的多媒体芯片和处理器。1997 年 1 月，美国 Intel 公司推出了具有多媒体扩展（multimedia extension，MMX）技术的奔腾处理器，使它成为多媒体计算机的一个标准。除此以外，图形处理器（GPU）、1394 采集卡、高清多媒体接口（HDMI）、3D 绘图加速器等技术也为多媒体大家族增添了风采。

另一代表是杜比数字环绕音响。在视觉进入 3D 立体空间的境界后，人们在听觉上也希望得到环绕及立体音效的享受。电影制片商在讲究大场景前，会要求有逼真及临场感十足的声音效果。加上个人计算机游戏（PC Game）的刺激，人们对音效的需求日益旺盛。杜比 5.1 环绕、7.1 环绕以及全景声技术在全世界的音频业得到广泛应用，成为高清娱乐的音频标准。

与此同时，MPEG 压缩标准得到推广应用。活动影视图像的 MPEG 压缩标准已开始被用于数字卫星广播、高清晰电视、数字录像机以及网络环境下的视频点播系统（VOD）、DVD、视频会议、可视对讲等各方面。

现在多媒体技术及应用正在向更深层次发展。下一代的用户界面，将是基于内容的多媒体信息检索，保证服务质量的多媒体全光通信网，基于高速互联网的新一代分布式多媒体信息系统等等，多媒体技术和它的应用正在迅速发展，新的技术、新的应用、新的系统也在不断涌现。

1.2.2　多媒体技术的发展趋势

总的来看，多媒体技术正向三个方向发展：一是多媒体技术网络化，与宽带网络通信等技术相互结合，使多媒体技术进入科研设计、企业管理、办公自动化、远程教育、远程医疗、检索咨询、文化娱乐、自动测控等领域；二是多媒体终端智能化和嵌入化，提高计算机系统本身的多媒体性能，实现智能社区、智能家居；三是现实技术虚拟化，发展沉浸式体验，不断扩充多媒体的应用触角，更好地服务人类。

1. 多媒体技术网络化

技术的创新和发展将使诸如服务器、路由器、转换器等网络设备的性能越来越高，包括用户端 CPU、内存、图形卡等在内的硬件能力空前扩展。人们将受益于无限的计算和充裕的带宽，改变以往被动地接受处理信息的状态，以更加积极主动的姿态去参与眼前的网络虚拟世界。

多媒体技术的发展使多媒体计算机形成更完善的由计算机支撑的协同工作环境,消除了空间距离的障碍,也消除了时间距离的障碍,从而为人类提供更完善的信息服务。

交互的、动态的多媒体技术能够在网络环境创建出更加生动逼真的二维与三维场景,人们还可以借助摄像头等设备,把办公设备和娱乐工具集合在多媒体终端上,可在世界任一角落与千里之外的同行在实时视频会议上进行市场讨论、产品设计,欣赏高质量的图像画面。新一代用户界面(User Interface,UI)与人工智能(Artificial Intelligence,AI)等网络化多媒体技术还可使不同国籍、不同文化背景和不同文化程度的人们通过"人机对话",消除彼此的隔阂,自由地沟通。

世界正迈进数字化、网络化、全球一体化的信息时代。信息技术将渗透到人类社会的方方面面,其中网络技术和多媒体技术正是促进信息社会全面实现的关键技术。

2. 多媒体终端智能化和嵌入化

目前,多媒体计算机硬件体系结构中,音频视频接口软件不断改进,硬件体系结构设计和软件、算法相结合的方案,使多媒体计算机的性能指标进一步提高。但是,要满足多媒体网络化环境的要求,还需对软件进行进一步的开发和研究,使多媒体终端设备更加智能化,为多媒体终端增加文字的识别和输入、汉语语音的识别和输入、自然语言的理解和机器翻译、图形的识别和理解、机器人视觉和计算机视觉等智慧功能。

在人们现在的生活中,已经出现了多媒体技术向智能化发展的趋势。例如,通过语音助手来帮助人们实现信息检索和简单日常事务的处理,通过人脸识别来帮助人们实现身份验证和权限检测,通过无人驾驶来帮助人们更轻松安全地出行等。相信在多媒体技术的未来发展过程中,一定能够实现全面的智能化,更好地满足人们的工作和生活要求。

嵌入式多媒体系统可应用在人们生活与工作的各个方面,如工业控制和商业管理领域的智能工控设备、POS/ATM 机、IC 卡等,家庭领域的数字机顶盒、数字式电视、WebTV、网络冰箱、网络空调等消费类电子产品。此外,嵌入式多媒体系统还在医疗、教育、通讯、交通、娱乐、军事等领域有着巨大的应用前景。

3. 现实技术虚拟化

虚拟现实(Virtual Reality,VR)技术是在计算机系统环境下,集视、听、说、触动等多种感觉器官的功能于一体的仿真综合性技术。它能够很好地提升人们的视觉感受、听觉感受,甚至触觉感受,通过逼真的现实模拟效果,能够大幅提高人们的生活质量和工作质量。多媒体技术的发展可使图像呈现的效果更加逼真确切,使声音的呈现与真人之间的差异越来越小,使影像技术的呈现能够更加真实地还原场景,提升人们的感受效果。同时,通过与传感技术、人工智能技术以及人机接口技术的不断结合,能够更加逼真地实现虚拟现实技术,进行沉浸式学习和工作,大大提升人们的感官体验效果。

总之,从多媒体的发展趋势来看,随着多媒体技术的开发和应用,人们工作、学习、生活的方方面面都会发生翻天覆地的变化,新技术带来的新感觉、新体验是以往任何时候都无法想象的。

1.3 多媒体技术的应用

计算机多媒体技术发展至今,应用范围不断拓宽,而且在无形中改变着人们的生活。多媒体最直接的应用是增加了信息的记忆效率。一个很明显的案例是,如果乘车到某地,很可能记不住是如何到达目的地的,但如果是亲自驾车,就能再次到达该地。研究表明,如果有声音的刺激,人们会记住 20% 的内容;如果是声音、视频相结合,则这个数字将达到 30%。对于交互式多媒体,如果人们真正投入其中,记忆率将达到 60%。当下,各行各业基本都离不开多媒体技术。

1.3.1 多媒体在通信中的应用

通信系统是实现人与人之间信息交流的必要渠道。所谓的"鸿雁传书""见字如面"已经越来越不具有字面意义,甚至传统的电话、短信通信也变得越来越少,取而代之的是微信、QQ 的音视频通话和表情包斗图等。这是由于:一方面,多媒体技术使得计算机可以同时处理视频、音频、文字等多方面的信息,丰富了信息的多样性;另一方面,网络通信技术打破了传统通信的局限性,为人与人之间的交流和信息传递创造了更多的机会,带来了更多的便利,同时也使信息传递更加及时。多媒体技术与通信技术的结合,不仅有助于通信技术更好地服务于民众,同时也推动多媒体技术的进一步发展,拓宽其应用领域。随着 4G、5G 移动网络的不断推广,多媒体技术在通信系统中的重要性越来越突出。

例如,视频会议就是通信领域的一种新型会议模式,适用于远程会议、远程面试等,可实现两个或两个以上用户实时传输音视频、图像等多媒体信息。在生活工作节奏日益加快的今天,视频会议可有效减少会议所需的空间和时间,大大节省人力、物力,满足用户的多方面需求。

1.3.2 多媒体在商业中的应用

商业领域的多媒体应用包括演示、培训、营销、广告、产品推介、模拟展示和联网通信等等。很多公司利用多媒体技术来开拓市场、培训员工,从而不断降低产品成本,提高产品质量,在激烈的市场竞争中获取强有力的竞争地位。现代企业的综合信息管理、生产过程的自动化控制等多方面不同的生产工序,都离不开现代计算机多媒体技术的应用。公司和商业机构在不断追求更强大的多媒体处理能力,使商业活动更加顺畅和有效。这些商业运作的改变确立了多媒体在信息领域的重要地位。公司需要充分利用多种渠道获得的有效信息进行有效的整合,并应用于公司的发展过程。计算机多媒体技术的引进,可以实现信息的综合处理,实现信息处理的综合化、智能化,从而提高生产和管理的自动化水平。

例如,当前的电子商务网站、购物平台,都集合了视觉媒体和听觉媒体:通过对商品的文字描述和图像展示,达到图文并茂、相得益彰的效果;通过悦耳的音乐延长用户在平台的停留时间,争取更多的潜在用户;通过流媒体视频展示,更加便捷地被顾客浏览,清晰、形象地展示商品的功能和特点。

1.3.3 多媒体在宣展中的应用

多媒体技术在城市宣传、舞台展示方面不断创新,呈现蓬勃发展的态势,突破了固定的艺术表现形式,在空间、时间上与视觉性、听觉性完美交融,不但扩展了人们的视听范围,更扩展了人们的思维想象。

2019 年国庆期间,为了庆祝中华人民共和国成立 70 周年,全国各地上演了各种主题灯光秀,深受大家的喜爱。各地灯光秀争相霸屏,“我爱你中国”“祖国万岁”“70”等字样不断变幻,为全国各地人民带来一场视觉盛宴,如图 1-3 所示。其实,整个灯光秀都是运用计算机控制的:先在各个建筑立面墙上安装 LED 大屏,再通过光纤网络技术连接各栋建筑的信号,由控制室统一远程控制,播放提前制作好的视频画面,实现建筑群同时播放画面或组合式播放画面,形成以声、光、电相结合的 360 度视角环绕立体多媒体城市级灯光秀表演。

图 1-3　城市灯光秀

　　2008年,北京奥运会开幕式开场表演"画卷"中,LED制造的光影效果和表演密切结合,幻化出各种图案,将观众引入梦幻般的世界中。2020年,春晚采茶舞使用雾屏技术生成高山采茶的立体影像。现场人员可以在其中随意穿梭,有身临其境的效果。

　　互动投影系统采用先进的计算机视觉技术和投影显示技术营造一种奇幻动感的交互体验,系统可以产生各种特效影像,让你进入一种虚实融合、亦真亦幻的奇妙世界。国家图书馆建设的中国国家数字图书馆在展示大厅设置了虚拟现实体验区,通过虚拟翻书等技术,让读者可以通过靠近大屏幕做挥手翻阅等动作翻阅虚拟图书。虚拟歌手洛天依与真实演员跨次元的完美碰撞,如图1-4所示,通过真实演员与模拟角色互动演出,绘声绘色,虚幻莫测,非常直观。

图1-4　首次登上中国主流电视媒体的虚拟歌手

1.3.4　多媒体在影视中的应用

　　计算机多媒体技术应用到影视制作方面,使影视制作行业进入一个崭新的时代,可满足人们更高的娱乐需求。最常见的应用就是动画片的制作,这一技术让其从手工制作升级到电脑绘图、从平面动画升级到三维动画,动画内容变得更加丰富多彩。近年来,全息影像技术(灵境技术)是我们经常可以在科幻电影中见到的一种三维全息通信技术。通过这项技术,我们可以把远处的人或物以三维的形式投影在空气之中,就像电影《星球大战》中所展现的那样。人们在不断追求影视娱乐的时尚感,并把多媒体特效注入影视作品中,增加作品的艺术感染力的同时,也极大地提高了其商业价值。

　　制作人员将多媒体技术运用到画面剪辑中,可以使影视制作流程简化。制作人员只需控制鼠标、键盘,就很容易使素材画面的长度与位置等发生改变,也可以调整或修改画面的色调等参数,再利用相关影视处理软件来营造良好的画面意境,给观众带来很强的视觉冲击,从而得到预期的影视画面效果。在影视作品传输方面,多媒体技术能够促使卫星收发很多的经数字编码、压缩的影视作品,加快影视作品的传输速度,且操作过程比较简便,使得影视作品的传输、制作质量大大提高,同时使观众能接收到大量精彩的影视节目,进而增强了影视节目的交互性。

1.3.5 多媒体在教育中的应用

随着网络视频课、大规模开放在线课程(massive open online courses,MOOC)的发展和普及,即使是偏远地区的学生也能得到名师的教育与指导,多媒体的音视频技术和网络技术在一定程度上促进了教育公平。多媒体远程教育系统在多媒体技术的支持之下,获得了快速的发展,它能够通过网络实现教学课堂模拟,让学生可以随时、随地学习。同时,多媒体远程教学能够改变传统教育单向的教学方式,大幅提高教学的效率。

随着教学改革的不断深入,应试教育正在逐步向素质教育转轨,传统的教学手段已跟不上教育前进的步伐。而现代多媒体技术正以迷人的风采走进校门,进入课堂。只有充分发挥多媒体技术优势进行课堂教学,才能实现课堂教学的最优化。多媒体教学的作用主要有:助力教师设置情境,激发学习兴趣,发挥学生的主体作用;助力教师发挥演示实验的作用,优化实验教学;助力教师控制教学节奏,提高教学效果;助力教师营造学习氛围,有效激发学生的求知欲望,培养学生的能力;帮助学生"亲历"科学探索过程,激活创新意识;助力教师将多媒体技术与德育无缝融合,全面提高学生素质。

1.3.6 多媒体在医疗中的应用

多媒体技术在医疗领域的应用极其广泛。利用数字成像技术,可以清晰地跟踪各种医学图像,方便医学专家进行疾病的排除和判断。像心电图仪器、B超仪器等医疗器械都利用了该技术。通过搜集不同的多媒体信息,可以有效察觉患者的身体状况。比如,医生通过观看人体视网膜血管图片,可有效得出患者是否存在高血压、糖尿病等疾病,为医生判断患者所患疾病提供依据;医生通过听取患者B超检查时的音频,可有效判断患者是否有结石、肿瘤、息肉等。若发现患者体内有肿瘤且发生病变,可立即进行治疗,有效避免病情恶化。

在三维(3 Dimensions,3D)技术快速发展的时代,以3D技术为支持的3D医疗影像系统越来越先进,可以直观地展现出患者检测部位的具体情况,帮助医生更好地制订治疗方案;机器人外科手术技术也越来越成熟,如达·芬奇机器人的内窥镜为高分辨率3D镜头,对手术视野具有10倍以上的放大倍数,能为主刀医生呈现患者体腔内的三维立体高清影像,使主刀医生较普通腹腔镜手术更能把握操作距离,更能辨认解剖结构,提升了手术精确度。

计算机多媒体技术的引进,推动了现代医疗的进步,不仅极大地降低了医疗事故,为患者带来了更大的福音,而且有效地进行了多维度信息记录,为解决医患矛盾等社会问题提供了科学依据。

1.3.7　多媒体虚拟现实应用

虚拟现实是多媒体的一种扩展,利用了基本的多媒体元素,如图像、声音和动画。由于目前该应用的实现需要用户佩戴有导线连接的反馈仪器,因此虚拟现实可能是最大程度上的交互式多媒体。

依靠多媒体技术创造的交互界面能够为人们提供接触型平台,促使人们根据不同的感官感受项目所表达的信息,在第一时间作出反馈,实现人与人、人与机的信息交互。例如,在一些科技展示项目中,运用三维图形技术、传感跟踪技术、立体动态仿真技术等多媒体技术完成真实环境模拟,使人们在虚拟世界中获得交互式体验,完成虚拟飞行、驾驶等,调动人们的视觉、听觉、触觉和嗅觉,使人们获得贴近现实的感受,如图1-5所示。现阶段,伴随着红外感应器、视频拍摄器等跟踪识别技术的发展,虚拟现实技术可以在人们与展品、环境之间建立联系,体现多媒体交互方式的沉浸性、参与性等特点,使人们的感官、心理和情感需求同时得到满足,实现深层次的交流,确保空间展示信息传递和接收的有效性。

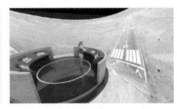

图 1-5　虚拟现实设备与场景

运用虚拟现实技术,营造逼真的展览场景,可使人们在虚拟空间中获得特殊的视觉感受。通过观看立体的视频材料,观众们可以更好地融入参观环境之中,得到沉浸式的观看体验。而随着技术的发展,第五代移动通信技术(5G)应用场景的不断呈现,虚拟现实将能够随时随地向人们展示接近真实体验的虚拟空间。

总之,现代的生活、工作和学习等所有领域都受到数字化转型的影响,原本彼此孤立的很多领域在多媒体技术的强力介入下,也都已经彼此交叉,不存在无法跨越的边界了。多媒体技术的应用必将加速社会在更多方面的变革,多媒体技术已经处于高光时代,未来已来,将至已至。

习题 1

一、单选题

1. 媒体一般包括两层含义,即_____和存储信息的实际载体。

    A. 表达信息的感觉   B. 表示信息的形式

    C. 传输信息的设备   D. 显示信息的设备

2. 多媒体信息采集到计算机中,以_____形式进行加工、编辑、合成和存储。

    A. 数字化   B. 媒体   C. 字符   D. 图形

3. 气味属于_____媒体。

    A. 表现   B. 表示   C. 感觉   D. 传输

4. 多媒体特征中,"1+1>2"的效果是指_____。

    A. 多样性   B. 集成性   C. 交互性   D. 实时性

5. 用户可以根据自己的需要进行跳跃式阅读,体现了_____特征。

    A. 实时性   B. 数字化   C. 交互性   D. 非线性

6. 多媒体的关键技术不包含_____。

    A. 信息的同步处理   B. 信息的存储

    C. 信息的压缩   D. 信息的检验

7. 多媒体技术诞生于_____。

    A. 20 世纪 60 年代   B. 20 世纪 70 年代

    C. 20 世纪 80 年代   D. 20 世纪 90 年代

8. 多媒体数据具有_____的特点。

    A. 数据量小和数据类型多

    B. 数据类型区别大和数据类型少

    C. 数据量大、数据类型多、数据类型区别小、输入和输出不复杂

    D. 数据量大、数据类型多、数据类型区别大、输入和输出复杂

9. 多媒体数据类型不包括_____。

    A. 文本数据   B. 图像数据   C. 音频数据   D. 模拟数据

10. 多媒体技术是以计算机为工具,接收、处理和显示由_____等表示的信息的技术。

    A. 中文、英文、俄文、日文

    B. 图像、动画、声音、文字和影视

    C. ASCII 码、拼音码、区位数字码、五笔字型码

    D. 键盘命令、鼠标器操作

二、多选题

1. 下列关于多媒体技术主要特征的描述正确的是_____。

A. 多媒体技术要求各种信息必须模拟化

B. 多媒体技术可以对文本、声音、图像、视频等进行集成

C. 多媒体技术涉及信息的多样化和信息载体的多样化

D. 交互性是多媒体技术的特征

2. 属于多媒体应用系统的是_____。

A. 虚拟现实　　　　　　　　B. 视频会议系统

C. 视频点播系统(VOA)　　　D. 地理信息系统(GIS)

3. 多媒体技术未来发展的方向是_____。

A. 网络化　　B. 线性化　　　　C. 嵌入化　　　　D. 智能化

4. 根据多媒体的特性判断，_____属于多媒体的范畴。

A. 交互式视频游戏　　B. 有声图书　　C. 报纸　　D. 彩色电视

5. 下列选项中不属于多媒体软件的是_____。

A. Flash　　　B. DOS　　　　C. Windows　　　D. 录音机

三、填空题

1. 多媒体的英文是_____。

2. 应用愈来愈广泛的网盘、云盘属于媒体分类中的_____媒体。

3. 允许终端用户控制何时传递何种多媒体元素，属于多媒体特性中的_____性。

4. 多媒体技术的应用已扩展到各个应用领域，如教育训练、信息服务、娱乐、媒体传播、广告等，这属于多媒体技术发展的_____阶段。

5. _____技术不仅可以调动用户的视觉、听觉，还可以触发用户的触觉和嗅觉，是目前最大程度的交互式多媒体技术。

第 2 章 多媒体产品开发

仅仅拥有设备并不能使一个人成为摄像师、编剧、音视频师、动画师和程序员。一些人的确天生就有制作多媒体的所有才能,但是很少人能够掌握完成大项目的所有技能。更常见的情况是,具有世界一流水平的多媒体项目是由各类专业人士组成的团队完成的。

——马丁·李斯特

NewMedia 杂志主编

多媒体产品开发是一个不大不小的系统工程,一般需要多人协同工作完成,且遵循一个特定的工艺流程,很像一部电影或电视剧的制作过程。这些参与开发的人员可能来自计算机、艺术、文学、电影以及音乐等不同领域,多媒体产品开发者从宽泛意义上说应该被称为信息技术(IT)工作者。

本章将从专业标准流程来说明如何制作一款多媒体产品,以及完成一项多媒体开发任务的人员安排和团队建设,并结合美学介绍多媒体产品开发需要遵循的基本规则和注意的问题。

2.1 多媒体产品制作流程

一款多媒体产品可以是一幅海报,可以是一段视频,也可以是一个网站或一部手机 APP 程序。制作多媒体产品时需要如何规划?需要使用哪些工具软件?如何制作、管理和设计?从哪些途径获取作品的素材和内容?如何测试产品功能?如何提供给最终用户或者在网络上发布?下面介绍一个完整的多媒体产品制作流程。

2.1.1 多媒体产品制作的基本阶段

大多数多媒体产品或网站的制作必须分不同的阶段进行。一些阶段必须在另一些阶段开始之前完成,一些阶段可以省略或者合并。以下列出制作多媒体产品的 5 个基本阶段。

(1)需求分析。产品项目总是来源于一个想法或需求,必须找出该产品项目的主要信息和目标,通过细化该想法和需求,明确每个信息和目标如何在制作系统中实现。在实际开发之前,应该首先确定需要的文本、图像、音乐、视频和其他多媒体技术;然后给作品设计一个新颖的外观和操作方式,同时需要建立一套结构化的导航系统,以便于浏览者访问;最后,估算一下完成所有元素需要的时间,并准备好预算。

(2)可行性验证。开发产品一般需要建立一个小的模型,或者验证所提出的概念是否正确,即设计一个简单有效的实例,来验证所提出的想法是否可行。如果行业中已有类似的产品,则可以跳过可行性验证阶段直接进入开发阶段。一般情况下,产品必须进行可行性验证;否则往往难免后期出错,浪费时间,增加成本。

在产品项目前期计划和确定产品内容与框架上花的时间越多,在产品后期开发上所花的时间就越少,中途返工和整理的次数也越少。最好在开始就全盘考虑清楚创新点和尝试规则。模型的建立有助于测试想法是否可行。

(3)产品设计和制作。完成每一个项目的计划任务,从而完成整体的产品开发。在这一阶段,可能会与客户进行若干次沟通反馈,直到客户满意为止。

(4)产品测试。通过测试程序,保证产品能满足项目中的所有预设目标,在特定的发布平台上能够较好地运行,以满足客户或者最终用户的需求。

(5)产品发布。通过打包,将产品制作成产品光盘或者形成项目文件,加上必要的版权信息,最终提交给用户进行使用。

2.1.2　多媒体产品制作的准备工作

制作多媒体产品需要硬件、软件和创意,而制作优秀的多媒体产品还需要天赋和特殊技能。在产品设计初始阶段就必须条理清晰,有合理的预算,同时还可能需要他人的帮助。规模较大的多媒体产品一般需要一个团队来进行开发,如创意工作由设计师完成,视频摄影由摄像师完成,声音编辑由调音师完成,程序功能实现由程序员进行编写等等。当然,无论是独立开发还是团队合作,准备工作基本都是差不多的。

1. 硬件平台

多媒体产品开发需要性能相对较高的计算机,我们一般称它们为图形工作站。目前较为主流和通用的计算机是基于 Intel 处理器的 PC 机。由于其软件生态较完备,硬件成本相对较低,是目前大多数多媒体开发人员常用的硬件平台。与之相对应的是苹果电脑。虽然使用 Mac OS 的苹果电脑不像使用 Windows 系统的电脑那样有着绝对优势的市场份额,但其操作系统在很多方面更适合多媒体制作,特别是苹果公司提供的硬件平台能更好地管理声音和编辑视频,所以在一些电台、电视台和影视后期制作等特定行业和领域独放异彩。

创建和编辑多媒体元素的基本原理在苹果电脑和其他 PC 上都是一样的。无论使用什么方法或者工具来制作或播放,图像仍然是图像,数字声音仍然是数字声音。事实上,许多软件工具都可以方便地转换 Mac OS 和 Windows 格式的图片、声音以及其他多媒体文件。尽管我们希望多媒体的讨论也尽可能地不涉及平台限制，不考虑不同平台的影响，然而，在准备发布多媒体产品时，跨平台兼容性的故障调试往往会消耗大量的时间，必须测试和开发多媒体产品的各种工作环境，并作出大量的调整，才能保证产品在各种目标环境下都能正常运行。有时，为了减少这样的麻烦，直接在产品发布时推出苹果版和 PC 版，这样让用户根据自己所使用的平台下载不同版本的产品进行使用。

2. 软件系统

多媒体软件是在硬件基础上，展现文本、图形、图像、动画、音频、视频的软件支撑。多媒体软件系统包括多媒体操作系统、多媒体驱动程序、多媒体制作软件和多媒体应用软件。

（1）多媒体操作系统。多媒体操作系统是指除具有一般操作系统的功能外，还具有多媒体底层扩充模块，支持应用端多媒体信息的采集、编辑、播放和传输等处理功能的操作系统。多媒体操作系统通常支持对多媒体声、像以及其他多媒体信息的控制和实时处理，支持多媒体的输入/输出及相应的软件接口，支持对多媒体数据和多媒体设备的管理和控制以及图形用户界面管理等功能。一般操作系统可以处理文字、图形、图像，多媒体操作系统还可以处理音频、动画、视频等多媒体信息，且能够对各种多媒体设备进行控制和管理。

早期微软的 DOS 操作系统是字符型界面，主要处理文本和简单图形图像，不具备处理声音和影像的功能，因而我们不能称其为多媒体操作系统。而当前主流的操作系统都是图形化界面，如微软的 Windows 操作系统、华为的鸿蒙操作系统等等，都能处理图、文、声、像，因而都可以称为多媒体操作系统。

（2）多媒体驱动软件。驱动软件也称设备驱动软件，是添加到操作系统中的特殊程序，其中包含硬件的设备信息。多媒体设备要正常工作，必须有对应的驱动软件使计算机与对应的设备保持通信。多媒体驱动软件是各个多媒体硬件厂商根据不同操作系统编写的配置文件。没有驱动软件，这些多媒体设备就没法正常工作。

可以认为多媒体驱动软件是多媒体硬件的一部分。当安装新的硬件设备时，如打印机、扫描仪，驱动软件是不可或缺的重要组成部分，它会将硬件的功能告诉系统，也会把系统的指令转达给硬件。有些硬件设备可以自动安装驱动程序，如 USB 存储设备，驱动程序不需要人为进行安装，我们称之为即插即用设备；而更多的多媒体硬件设备则需要人为安装驱动程序，否则仅仅是数据连线，并不能让硬件立马工作。同样的，如果设备出现不能识别的故障，往往并不是硬件设备的损坏，而是设备驱动程序发生了错误，重新安装驱动程序就可以解决此类问题。

安装多媒体设备驱动程序一般有三种方法。

①一般较大的多媒体设备，如打印机、扫描仪，商品往往都自带一个驱动程序光盘，可以通过搜索光盘内容来安装或者更新设备驱动，使设备可以正常使用。

②访问设备厂商官网，在官方网站上下载对应的设备驱动程序。如 AC97 声卡的驱动可以通过微软网站找到对应型号的设备驱动程序。

③通过第三方工具软件自动查找或安装设备驱动程序。如驱动精灵安装后可以检测硬件设备，从网络上下载对应的设备驱动程序。

（3）多媒体制作软件。多媒体制作软件是多媒体开发人员用于获取、编辑和处理多媒体信息、编制多媒体应用软件的一系列工具软件的统称。它可以对文本、图形、图像、动画、音频、视频等多媒体信息进行控制和管理，并把它们按要求组织成完整的多媒体产品。多媒体制作软件包括多媒体素材制作软件、多媒体著作软件和多媒体编程开发工具三种。

①多媒体素材制作软件是专门制作和处理数字化图像、动画和声音等的软件系统，如处理文字的 MS Word、WPS，处理图像的 Photoshop、PageMaker，处理图形的 CorelDraw、AutoCAD，处理动画的 Flash、3DS MAX，处理音频的 Audition、Samplitude，处理视频的 Premiere、Camtation 等。很多原始的多媒体素材并不符合多媒体产品的实际需要。首先必须对其进行加工和处理。素材制作软件就提供了此类功能。

②多媒体著作软件又称多媒体创作软件，是将各种媒体素材制作成多媒体产品的工具软件。常用的媒体创作软件有 PowerPoint、Authorware、Dreamweaver 等。

③多媒体编程开发工具可以直接开发多媒体应用软件，对开发人员的编程能力要求较高。多媒体编程语言具有较大的灵活性，可用于开发各种类型的多媒体应用软件。常用的多媒体编程语言有 Visual C++、Java、Python 等。

当然，随着软件的更新迭代，很多原本的素材软件也可以综合多种媒体，直接创作出新的多媒体产品或作品来，如 Flash 可以添加动画和交互式编程，Premiere 可以进行音视频的编辑和合成，完全可以独立完成一个多媒体产品的创作。

（4）多媒体应用软件。多媒体应用软件又称多媒体应用系统或多媒体产品，它是由多媒体编程开发工具或者多媒体创作软件完成的最终多媒体产品，是直接面向用户的，如图 2-1 所示。多媒体计算机系统通过多媒体应用软件向用户展现其强大的视听功能。如多媒体教学软件、培训软件、电子图书等，这些产品一般以光盘或者网络的形式被发布。

图 2-1 多媒体应用软件

2.1.3 多媒体产品创意

在开发一个多媒体产品之前,必须首先考虑它的适用范围和内容,思考有哪些方法能将信息传递给用户,需要在头脑中建立产品初步的模型。

在多媒体产品的创作过程中,最有价值的就是创意。正是创意将引人注目的多媒体产品和平淡无奇的多媒体产品区分开来。比较最初在计算机上制作的多媒体产品和今天的多媒体产品,会发现多媒体的进步非常明显,开发者从早期的作品中获得灵感,修改并添加了属于自己的创作风格,设计出独特的多媒体产品。如图 2-2 所示是两个不同时期的游戏界面,可以看出多媒体产品的时代差异,不管从画面质量、人物造型,还是场景的丰富程度看,后期的多媒体产品创意明显要优于前期,这也是多媒体技术发展的必然结果。

图 2-2 早期多媒体游戏界面和后期的多媒体游戏界面

学习创意非常困难,甚至有人认为创意是不可能通过学习获得的。但是,与传统绘画、建筑和雕塑领域的艺术家一样,越是了解所使用的媒介,就越能更好地通过这种媒介来表达自己的创意。对于多媒体而言,必须首先了解硬件和软件,熟悉了硬件和软件,知道硬件能提供哪些支持,软件能完成哪些功能,再加上长期使用的经验,才能够完成一款好的多媒体产品的创意设计。

总之,制作多媒体产品需要的技能和专业知识有用户心理学、演示内容写作、美学和音乐基础、平面设计概念、音频信号原理及其处理、动画的创意与制作、图像的获取与处理、计算机程序的编制等。

2.2 多媒体项目开发团队

无论是开发多媒体操作系统、多媒体游戏、多媒体网站,还是制作优秀的多媒体产品,都需要对文本、图形、图像、动画、音频和视频有深入了解且有很高技能的人员。有时很多技能会集中在一个人身上,但更多的情况是需要很多人组成团队。事实上,复杂的多媒体项目经常需要艺术家和计算机工作者共同来完成,将任务分配给各个专业的人员或者最具才华的人员来负责。目前,复杂的多媒体产品都是用项目组的方式开发的。

2.2.1 团队角色

一个有力、有序、有效的团队是开发多媒体项目的重要保证。根据项目规模,团队人员的组成也有很大不同。项目开发团队中的成员通常也会身兼数职。一个中等规模的多媒体项目开发团队一般包括项目经理、界面设计师、交互设计师、音视频专家、软件开发工程师、软件测试工程师,如图 2-3 所示。

图 2-3　项目开发团队

1. 项目经理

项目经理是整个团队的核心,不但要对项目的开发和实施负责,还要负责日常工作,要像胶水一样将整个团队黏合在一起。项目经理的工作主要有设计和管理两个方面。其中,设计工作包括为产品设计一个蓝图,与团队一起制定出产品的全部功能,然后编写一个完整的功能规范,在项目开发过程中根据需要进行调整;管理工作包括安排进度,分配任务,召开会议,管理重要事务。项目从头到尾的所有开发环节都由项目经理管理。

某企业招聘项目经理的工作职责要求如下。

• 有能力负责产品的创新和预研,会进行竞品分析,能完成产品的短期与长期规划,可以进行用户需求的定义和产品功能的设计;

• 能够撰写详细的产品需求文档及原型设计文档,跟踪产品研发进度;

• 能够负责制定项目开发计划并跟踪进度,协调各个角色,确保项目或产品如期完成;

- 能够收集市场反馈、用户行为及需求，不断提升用户体验与产品口碑；
- 能够输出相关文档，并积极配合售前，完成项目的产品售前支持。

2. 界面设计师

界面设计师也称 UI 设计师（User Interface Designer），主要负责为多媒体产品设计友好而简洁的界面，使用户能够轻松自如地使用多媒体产品，有效利用窗口、背景、图标和控制面板等功能。界面设计师的工作是创建软件工具，组织多媒体元素，让用户访问或修改这些元素并在显示界面中呈现它们。多媒体产品的界面设计主要包括信息设计、交互式设计和媒体设计。其中，交互式设计往往由专门的交互设计师来完成。当然，在实际工作中它们是相互重叠的。想要将各种创意呈现出来一定要熟悉大量的产品界面，明确实现某一功能的最佳方式是什么。设计界面一定要从产品开始研发就介入，而不应该在大多数编码工作完成后随便贴一些图片或有趣的图标。一个好的界面设计是一款多媒体产品成败的关键。

某企业招聘界面设计师的工作职责要求如下。

- 负责相关产品的界面设计制作、推广和运营活动设计；
- 承担有效的视觉设计策略支持，主导重点项目的视觉设计方向；
- 主导产品 UI 视觉风格，把控整体 UI 设计效果；
- 负责设计和优化产品宣传广告及网站设计；
- 负责资源的审核修改，统一风格，提高制作品质。

3. 交互设计师

交互设计师是指参与完成对产品与其使用者的互动机制进行分析、预测、定义、规划、描述和探索的设计师。与 UI 设计师不同的是，在多媒体项目中，交互设计师是秉承以用户为中心的设计理念，以提高用户体验度为原则，对交互过程进行研究并开展设计的工作人员。图 2-4 表明了 UI 设计师和交互设计师工作职责的区别。

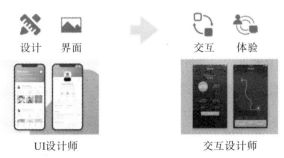

设计　界面　　　　交互　体验

UI设计师　　　　　交互设计师

图 2-4　UI 设计师与交互设计师工作职责区别

某企业招聘交互设计师的工作职责要求如下。

- 负责设计用户行为及产品的信息构架，保证产品的可用性；
- 负责产品的规划构思，归纳用户目标和用户任务；

- 参与用户研究,根据用户研究的结果对设计方案进行优化;
- 负责对现有产品的可用性测试和评估提出改进方案,持续优化产品的用户体验。

4. 音视频专家

一个高质量的多媒体产品不仅需要界面和交互,还需要音频和视频方面的多媒体信息呈现,音视频专家可以将音视频模拟信号转换为数字信息,进行传输、编码和解码,能够完成音视频传输、编码、解码的算法设计和实现。音频专家需要了解音乐的制作过程,熟悉标准的录音过程,可以进行电子音乐的合成或创作。视频专家需要明白如何拍摄高质量的视频,如何利用非线性编辑系统进行编辑,进行音视频的合成以及视频生成发布等。

某企业招聘音视频专家的工作职责要求如下。

- 负责实时音视频通信后台开发、研发和运营;
- 负责音视频后台的技术研究;
- 负责语音引擎的后台设计与开发;
- 负责保障实时音视频通信系统的稳定运营。

5. 软件开发工程师

在多媒体项目开发中,软件开发工程师使用制作系统或编程语言将多媒体项目中的所有多媒体元素集成为一个整体。多媒体编程工作包括编写多媒体元素的简单显示,控制媒体播放器等外设,管理负责的媒体转换和文件保存等。软件开发工程师需要完成很多任务,通过编程来实现多媒体产品的功能,与系统设计者的初衷保持一致,满足用户需求。

某企业招聘软件开发工程师的工作职责要求如下。

- 负责产品开发,实现功能模块并进行相关的自测和优化;
- 与策划、美术密切配合,进行各种必要的尝试和探索,以使功能达到设计要求;
- 与策划设计人员进行良好的沟通,与测试工程师合作设计编码和调试。

6. 软件测试工程师

软件测试工程师指理解产品的功能要求,并对其进行测试,检查软件有没有隐藏着一些未被发现的缺陷或问题(bug),测试软件是否具有稳定性、安全性和易操作性,写出相应的测试规范和测试用例的专门工作人员。软件测试工程师在多媒体项目开发中担当的是"质量管理"的角色,负责及时发现产品问题并及时督促更正,确保产品的正常运作。

某企业招聘软件测试工程师的工作职责要求如下。

- 负责多媒体产品自动化测试工具的开发、维护和完善;

· 负责多媒体产品测试工具的开发、用例设计和测试执行;

· 负责项目整体的质量把控,制定测试方案、计划、跟进项目进度风险;

· 负责收集和分析业务测试需求,探索更多的测试手段和维度,提升测试质量、效率。

2.2.2 团队建设

成功高效的多媒体项目首先需要选择合适的"团队领导人",但这只是团队建设的开始,团队建设应该贯穿整个项目周期。团队建设不仅仅是罗列人员进行团队组建,更重要的是营造包容所有团队成员的文化氛围,使团队及其成员发挥最佳工作效率,鼓励开诚布公地交流,提供完善合理的晋升渠道,制定必要的清退制度,建立尊重个人才能、专业和人格的决策模型。研究表明,团队管理技巧比较全面的管理者要比那些较少考虑团队动态、一味闷头工作的管理者更成功。团队建设通常是由项目经理发起的,但是团队的所有成员都应该明确自己的责任,精诚协作是项目成功的关键因素。高效的开发团队具有如下特征。

(1)明确清晰的共同目标。高效的开发团队对要达到的目标有清楚的理解,并知道目标的重大意义和价值。清晰明确的目标会激励团队成员把个人目标升华到群体目标,团队的成员愿意为完成团队目标努力奉献。

(2)团队成员相互信任,精诚合作。成员间相互信任是高效团队的显著特征。只有相互信任才能够真诚地相互交流,相互支持,共享工作成果,能够围绕项目展开紧密的合作,能够相互指出工作中存在的不足,从而减少相互推卸责任、相互指责,增加团队的凝聚力,提高项目开发的效率。

(3)融洽的关系及通畅的沟通。团队成员之间相互尊重,既关注工作本身,又珍惜彼此之间的友谊,能够共同营造和谐、宽松、友爱的工作环境。他们愿意分享知识、经验,互相关心,使团队有一种强烈的凝聚力,成员在团队中有一种归属感与自豪感,彼此能够分享他人及团队的成功。团队致力于进行开放性的信息交流与沟通,承认彼此存在差异,鼓励不同的意见,并允许自由地表达出来。如腾讯的团队精神就非常开放,员工可以在内部论坛对领导吐槽,每天下班前,相关部门必须在论坛上一一回复同事的疑问并尽力解决。

(4)共同的工作规范和框架。软件项目的开发是创造性的工作,但要有必要的开发纪律。建立共同的工作框架使团队成员知道如何达到目标,知道应该做到什么,对开发过程达成共识;建立规范使各项工作有标准可以遵循,明确团队的风格;建立一定的纪律,约束成员,保证计划被正常执行。

(5)高昂的士气与高效的生产力。团队成员对项目工作有满腔的热情和高度的信心,大家在一起工作配合默契、心情舒畅、其乐融融,彼此能从工作中体会到成功的乐趣,每个队员都强烈地感到作为项目团队一员的骄傲和自豪。

高效的项目开发团队是建立在合理的开发流程及团队成员密切的合作基础之上的。成员共同迎接挑战,有效地计划、协调和管理各自的工作以至完成明确的目标。项目组的管理几乎全部是围绕"人"来进行的。所以说一个成功的软件项目,取决于一个成功的团队建设。这就是所谓的"没有完美的个人,但有完美的团队。"

2.3　美学与数字美学

软件开发行业有一种非常重要的职业——UI 设计师。他们负责软件的人机交互、操作逻辑、界面美观的整体设计工作。一款多媒体产品能否吸引用户注意,具有良好的体验感和视觉效果非常关键。友好的版面布局和吸引人的色彩搭配往往是软件产品价值的重要组成部分。

2.3.1　美学

美学之父鲍姆嘉通认为"美学是以美的方式去思维的艺术,是研究人感性认知的科学"。自古以来"爱美之心人皆有之",正是这种心态刺激了美学的发展,也构成了美学发展最基本的条件。随着社会的发展,美学已经从"直觉""爱好"甚至"偏好"的原始形态中走出来,演变成具有共性的审美标准、符合科学的视觉规律和大多数人能够接受的现代学科。

谈及美学,第一直观感受就是各种绘画、雕像等艺术作品的表现和欣赏,而数字美学作为数字产品特有的美学范式,其创作和鉴赏也都应该具有一定的规律和标准。正如苹果的很多产品往往被人们誉为"科技与艺术的完美结合",正是由于高度重视美学在数字产品中的应用,才使用户获得了良好的体验,也使得产品价值节节高升。

1. 媒体艺术美学

媒体艺术的美学,可以追溯到基于摄影照片的拼贴与后期合成的艺术观念。其经典思想就是起源于达达主义的"异类合成"美学。"异类合成"其实是多种异质美学的杂交。异质美学主要表现在以下几点。

(1)挪用。挪用是指艺术家利用过去存在的图式、样式来进行艺术创作,具体表现为将各类图像抽象化、符号化。从创作需要和图像的上下文关系出发,选择自己需要的图像,而非简单地复制、照搬、挪用历史资源中的图像。"挪用"与"模仿"的本质区别就在于作品意义的生效方式不同。也就是说,"模仿"本身不产生新的意义,而"挪用"则能直接呈现艺术家的创作意图。应用挪用艺术表现的作品如图 2-5 所示。

图 2-5 挪用的艺术表现

（2）拼贴。拼贴是后现代艺术作品创作中广泛使用的一种手法，是将各式各样成形的图像（如杂志、电视、海报等）中的照片或图片剪切下来，作为创作元素和符号，直接按照创作者的构思结合在一起。拼贴包括两种情况：第一种情况是艺术家随意堆砌，意在消解这些图像的原有意义；第二种情况是艺术家有意识地将一些主旨、内容有联系的图像加以组合，使它们相互之间产生作用，形成一个新的意义。应用拼贴艺术表现的作品如图 2-6 所示。

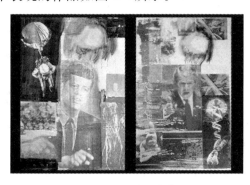

图 2-6 拼贴的艺术表现

（3）戏仿。戏仿是一种滑稽性的模仿，就是将即有的、传统的东西打碎，并进行重新组合，赋予其新的内涵。作为一种创作手法，戏仿在后现代艺术中上升为一种创作的观念主宰。后现代艺术家不仅戏仿图像，还戏仿历史，甚至现实生活中的社会成员，以达到讽刺的目的。

（4）符号化。符号化是将客观对象演化为简单的形象符号，找出隐藏在符号中的意识形态，并以此作为艺术创作的基本构成要素。这种方法将图像发生意义的机制诉诸图像表述。

（5）异质同构。异质同构是将有机或无机物的形体结构重新组合成另一种形态，形成另一种超现实的抽象意境，可以称为一种创新的借鉴。应用异质同构艺术表现的作品如图 2-7 所示。

图 2-7　异质同构的艺术表现

从上述的数字媒体艺术表现手法可知,在计算机介入下的多媒体作品和产品,不仅有美学的现实应用,还在研究过程中产生了理论。这些美学理论既指导我们更好地创作,也指导我们去更好地欣赏。

2. 美学的表现方式

从一般意义上说,美学是通过绘画、色彩和版面来展现自然美感的学科。其中,绘画、色彩构成和版面构成是美学设计的三要素。让用户在面对作品时感受到自然美感、身心愉悦是美学运用的目的。

(1)绘画。绘画作为美学的基础,是指通过手工绘制、电脑绘制和图像处理,使线条、色块具有美学的意义,从而构成图画、图案、文字以及形象化的图形。这也是中外美学史都把绘画作为美学研究重点的原因。通过分析不同时期的绘画作品总结美学规律,可指导后期的绘画技巧。雕塑在西方美学研究中也特别突出,亦可以理解为立体绘画。

(2)版面构成。版面是美学的逻辑规则。"形""色"是任何产品的外在表现特征。这里的"形"指的就是版面构成,主要研究若干对象之间的位置关系。随着对平面构成研究的深入,人们已经把平面构成归纳为对版面上的"点、线、面"现象的研究,同时在整体性、协调性、对比性、平衡性、均衡性等方面进行鉴赏和创作介入。

(3)色彩构成。色彩是美学的精华。人类83%的信息获取均来自于视觉。人对色彩是相当敏感的。纯色只是单一波长的光在人眼中的视觉感受,并不能产生美感。研究两个以上色彩的关系、精确到位的色彩组合、良好的色彩搭配是研究色彩构成的主要内容。

美学分支于哲学的发展,参照了心理学的内容,在艺术的伴随下成长起来。在所有的艺术形式中,绘画最接近于模仿论。绘画的本性是忠实地再现外部世界的真实形象。达·芬奇总结的绘画美学特征包括:自然性、真实性、直观性、客观性、永久性和创造的自由性。由于绘画美学是美学中关于绘画艺术审美特征的研究门类,太过于系统化和专业化,本章不进行深入的讲解。这里重点介绍美学表现中的版面构成和色彩构成。

2.3.2 美学中的版面构成

版面构成是指在有限的版面空间里,将版面构成要素——文字、图片、图形、线条和色彩色块等,依据特定的内容进行组合排列,并运用造型要素及形式表达出来,是一种直觉性和创造性的活动,其主要功能就是使受众产生美的联想和共鸣,让设计师的观点可以深入内心。

1. 版面构成的基本要素

点、线、面是构成视觉空间的基本要素,也是版面构成上的主要语言,版面构成实际上就是经营点、线、面之间的关系。不管版面的内容与形式如何复杂,最终都可以简化到点、线、面上来。在平面设计师眼里,世上万物都可归纳为点、线、面。

(1)点在版面上的构成。点的感觉是相对的,它在对比中存在,通过比较显示。它有形状、颜色、大小、位置等属性,通过聚散的排列与组合,带给人们不同的感觉。

①当版面中有一个点时,它能聚集眼睛的视线,成为视觉的中心。

②当版面中出现多个同样大小的点时,在视觉上会产生线的感觉。

③点与点水平排列,产生平稳、安详的感觉。

(2)线在版面上的构成。线具有位置、长度、宽度和方向等属性。线可以产生分割的感觉。将各种不同形态的线运用在版面设计中,由于其情感特征不同会产生不同的效果,可以帮助设计者体现主题思想。

①直线给人单纯、明确、庄严、向两边延伸的视觉感。

②水平线给人开阔、平稳、平静、安定、永无止境、向两边无限延展的感觉。

③垂直线使人产生积极向上、蓬勃、崇高、高尚的情绪。

④斜线使人产生动荡不安的感觉,有动力感,富于现代意识和速度感。

⑤曲线给人以丰富、柔软、流畅的感觉,非常具有女性美。

⑥折线给人神经质的感觉,但非常能引人注意。

(3)面在版面上的构成。面在版面上就是各种不同的形状,在空间上占据的空间最大,所以比点与线产生的视觉更为强烈。

①正三角形给人以坚实、稳定的感觉,恰如金字塔的永恒。

②方形具有稳重、厚实、坚强而深沉的内涵,具有男性的感觉。

③圆形给人以充实、柔和、圆满的感觉,恰如女性的温柔。

平面构图主要是对点、线、面的版面设计综合考虑。"点"在平面作品中一般表示突出,强调局部效果,可以突出主题或者使视线聚焦;"线"在作品中一般是为了产生分割效果,其内在特性是整齐、规则、有秩序;"面"一般用来表示主题的内容和形式的完整性,最终作品都是以"面"的形式进行呈现。例如,观察一个网页能发现,网站 Logo 标记常常通过"点"来突出强调,网站的布局会使用表格或者框架的"线"来分割,区分不同的网页内容,而网站的整体风格和色调则是通过"面"最终呈现出来的。

2. 符合美学的版面构成形式

平面构图中,图像、文字、线条以层叠、排列、交叉等方式体现不同的属性和视觉效果。美学艺术中需要突出以下构成形式,见表 2-1。

表 2-1 平面作品的版面构成形式

特性	含义	美学效果
艺术性	追求感觉、时尚与个性	在色彩、构图、文字与图案的搭配方面融入设计意图和感觉,注重艺术表现
装饰性	追求效果、夸张和比喻	把对称性强烈的纹理图案作为创作的主线,强调了相对抽象的图像感觉
整体性	追求表现形式和内容的整体效果	具有完整、不可分割的艺术效果,使画面更加完整、大气、浑然一体
协调性	追求多个对象版式内容的协调统一	具有匀称、协调均衡的视觉效果,在色彩、构图等方面力求达到统一的视觉效果
重复性	追求对多个形态一致的对象进行规则排列	产生整齐划一的视觉效果,构图需精心设计,避免呆板,一般具有大量对象时采用效果较好
交错性	追求多个对象交错排列	使版面呈现错落有致的视觉效果,在对象数量较少时应用较好
对称性	追求平衡、整齐与稳重	分全对称和半对称,大多数设计为更加自然,常采用半对称效果
均衡性	追求布局匀称、中心稳定	强调一种庄重与宁静的氛围
对比性	追求大小、明暗、颜色、直曲、动静的对比	具有强烈的视觉冲击力,醒目,有棱角
协调性	追求对象间的近似性和共性	具有舒适、安定、统一的视觉效果

3. 版面构成中的美学技巧

(1)美学构图方式。美学中的构图分为传统构图和个性构图,如图 2-8 所示。传统构图中有黄金分割构图、斐波那契螺旋线构图、三分法构图等,比较讲求构图的均衡和比例规则,具有平衡感。而个性构图则较为强调个人意愿,画面比较独特,布局大胆且有创意。

图 2-8 传统构图与个性化构图

上面左图为符合黄金分割的构图方式,即较大部分与整体部分的比值等于较小部分与较大部分的比值,其比值约为 0.618。而右图则强调了高度,通过近景树叶的遮罩产生个性化美感。

(2)拍照构图技巧。如何拍摄一张较好的照片?除了清晰度和画面大小,在针对拍摄主体时常常需要考虑以下几个方面。

①若画面中有海面、水面、地平面,这些"面"要保持水平,不可倾斜,否则容易产生画面不正,画面中元素不稳的感觉。

②画面尽量简洁,主体要突出,应大胆去除多余的、与主体无关的元素。由于人眼在看物体时对主体内容会有生理上的聚焦反应,但通过画面进行展现时无法让用户体会到作者的用途,因而必须放大主体,将其置于画面中央位置或九宫格节点位置,以表现画面中的主体内容,如图 2-9 所示。

图 2-9 画面主题突出

③人物与景物的比例关系要把握好,设置合适的比例关系,要兼顾人和景,以免因拍摄全景而忽略人物比例,如图 2-10 所示。

图 2-10 人和景的比例关系

④为了获得锐度高、光线明亮的照片,应在光线比较充足的时候拍摄。在光线不足时拍摄风光,不要打开闪光灯;而逆光(迎光)拍摄人物时,为了避免人物过暗,使用闪光灯是必要的。傍晚和早晨的色彩丰富,拍摄风光不要使用闪光灯。为了避免"脱焦",长时间曝光需要使用三脚架拍摄。

⑤景深是衡量照片纵深清晰度的指标。景深较深可以使远处的景物更清晰,景深较浅可以使远处的景物更模糊。使用光圈可以控制景深。一般来说,要使人物或者景物产生特写效果,会选择景深较浅的拍摄技巧。

在版面构成中应用美学原理,除了构图技巧和拍照技巧外,很多计算机软件或手机 APP 也需要遵循这些规则。一般来说,多媒体产品中自学类型的界面文字可以多一些,菜单可以更详尽,其各对象最好呈现交错变化;而演示类型的界面恰恰相反,界面图片可以更多些,菜单精炼,需突出演示对象和不占太多空间的悬挂式菜单。

2.3.3　美学中的色彩构成

色彩是美学的重要组成部分,是生活中必不可少的元素。色彩是艺术中科学规律最强的,它的构成也是最有规律和充满感性的。色彩构成包含很多内容,如色彩的作用、色调、形式美感、色彩混合、色彩知觉等,色彩应用在多媒体设计和开发过程中需要重点掌握。

1. 色彩构成

构成是指两个或两个以上的元素组合在一起,形成新的元素,而色彩构成就是为了某种目的,把两个或两个以上的色彩按照一定的原则进行组合和搭配,以此形成新的色彩关系。

在自然界中,物体本身没有颜色,人们之所以能看到物体的颜色,是由于物体不同程度地吸收和反射了某些波长的光线所致。人的视觉系统既可以感觉到光的强度(亮度),也可以感觉出光的颜色(色彩)。人对亮度和色彩的感觉过程是一个物理、生理和心理的复杂过程。在自然界中,人们看到的大多数光不是单一波长的光,而是由多种不同波长的光组合而成的。

颜色构成有基本色,也称原色。例如,颜料中的三原色为红、黄、蓝,简称RYB;显示中的三原色为红、绿、蓝,简称 RGB。其他颜色都是这些基本色合成的,如图2-11所示。如颜料中红色和黄色等比例融合成为橙色,显示中红色和绿色等比例合成为黄色。两个原色混合而得到的颜色称为间色。由任何两个间色或三个原色相混合而产生出来的颜色称为复色。

图 2-11　颜料基本色与显示基本色

2. 美学中的色彩搭配

色彩搭配的黄金法则是 631 法则,即主色彩占 60%的比例,次要色彩占 30%的比例,辅助色彩占 10%的比例。一般来说,色彩搭配时,色相不应该超过 3 种,因而也有双色法和三色法的区分,遵循 3 种基本原则:同色调搭配、相似色搭配、对比色搭配。

(1)同色调搭配。这是一种简单易行的配色方法,即将同一色相、明度接近的色彩搭配起来,如深红与浅红、深绿与浅绿、深灰与浅灰等搭配。这样搭配会产生一种和谐、自然的色彩美。

(2)相似色搭配。把色谱上相近的色彩搭配起来,产生调和的作用,如红与黄、橙与黄、蓝与绿等色的搭配。搭配时两个颜色的明度与纯度最好错开,这样能显出调和中的变化。

(3)对比色搭配。利用明度、纯度的反差搭配色彩可以产生鲜明的对比,包括色相对比、明度对比和纯度对比。其中,明度对比可以给人带来清晰、明快的感觉,如黄与紫、红与绿等搭配。

常见的配色方案有以下几种:

①黑+白+灰。黑加白可以营造出强烈的视觉效果。而将灰色融入其中,缓和了黑与白的视觉冲突感觉,三种颜色的搭配显示冷色调的现代与未来感。

②蓝+橙。蓝色系与橙色系为主的色彩搭配,表现出现代与传统的交汇感觉。两者属于强烈的对比色系,只要在纯度上做些变化,就能产生强烈的视觉冲击力。

③蓝+白。白色和蓝色搭配,使人联想晴空万里飘着朵朵白云,令人感到十分的自由,好像是把自己融入大自然,心胸豁然开朗。

④黄+绿。鹅黄色搭配嫩绿色是一种很好的配色方案。鹅黄色是一种清新、鲜嫩的颜色,代表的是新生命的喜悦。绿色是让人内心感觉平静的色调,可以中和黄色的轻快感,让空间稳重。

配色方案当然远不止以上几种,需要读者在设计作品时去发现、尝试和总结。颜色的多样性,给人带来的心理感觉也是多种多样的。颜色的象征意义和直接联想见表 2-2。

表 2-2　颜色的象征意义与直接联想

颜色	象征意义	直接联想
红	太阳、旗帜、火、血	热情、奔放、喜庆、幸福、活力、危险
橙	柑桔、秋叶、灯光	金秋、欢喜、丰收、温暖、嫉妒、警告
黄	光线、迎春花、香蕉	光明、快活、希望、帝王、古罗马高贵色
绿	森林、草原、青山	和平、生意盎然、新鲜、可行
蓝	天空、海洋	理智、平静、忧郁、深远、西方名门血统
紫	葡萄、丁香花	高贵、庄重、昔日最高等级、古希腊国王
黑	夜晚、无灯光的房间	严肃、刚直、恐怖
白	雪景、纸张	纯洁、神圣、光明
灰	乌云、路面、静物	平凡、朴素、默默无闻、谦逊

2.3.4　数字化媒体美学

数字技术革命已经对传统的艺术表现形式产生了不可逆转的强烈冲击,传统的美学观念在数字信息时代也有了更为深刻的内涵。这是一个从原子向比特转换的过程。借助于数字技术基础上的视觉技术,将人类的视觉想象力和空间极大地扩张开来,各种计算机软件和程序为视觉图像的合成、变异和翻新提供了更大的可能性。从数字技术合成图像到虚拟各种场景,数字世界的审美体验紧密关联着生理的美感。而数字音乐的出现也极大地扩展了人类对声音的处理范围和应用领域,如全世界第一款 VOCALOID 中文声库和虚拟形象的洛天依,已经和真实歌手演唱歌曲相差无几了,而这种虚拟歌手通过计算机可以在音域上无限扩展,更带来了听觉审美的另一番场景。媒体数字化后表现的美学主要有以下几个方面。

1. 数字图像美学

数字图像是以数字形式进行存储和处理的图像,可以方便地利用计算机对它进行加工处理,通过调整图像色调,改变基本色的比例而呈现不同的图像效果,如正常色调具有真实感,常用于反映现实生活;而增加红色和黄色色调会产生老旧、单一感,常用于背景或刻意表现某一主题。

图像清晰度也是图像美学的一个重要因素,颜色数越高,图像分辨率越高,图像越清晰,自然美感越高。图像在选材时需要注意:

①根据构图进行拍照或选材。

②选择色彩丰富、轮廓清晰的图片。

③用于背景的图片要充满画面,用于装饰的图片要拍摄全景。

④选择数字化图像时分辨率要尽可能高,便于后期处理。

2. 数字动画美学

数字动画是近年来随着计算机软硬件技术的发展而产生的一项视觉影视艺术,可为人们带来视觉上的美感和听觉上的享受。虽然传统动画也能满足这样的审美需求,但数字动画所承载的内容远比传统动画要多得多,角色、场景、构图、灯光、色彩、音响等多方面的模拟设计制作,极大地丰富了其视觉性语言。数字动画的美学应用主要从技术美、运动美、造型美和意境美来呈现。

①技术美。技术美是技术活动和艺术作品所表现的审美极致,它的审美价值很大程度上依赖于技术的环境。技术与艺术的完美统一是数字动画制作的首要前提和最终目标,每一次的视觉感官改变的背后都是技术的支撑。

②运动美。数字动画艺术是一种空间形式的时间艺术,具有变化的运动特征。空间形式决定了动画是如何变换的,所以在画面布局时需要留出动画主体的运动空间,用镜头推移、纵深运动、平面移动的顺序和方式来完成动画衔接和调度。

③造型美。动画在虚拟环境中的制作手段突破了现实中种种条件的限制。在造型塑造时可以有意放大或缩小某些细节,以营造强烈的视觉冲击和感染力,从而使用户获得奇特而新颖的审美感受。造型设计须有鲜明个性,适度夸张而又符合自然规律。

④意境美。动画创作者是以虚拟的动态影像和夸张的叙事场景将人们的心绪和意识带入一种奇特的审美情景之中,产生虚实相生、情景相融的审美意境。因此,动画能提供人类视觉在现实生活中不能感受到的光影景象,使其创作者的审美想象力得到自由地发挥。

3. 数字声音美学

声音包括语音、音乐和音效。声音通过语音叙事、音乐渲染、音效模仿等去营造环境和塑造形象,激发想象力,进而使人产生丰富多彩的联想。数字声音以数字媒体技术为支撑,除了完美再现人类声音,还可以合成在自然界无法获取的声音。在声音的采集、处理过程中,影响声音美感的因素有以下四点。

①清晰度。清晰度取决于声音的录制水平、载体材质、采样频率、采样位数。

②噪声。录制会受到本底噪声、环境噪音、介质附加噪声的影响。

③音色。音色是声音的感觉特性。不同格式的声音文件如 MIDI、WAV、MP3 等,因压缩和解码的不同,音色也有很大差别。

④旋律。旋律受到作曲、演奏等音乐本身的属性的限制。

在数字声音的美学运用中,一般需遵循以下两个规则。

①语音采用单声道,乐曲采用立体声。

②适当添加声音效果,弥补不足。如调节混响时间、音调高低等。

2.3.5　多媒体产品的美学应用

1. 产品应用美学的作用

多媒体美学就是指研究各种媒体(文本、图形、图像、动画、音频和视频等)融入一个完整的计算机应用系统后,给用户带来的艺术效果和美的感受的科学。利用多媒体技术开发产品讲究美观、实用,并且符合大多数人的审美观念和阅读习惯。这也是开发多媒体产品过程中要关注的美学应用。随着多媒体技术的发展,人们已经不满足千篇一律的产品界面,因此,在设计和开发产品时,应运用美学概念,开发具有审美情趣的界面,设计符合视觉认知习惯的显示模式等。通过学习美学,设计者可以制作出更加完美、更加具有竞争性的多媒体产品。多媒体产品应用美学的作用有以下几点。

(1)产生视觉效应。合理运用色彩、调整布局和进行绘画渲染,使产品具有舒适的色调、醒目的标题、鲜明的个性,以此刺激视觉神经,产生"眼球效应",使多媒体产品更易吸引用户。

(2)内容表达形象化。美学应用在产品中应该符合大多数人的生理习惯和心理习惯。这里要强调美学具有时代性和地域性,不同时代、不同地域对美的感知和认同都不是完全一致的。这里讨论的一定是当代主流的美学规律。生理习惯指的是人们固有的阅读习惯、聆听习惯和书写习惯等,如键盘设计要考虑人体工程学,屏幕设计要考虑光线强度。心理习惯是指阅读的心态、操作的感觉、对产品的感受和接受程度,如 Word 软件中的"阅读模式"视图,微信中的朋友圈权限。

(3)增加产品价值。正如苹果某些经典产品应用简约美学和科技美学,使其用户体验感和易用性都大大增强,从而提升了产品的价值。随着美学在产品中的应用程度加大,产品价值也不断提升。当然,这里也有个阈值,产品价值并不会无限提升,当达到普通人的审美极限后,产品价值并不会因为美学应用的增加而增加。

2. 美学创意设计

所谓多媒体产品开发的美学设计,就是要设计出独具创意的作品,以及传达信息的独特方式和风格,包括文字用语、界面图像、音乐旁白、动画影像,以及这些设计元素向用户传达的内在含义等。

(1)创意设计的作用。好的创意让人"脑洞大开",拍案叫绝,对产品的价值提升能起到决定性的作用。将富有创造性的思想理念以设计的方式呈现出来,是多媒体产品开发时首先要考虑的,其美学创意主要表现在以下几点。

①产品更趋合理化。程序运行速度快、可靠,界面设计合理,操作简便而舒适。

②表现手段多样化。多媒体信息的显示富于变化,不同媒体间的关系协调而错落有致。

③风格个性化。产品不落俗套,具有强烈的个性。

④表现内容科学化。信息符合科学规律,阐述准确、明了,概念清晰、严谨。

⑤产品商品化。没有完美的商品化设计,就没有消费者足够的重视。

(2)创意设计的原则和体现。

①对象布局。界面亲切、友好,对象显示的顺序应依照使用的顺序排列,不能进行操作的交互对象不应显示出来。赋予用户控制界面的能力,当需要修改或扩展系统功能时,能提供动态的对话方式,如修改命令、设置动态菜单等。所有对象如窗口、按钮、菜单等处理应一致化,使对象的动作可预期。

②颜色的搭配。同一画面一般不超过三种主色调,注意颜色提供的信息,如蓝色代表理智,绿色代表生态,红色代表警讯。画面背景和前景色彩应庄重、大方,搭配协调。

③措辞。措辞应具有感染力和说服力,语句流畅、准确,提示语礼貌、生动。文字和用语要既简练,又不产生二义性,关键字和特殊用语需加粗显示,同组、同行文字格式应保持一致,在文字使用中少用专业用语,多用用户行话,尽量使用肯定句而不用否定句。

④多媒体元素设计。需做到在平面设计理念的指导下,加工和修饰所有平面素材;动画造型逼真,动作流畅,色彩丰富,画面调度专业;声音具有个性,音乐风格幽雅,编辑和加工符合乐理规律;交互式操作尽量符合人们的使用习惯。

(3)创意设计的实施。

①技术设计。技术设计即利用计算机技术实现多媒体功能的设计。其内容包括:规划技术细节,设计实施方法,对技术难点提出解决方案等。

②功能设计。功能设计是指利用多媒体技术规划和实现面向对象的控制手段。其主要内容包括:规划功能类型和数量,完成菜单结构设计和按钮功能设计,实现系统功能调用和数据共享,避免功能重叠和交叉调用,处理系统错误等。

③美学设计。美学设计是指利用美学观念和人体工程学观念设计产品。其主要解决的问题是:界面布局与色调,易操作性,媒体之间的最佳搭配方式和空间位置,产品外包装、使用说明书和技术说明书的封面设计、版式设计等。

习题 2

一、单选题

1. 多媒体产品是指在计算机上开发和应用的图形、声音、文字等的多媒体工具。下列不属于多媒体软件产品的是_____。

   A. 媒体播放工具　　　　　　　　B. 图形制作和图像浏览器
   C. 保真音乐播放软件　　　　　　D. MP3 压缩音频文件

2. 多媒体产品可行性研究一般不考虑_____。

   A. 是否有足够的人员支持产品开发
   B. 是否有足够的工具和相关的技术来支持产品开发
   C. 待开发的产品是否会有质量问题
   D. 待开发的产品是否有市场，经济上是否合算

3. 当完成一个多媒体系统设计后，一定要进行产品测试。其中，_____可以保证该产品在不同的平台环境中正常运行。

   A. 兼容性测试　B. 功能测试　　　　C. 内存测试　　　　D. 单元测试

4. 多媒体系统结构中，_____直接用来控制和管理多媒体硬件并完成设备的各种操作。

   A. 多媒体应用软件　　　　　　　B. 多媒体开发工具
   C. 多媒体操作系统　　　　　　　D. 多媒体驱动程序

5. 下列属于多媒体素材制作工具的软件是_____。

   A. Authorware　B. Dreamweaver　　C. Flash　　　　　D. PowerPoint

6. Premiere 应属于_____。

   A. 音频处理软件　　　　　　　　B. 图像处理软件
   C. 动画制作软件　　　　　　　　D. 视频编辑软件

7. 多媒体产品开发项目成员中，产品项目经理一般负责_____。

   A. 设计美观友好的界面　　　　　B. 音视频资源的合成和处理
   C. 管理团队和分配任务　　　　　D. 使用具体编程语言进行开发

8. 多媒体产品制作的美学设计表现手段主要有三种，分别是绘画、版面构成和_____构成。

   A. 色彩　　　　　B. 声音　　　　　C. 图像　　　　　D. 节奏

9. 在制作多媒体产品时使用美学的知识和方法，能起到丰富视觉效果和_____的作用。

   A. 内容表达具体化　　　　　　　B. 内容表达抽象化
   C. 内容表达形象化　　　　　　　D. 内容表达简单化

10. 动画美学研究的意义在于增强作者自己的原创能力,激发艺术家自由创作的空间,拓宽观赏者的_____。

    A. 想象空间   B. 创作空间   C. 生活空间   D. 使用空间

二、多选题

1. 多媒体软件系统主要包括_____。

    A. 多媒体操作系统   B. 多媒体驱动程序

    C. 多媒体制作软件   D. 多媒体应用软件

2. 多媒体素材制作工具有_____。

    A. 3ds Max   B. Audition

    C. Flash   D. PowerPoint

3. 以下哪些项是版面设计中形式美的法则_____。

    A. 和谐   B. 对称   C. 荒诞   D. 统一

4. 色彩的基本物理特征为_____。

    A. 明度   B. 纯度   C. 色调   D. 色相

5. 多媒体产品创意设计需要以下哪些专业知识_____。

    A. 计算机硬件知识   B. 计算机软件功能

    C. 用户心理学   D. 美学常识

三、填空题

1. 多媒体项目开发过程复杂,但一般包括_____、_____、_____、_____、_____等基本阶段。

2. 多媒体项目的需求分析解决了产品应该"做什么"的问题,而产品的设计和制作则解决产品应该_____的问题。

3. 在项目团队开发中成员间的交互与合作,除了技术问题外,还存在_____问题。

4. 各构成要素保持高度的一致性,具有完整、不可分割的艺术效果,使画面更加完整、大气、浑然一体,这属于版面构成中的_____特性。

5. 美学中的色彩搭配,一般遵循3种基本原则:同色调搭配、_____和对比色搭配。

第3章　多媒体计算机系统

我们的机器终于成了一台有用的计算机,我为此高兴得头晕目眩。Altair 是可以与商业型号相媲美的小型计算机,是体积小的让你能够买得起的工具,但它绝不是一种玩具。

——爱德华·罗伯茨

个人电脑之父

个人计算机的出现源于人们对计算机体积小型化的需求,而多媒体计算机的出现则源于人们对工作生活中简捷形象传播信息的需求。不管是图像视频还是音频动画,都需要特有的硬件设备和软件系统的支撑,软件系统分类较为细致,在后面的章节中具体介绍。本章将从硬件系统方面来阐述多媒体计算机的组成、标准和发展,以及各个硬件设备的作用性能等。

3.1　多媒体个人计算机

在系统结构中,多媒体系统可以分为多媒体硬件系统和多媒体软件系统。其中,多媒体硬件系统是各种电子元器件的组合,是多媒体系统结构的基础;而软件系统包括多媒体驱动程序、多媒体操作系统、多媒体开发工具和多媒体应用软件。

PC(Personal Computer)也称个人计算机,该词源于 IBM 公司在 1981 年 8 月 12 日推出的 IBM 5150 型号的计算机。PC 的广义含义是指由单个用户独用,适合工作和家庭环境的微型计算机,而其狭义含义是指装配有 Windows 系统的计算机(以区别装有 Mac(Macintosh)系统的苹果电脑)。

1983 年 1 月,苹果公司推出了全球第一台真正投入市场的首款图形化计算机 Apple Lisa。同年的 11 月,微软正式发布了 Windows 1.0,也就是现在用的 Windows 系统的鼻祖。Mac 电脑保持了高度的软硬件一体性,而狭义的 PC 机是根据 Windows 操作系统的需求将若干部件组合起来的,如电源、CPU、硬盘、CD-ROM、显卡、声卡、显示器、键盘以及鼠标等等,再由联想、惠普、戴尔或其他公司组装并贴上标签,最后成为运行 Windows 系统的计算机。两大阵营的首款计算机如图 3-1 所示。

图 3-1　Apple Lisa(左)与 IBM5050(右)

1991 年,Microsoft 微软公司将主要的 PC 硬件制造商组织在一起,成立了多媒体个人计算机市场委员会,开发了一整套规范(主要是建立多媒体计算机系统硬件的最低性能标准),使 Windows 能提供可靠的多媒体功能,完成了从普通个人计算机到多媒体个人计算机的跨越。

多媒体个人计算机(Multimedia Personal Computer)简称 MPC。如果一台计算机具备了多媒体的硬件条件和软件系统,那么就具备了多媒体功能。MPC 是目前市场上最流行的多媒体计算机系统,代表了工业标准,严格来说,多媒体个人计算机是指符合 MPC 标准的,具有多媒体功能的个人计算机。

把一台普通个人计算机变成多媒体个人计算机要解决的关键技术有视频音频信号获取技术、多媒体数据压缩编码和解码技术、视频音频数据的实时处理技术,以及视频音频数据的输出技术等。

多媒体个人计算机市场委员会规定多媒体个人计算机包括 5 个基本的部件:个人计算机(PC)、只读光盘(CD-ROM)、声卡、Windows 操作系统和一组音箱或耳机,且对 CPU、存储器容量和屏幕显示功能等制定了规格标准。

MPC 标准只是提出了系统的最低要求,仅是一种参照标准,并且三个标准之间并不是完全取代关系,因此,市场上见到的多媒体个人计算机配置是有所不同的。随着计算机软硬件技术的发展,特别是网络技术的迅速发展和普及,多媒体计算机与电话、电视、图文传真等通信类消费电子产品逐渐融为一体,形成新一代多媒体产品,为人类的生活和工作提供了全新的信息服务。多媒体计算机与通信技术的结合已成为世界性的潮流。虽然三种 MPC 标准都没有将网络与通信方面的要求列入,但是目前的许多多媒体计算机都具有网络和通信功能,所有的多媒体计算机制造商和供应商也都在竭力宣传这种功能。调制解调器(Modem)、网卡和网络通信软件已经成为多媒体计算机不可缺少的基本配置。

MPC 平台标准与开发者、用户和销售商有密切关系。MPC 的标准规范对三部分不同的人员来说均具有指导意义:对计算机应用开发者来说,MPC 是开发先进的多媒体应用系统的标准,可用来指导设计多媒体 PC 机。对用户来说,MPC

是建立支持多媒体应用的 PC 机系统或者已有的 PC 机系统升级为多媒体 PC 机系统的指导原则。对销售商来说,MPC 是一个组织的标志。这个组织的宗旨是尽可能使 PC 机用户拥有多媒体功能,它告诉人们计算机硬件系统符合的标准规范有哪些。

传统意义上,普通 PC 具备了 CD-ROM 光驱系统、声音适配器和音响音箱设备,就可以称为 MPC。虽然显示适配器也是多媒体计算机的重要配置,但是普通 PC 也必须具备显卡设备才能显示文本信息,因而显卡不能作为 MPC 的特征设备。信息量一样的文本数据、音频数据、视频数据,所需要的存储空间依次增大。大容量存储设备的出现对多媒体数据存储、传输非常重要。光盘作为便携的大容量存储设备,其发展直接引领了多媒体硬件标准的发展。在音视频数据的获取方面,扫描仪、数码相机、数码摄像机、摄像头等硬件提供了丰富的输入手段,而输入＋输出、打印机、显示器、投影机等设备则提供了多种输出方式。

3.2　多媒体计算机基本硬件

本节将从应用角度介绍多媒体计算机硬件的各个组成部分,一方面简要描述传统 PC 的硬件设备,另一方面重点讲解多媒体特征硬件。

3.2.1　主板

主板也称系统集成板,它是计算机中的主要电路板。所有电子设备都要和主板相连接:处理器芯片和内存芯片需要插到主板的 CPU 插座和内存插槽上,硬盘和 CD-ROM 驱动器需要连接主板的 SATA 或 SCSI 接口,键盘、鼠标和打印机也要与主板的输入输出接口相连接。此外,主板上还安装有加强计算机性能的各种扩展插槽,可以连接额外的音频、视频和网络通信电路板。

主板主要由芯片和接口(插槽)组成:芯片包括芯片组、BIOS 芯片,以及其他集成芯片(如显卡、声卡、网卡)等;接口包括 CPU 插座、内存条插槽、AGP 插槽、PCI 或 PCI-E 插槽、SATA 接口、PS/2 接口、USB 接口、DVI 接口、网络接口、音频接口、HDMI 接口等。

与主板连接的集成电路主要分为集成芯片和独立板载卡,如集成显卡、集成声卡、独立显卡、独立声卡等等。这里的集成是指功能电路板集成在主板上,而独立是指功能板载卡与主板是分开的,通过 AGP、PCI 等插槽与主板连接。接口有内部接口和外部接口之分,分别称为系统接口和外设接口,可以简单以主机箱内外来区分:CPU、内存条、独立显卡以及一些信号线和数据连线都是与内部接口相连;而键盘、鼠标、USB 设备、音箱、显示器等设备则与外部接口连接。例如,独立显卡通过 AGP 插槽的内部接口与主板连接,同时提供 DVI 这样的外部接口与显示器进行连接,从而保证所有 PC 设备的连通性。

3.2.2　中央处理器

在购买 PC 电脑或者手机时,经常见到商品广告上都有诸如"Intel 酷睿 i7-8556 四核 4.6 GHz"或者"华为 麒麟 980 八核 2.6 GHz"的字样,这些数据都是对中央处理器的描述。

中央处理器也称 CPU,是计算机的核心部件,本身是一块超大规模集成电路,其集成的晶体管制造工艺已达到纳米级别,当下主流的酷睿 i7 型 CPU 包含了 7 亿多个晶体管。CPU 负责处理、运算计算机内部的所有数据,控制数据的交换,可决定计算机的性能,其核心指标主要有时钟频率、字长、运算速度和缓存容量。上述商品广告中的 GHz 就是时钟频率,用于表明处理器可以用多快的速度处理数据并执行程序指令。

为更好地处理多媒体数据,Intel 公司于 1996 年推出了一项多媒体指令增强技术 MMX。该技术是在 CPU 中加入特地为视频信号、音频信号以及图像处理而设计的 57 条指令,因此,MMX CPU 极大地提高了计算机的多媒体处理功能。此外,CPU 的多核技术、数字信号处理(Digital Signal Processing,DSP)技术、协处理器技术、向量浮点下的媒体引擎技术等等都为多媒体产品的解码、渲染提供了重要的硬件基础。

3.2.3　内存

当数据存储在终端用户的设备中时,就需要大量的存储器。内存是 CPU 可以直接访问的存储器,最常使用的内存是 RAM,用于临时存放数据和程序指令。操作系统工作时也是"驻扎"在其中。RAM 的主要性能指标有两个:存储容量和存取速度。存储容量越大,同时运行的程序越多,可以处理的数据越多。存取速度是存取一次数据的时间,单位为纳秒,可以由内存的工作频率决定,内存主频越高内存的速度也就越快。目前,计算机内存的容量为 4 GB～16 GB,内存主频高达 4000 MHz。

由于计算机所有数据,包括文本、图形、图像、动画、音频、视频等多媒体数据,都以二进制表示,因而数据存储的最小单位是一个二进制位,简称位,即比特(bit)。而在计算机存储时,为避免二进制位过小而使数据表示过于烦琐,规定计算机的基本存储单位为字节(Byte)。通常表示文件大小时用千字节(KB)、兆字节(MB)、吉字节(GB)、太字节(TB)、拍字节(PB)等,其换算关系为:

1 B＝8 bit

1 KB＝1024 B

1 MB＝1024 KB

1 GB＝1024 MB

1 TB＝1024 GB

1 PB＝1024 TB

这里的 1024 是 2 的 10 次方，它最接近十进制的 1000，方便十进制的估算。

计算机中的内存是条形的，故也称内存条，插在主板的内存插槽。一般意义上的计算机内存大小指的就是内存条的容量大小。手机内存分为 RAM 和 ROM。RAM 也称运行内存或系统内存，用来存储操作系统或其他正在运行的程序，功能等同于计算机内存。ROM 是手机存储空间，包括系统占用空间和用户可用空间，功能等同于 PC 机中的硬盘，用来存储和保存数据。手机的 ROM 不是一般意义上的只读存储器，其工作原理等同于 U 盘的闪存，因而是可以读写的。

3.2.4　声卡

声卡，也称音频卡，是处理声音信号的芯片，主要功能是进行声音信号转换：一方面，将外部模拟声音转换为数字声音并存储起来；另一方面，将处理后的数字信号转换为模拟信号，通过耳机或音响设备进行播放。其作用表现在：

①录制、采集来自麦克风等音源设备的信号，并将其压缩后存放在计算机的存储器中；

②将处理后的数字化声音文件还原为高质量的模拟声音，放大后通过扬声器播放；

③对数字化的声音文件进行加工处理合成，以达到特定的调音效果或混响效果；

④可以通过声卡朗读文本或识别用户声音指令；

⑤提供 MIDI 功能，使计算机能够拥有 MIDI 接口的电子乐器，也可以将 MIDI 文件输出到电子乐器中，使其发出相应的声音。

声卡按形态可分为独立声卡、集成声卡和外置独立声卡，如图 3-2 所示。普通用户对声音的敏感度不是很高，集成声卡就能够满足其绝大多数音频需求。声卡的制造必须遵循行业系统标准。目前，较为常见的音频行业规范标准是 AC97 标准和 HD Audio 标准，应用这两种标准的声卡设备也分别称为 AC97 声卡和 HD 声卡。HD Audio 标准所制定的规范更加细致和全面，正在逐步取代 AC97 标准。

(a)独立声卡 　　　(b)集成声卡 　　　(c)外置独立声卡

图 3-2　声卡

声卡通过接口与音频输入输出设备相连接,按照规范标准,每个接口都标有不同颜色,主要的接口有:

①绿色音频输出插孔(Line Out):标准双声道音效下将音频信号输出到音箱或耳机;

②蓝色音频输入插孔(Line In):将 MP3、录音机等设备的声音信号输入计算机;

③粉色话筒输入插孔(Mic In):连接麦克风,主要进行语音输入;

④黑色后置环绕喇叭插孔:在四声道以上音效下连接后置环绕喇叭;

⑤橙色中置/重低音喇叭插孔:在六声道以上音效下连接中置/重低音喇叭;

⑥白色 MIDI 接口:连接外部 MIDI 乐器设备,如 MIDI 键盘等。

3.2.5　声音播放设备

我们在计算机上进行音频播放都需要依赖音频文件。音频文件的生成过程是对声音信息采样、量化和编码,产生数字信号的过程。而把数字信号表示的声音还原成为原来的声音,除了要借助声卡进行信号的数模转换,还必须借助声音播放设备将声音释放到外部媒介中。声音播放设备主要有扬声器、音箱和耳机,如图 3-3 所示。

图 3-3　声音播放设备

1. 扬声器

扬声器是一种将电信号变换为声信号的电子器件,俗称喇叭。扬声器的放声质量是由扬声器的性能决定的,包括功率、阻抗、灵敏度、失真度等。笔记本电脑和手机设备中都包含扬声器,因而可以直接通过设备播放声音,而有的台式电脑并没有扬声器,因而也就无法直接听到声音,此时必须借助音箱或耳机。

2. 音箱

音箱也称扬声器系统,不仅包含扬声器,还有分频器和箱体等。将高、中、低音扬声器组装在一个箱体内,每路扬声器只重放自己音质最佳的频段的音箱称为三路音箱。根据是否带有功率放大器电路,音箱可以分为有源音箱和无源音箱。音箱所支持的声道数是衡量音箱档次的重要指标之一,主要有单声道、双声道、环绕四声道、5.1声道等。

(1)单声道。单声道是指声音在录制过程中只分配一个声道,如国粤双语电影中,将国语配音和粤语配音分别分配给左声道和右声道,播放时两个扬声器只有一个有声音,缺乏位置感。对声音质量要求不高的情况下,也可用单声道进行录制和声音的重放,如人们说话的语音。

(2)双声道。双声道也称立体声,声音在录制过程中被分配到两个独立的声道,从而达到很好的声音定位效果。这种技术在音乐欣赏中显得尤为重要。使用该技术时,听众可以清晰地分辨出各种乐器来自的方向,更加接近现场感觉。目前,立体声是许多产品遵循的音频技术标准。

(3)环绕四声道。环绕四声道规定了四个发音点:前左、前右、后左、后右,可以为听众带来多个不同方向的声音环绕,使听众获得身临其境的听觉感受,给用户以全新的体验。

(4)5.1声道。多媒体音箱中的音乐是以MP3或者CD音乐、音效为主,这些声音以中高音居多。如果追求影院效果,多一些低频段的声音,还需要一个低音炮。5.1声道就是在环绕四声道基础上增加了一个中置音箱和一个低音炮,在欣赏影片时更有利于加强人声和低音,以提高整体效果。杜比音效就是以5.1声道系统为技术蓝本的一种标准。

3. 耳机

耳机也是声音输出设备之一。由于耳机具有良好的便携性和私密性,用户可以在不影响旁人的情况下独自聆听音乐。耳机也可以隔开周围环境的声音影响,对在录音室、酒吧、旅途、运动等吵闹环境下使用的人很有帮助。按佩戴形式可分为耳塞式、挂耳式和头戴式。

自从苹果正式发布Airpods,无线耳机行业进入爆发期,传统有线耳机也因为越来越多的手机取消耳机口而日渐式微。在硬件设备的发展进程中,更好的用户体验永远是新产品的核心需求。

3.2.6　显卡

显卡也称显示适配器,可将处理器的输出信息转换成视频信号并通过数据线传递给显示器进行显示。显卡的主要芯片为图形处理单元(GPU),是主要处理单元。显卡上也有和计算机内存相似的存储器,称为显示内存,简称显存。多媒体个人计算机出现之前,显卡只起到信号转换作用,而目前的显卡基本都带有3D画面显示和图形加速功能,所以也称图形加速卡。对于从事专业图形图像设计的人来说,显卡非常重要。在显示系统中,显示效果一般取决于显卡性能而非显示器性能。如果在玩大型游戏或做专业媒体渲染时,画面切换缓慢,有卡顿现象,一般都是因为显卡级别较低。

1. 显卡的分类

显卡可以根据不同的依据进行分类。

①按显卡独立性分类,可以将显卡分为主板集成显示芯片的集成显卡和独立显卡,如图3-4所示。

(a)集成显卡　　　　　　　　　(b)独立显卡

图3-4　显卡

②按显卡的接口分类,可以将显卡分为 MDA、CGA、EGA、VGA、DVI、HDMI 等。

③按图形功能分类,可以将显卡分为纯二维(2D)显卡、纯三维(3D)显卡、二维＋三维(2D＋3D)显卡。

④按显卡与主板的接口分类,可以将显卡分为 ISA、EISA、VESA、PCI、AGP以及 PCI-Express 等。

⑤按显示芯片(主流芯片厂家)分类,可以将显卡分为 nVIDIA、ATI 和Matrox。

2. 显卡的工作流程

我们在显示器上看到的图像是由很多像素组成的,计算机必须决定如何处理每个像素,以便生成图像。为此,计算机需要一位"翻译",负责从 CPU 获得二进制数据,然后将这些数据转换为人眼可以看到的图像。这位"翻译"就是显卡。显卡的工作流程一般包括:

①CPU 将数据通过总线传送给 GPU。

②GPU 对数据进行处理,并将处理结果传送到显存中。

③显存将数据传送给随机存储数模转换器(RAMDAC)进行数模转换。

④RAMDAC 将转换后的模拟信号通过 VGA 或 DVI 接口输送到显示器上，在屏幕上呈现出显示内容。

显卡通过背面的视频接口与显示器相连接，目前主要有 VGA 接口、DVI 接口和 HDMI 接口。其中，VGA 接口是针数为 15 口的视频接口。VGA 输出和传递的是模拟信号，主要用于老式的电脑传输，信号失真较大。DVI 接口有两个标准：29 针的 DVI-I 和 25 针的 DVI-D。DVI 传输的是数字信号，可以传输大分辨的视频信号。因为信号不需要转换，所以信号没有损失。HDMI 接口也是传输数字信号的接口，同时还能够传送音频信号。假如显示器除了具有显示功能，还带有音响时（类似当前的数字电视机），HDMI 接口就可以同时将视频信号和音频信号传递给显示器。

3.2.7　CD-ROM 系统

多媒体数据量庞大，其传输和存储客观上需要大容量的便携式存储设备。CD-ROM 光存储技术的发展在一定程度上也代表了多媒体技术的发展历史。数据存储系统包含两个部分：存储介质和存储设备。存储介质是指磁盘、光盘、U 盘等包含数据的物质。存储设备是指在存储介质上读写数据的机械装置，如硬盘驱动器、光盘驱动器、Flash 闪存电路等。有些技术的存储介质和存储设备是封装在一起的，如硬盘和硬盘驱动器（硬盘驱动器只能从固定的磁盘盘片中访问数据），而更通用的设备可以访问多种不同介质上的数据，如光盘驱动器可以访问内容不同的光盘。这里的 CD-ROM 系统指的就是光盘及其驱动设备，如图 3-5 所示。

图 3-5　CD-ROM 系统

1. 光盘的发展历史

1980 年，Philips 和 Sony 公司合作开发数字光盘音响系统，推出了 CD-DA 的光盘标准（红皮书）。由此，一种新型的激光唱盘诞生了。CD-DA 主要用于存储数字化的高保真立体声音乐。一张 CD 光盘存放音乐的时长为 74 分钟，容量为 650 MB。

1983 年，为了使光盘不仅能存储音频文件，还能存储文本、图形、声音和视频等数据，并拥有错误检测机制，Philips 和 Sony 联合发表了 CD-ROM 只读光盘标准（黄皮书）。

1986 年，Philips 和 Sony 公司为交互式光盘系统 CD-I 定义了标准（绿皮书），该标准包含了硬件规格，如 CPU、内存、操作系统、音视频控制器及压缩标准等。CD-I 光盘可存放教育培训程序、游戏、百科全书、卡拉 OK 以及影片等内容。

1990 年，Philips 公司制定了一次性写入光盘系统 CD-R 的标准（橙皮书），解决了 CD-ROM 难以实现数据交换和数据分发的问题。用户可以使用 CD-R 对数据进行备份和交换。

1993 年，Philips、JVC、Matsushita、Sony 等多家公司推出视频压缩光盘系统 VCD 标准（白皮书），使得光盘可以同时存储音视频数据（视频采用 MPEG-1 压缩编码，音频采用 MPEG-1 layer 2 压缩编码），并使 VCD 节目可以在通用设备上播放。

后期又出现了可重复擦写光盘 CD-RW、数字视频光盘 DVD、蓝光光盘 Blue-ray Disc 和高清光盘 HD-DVD 等不同的光盘标准，为媒体数据存储提供了重要的技术保障。

CD、DVD、Blue-ray Disc 和 HD-DVD 的参数见表 3-1。

表 3-1 不同光盘的参数

光盘类型	CD	DVD	Blue-ray Disc	HD-DVD
光源	GAALAS 半导体激光器	GAALNP 半导体激光器	ZNCDSE 半导体激光器	蓝紫光 半导体激光器
激光波长	780 nm	635/650 nm	405 nm	405 nm
光盘容量	650 MB	4.7/9.4 GB	23.3/27 GB	25～32 GB
存储视频类型	MPEG-1	MPEG-2	MPEG-2	MPEG-2/4
刻录速度	150 KB/s	1.35 MB/s	4.5 MB/s	3.13～3.94 MB/s

2. 光盘的工作原理

不管光盘的类型有多丰富，它的工作原理基本上都是一样的。以 CD-ROM 为例，CD 光盘主要是由标签层、保护层、铝反射层和化学介质聚碳酸酯等组成，光盘的光道结构是螺旋形，因此没有存储密度的问题。而光盘驱动器主要包括光学头、激光器、光电检测器、光学器件、控制系统等五个部分。

数据写入是通过使用激光束在聚碳酸酯上烧出很小的凹点或者缺口。而 CD-ROM 驱动器读取数据时，由激光束照射到光盘的平面上。当激光束射到光盘的平坦部分时，有光反射并传输到光检测器中，记下 ON→0。当激光束照在凹坑上时，由于激光束散射而无法接收到反射信号，光检测器记下 OFF→1。因为凹点很小，所以光盘可以存储的数据量比相同面积的磁盘要大得多。光盘结构和数据读取如图 3-6 所示。

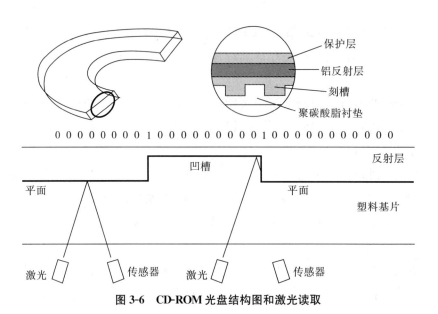

图 3-6　CD-ROM 光盘结构图和激光读取

3.3　多媒体输入输出设备

人可以识别的数据形式诸如声音、图像都是模拟信号，需要通过输入设备转化成计算机可以处理的二进制数据形式。而输出设备是将计算机所处理过的数据转换成人可以理解的数据形式，也就是文本、图像、声音、影像等形式。MPC 的输入手段丰富，输出种类多，质量高，下面重点介绍扫描仪、投影仪、触摸屏、数码摄像设备、数码相机、显示器和打印机。

3.3.1　扫描仪

扫描仪是 20 世纪 80 年代发展起来的一种图形/图像输入设备，是开发多媒体产品时最有用的设备，通过它我们可以把彩色图像甚至实物逼真地输入计算机。从诞生到现在，扫描仪产品已发展出很多种类，包括手持式扫描仪、反馈式扫描仪、鼓式扫描仪、笔式扫描仪、平板式扫描仪、大幅面扫描仪、底片扫描仪、条码扫描仪、实物扫描仪、3D 扫描仪等。其中有的已经被淘汰，有的适用于专业或特定领域。

通过扫描可以将已有的图像制作成清晰的电子图像，例如照片、广告、钢笔画以及卡通画等，可以节约大量时间。扫描后的图像，尤其是分辨率很高的彩色图像，会占用非常大的存储空间。一般扫描仪都允许设置扫描分辨率，实际使用时尽可能选择高分辨率扫描，后期再根据需要转换。如果开始扫描的图像分辨率较低，后期再加工会受很多影响。

目前，办公用扫描仪的主流产品是平板式扫描仪，又称平台式扫描仪或台式扫描仪,如图 3-7 所示。这类扫描仪光学分辨率可达到 192000 dpi 或更高,色彩位数为 24~48 位。部分产品可安装透明胶片扫描适配器,用于扫描透明胶片。少数产品可安装自动进纸器,以实现连续高速扫描。扫描幅面一般为 A4 或者 A3。最早的扫描仪都使用 SCSI 接口与计算机连接,现在的扫描仪大多数都使用 USB 接口。

图 3-7　平板式扫描仪　　　　　　　图 3-8　光电阅读器

从原理上看,扫描仪可分为电荷耦合器件(Charge Coupled Device,CCD)扫描仪和接触式图像传感器(Contact Image Sensor,CIS)扫描仪两种。从性能上讲 CCD 技术优于 CIS 技术。但由于 CIS 技术具有价格低廉、产品体积小巧等优点,因此也在一定程度上获得了广泛的应用。

CCD 扫描仪的工作原理其实很简单,用光源照射原稿,投射光线经过一组光学镜头射到 CCD 器件上,得到元件的颜色信息,再经过模数转换器、图像数据暂存器等,最终输入计算机。为了使投射在原稿上的光线均匀分布,扫描仪中使用的是长条形光源。彩色扫描仪有三个光源,分别为红、绿、蓝,等同色彩三原色 RGB。扫描仪的两个重要指标是分辨率和颜色深度,比如 600 dpi、36 位真彩色。这两项指标当然是越高越好,但是扫描仪的制造难度和价格也会随之提高。

随着科技的发展,扫描仪的应用也在不断延伸。商品和书籍的条形码,支付和身份识别的二维码,都可以通过扫描设备来识别。目前,手机的相机也具有识别功能,这里用到的原理就是光学扫描原理。

条形码是在商品上使用平行黑条图案来表示产品的数字代码字符。二维码则是用某种特定的几何图形按一定规律在平面分布的黑白相间的图形记录数据符号信息的。光电阅读器是通过激光束来识别商品上的这些信息的,如图 3-8 所示。

3.3.2　投影仪

1.投影仪的种类

当显示内容需要被更多人观看,计算机显示器明显就无法满足了,此时需要将显示内容通过投影仪投影到大屏幕或者白色墙壁上。投影仪可以分为阴极射线管(CRT)投影仪、液晶投影仪、数字光处理投影仪和光阀投影仪。

(1)CRT 投影仪。和显示器一样,CRT 投影仪是最先出现的"大屏幕",使用三个不同的投影管和透镜(红、绿、蓝),光线的三个颜色通道必须精确地汇聚到屏幕上。为了获得清晰明快的图像,设置、聚焦和矫正非常重要。CRT 投影仪与大多数计算机和电视机都兼容。

(2)液晶投影仪。液晶投影仪是便携式设备。目前,很多学校、会议室和宴会厅都可以看到这种设备,如图 3-9 所示。投影仪通过数据线与计算机连接,其液晶显示板提供包含几万种颜色的画面。由于采用有效矩阵技术,其速度可以支持全运动的视频和动画。液晶投影仪包含一个投影灯和透镜,若长时间使用,灯泡会老化导致颜色失真。

图 3-9   液晶投影仪

(3)数字光处理投影仪。数字光处理投影仪使用一个半导体芯片和许多微小镜子组成的阵列,这个矩阵称为数字微镜设备(DMD),其中每块镜子都表示所投影图像的一个像素。

(4)光阀投影仪。光阀投影仪主要与高端的 CRT 投影仪竞争,它使用安装在硅基上的可移动长方条构成的矩阵,使激光产生衍射现象。光阀投影仪把 6 个长方条用作每个像素的衍射栅板。光阀投影仪产生的图像非常明亮,色彩饱和度很好,图像可以投影到宽达 10 米的屏幕上。

2. 投影仪的性能与应用

投影仪性能主要有两个指标:分辨率和亮度。分辨率主要体现了投影仪的清晰程度,而亮度则是指投影光源的明亮程度。轻量化和便携化已经成为投影仪未来发展的重要趋势,而采用自动识别 3D 重构和三维映射等技术可让投影仪在VR、AR 方面更具有实用性。

现在的智能手机功能强大,用途广泛,可以打电话、上网、玩游戏、阅读、看影视、聊天、支付、转账等等。当然,智能手机也有一个缺陷,就是屏幕一般只限于个人观看。手机连接投影仪可以让显示的范围更大,适合多人观看或提升观看效果。目前,手机与传统投影仪的连接可以分为有线 HDMI 和无线蓝牙连接。专门的手机投影仪产品也已出现,如美高 G6 手机投影仪专门支持 iPhone 手机,可以让手机化身为投影设备,显示尺寸可以达到152.4～203.2厘米(60～80英寸),如图3-10所示。而未来随着智能手机的集成化程度越来越高,普通手机可能也会具备投影功能,在全息成像、虚拟现实领域发挥更重要的作用。

图 3-10　手机投影

3.3.3　触摸屏

触摸屏是一种输入输出设备,可提供一种简单、方便、自然的人机交互方式。触摸屏的应用范围非常广阔,最初应用于公共信息的查询领域,如电信局、税务局、银行、电力等部门的业务查询。随着移动端设备的普及,如手机和平板电脑,触摸屏已经成为用户与计算机交互的最常见终端设备。

触摸屏通常是一个在玻璃表面上覆盖了触感涂层的显示器。这种涂层对压力非常敏感,当用户的手指触摸屏幕时,能记录下手指的位置。在触摸屏上快速点击两次,可以模拟鼠标的双击动作。在触摸屏上滑动手指,可以模拟鼠标拖动操作。此外,在触摸屏上多手指滑动或者在模拟键盘上点击,都可以模拟计算机的相应输入操作。

1. 触摸屏构成

基本的触摸屏由传感器、控制器和驱动器软件构成。它与一个显示器以及计算机组合才能构成一个完整的触摸输入系统。

(1)触摸传感器。触摸传感器是一个表面具有触摸响应的光亮玻璃板。触摸传感器放置在显示器屏幕前,板的响应区覆盖视频屏幕的可视区域。现在市场上有多种触摸传感技术,各自采用不同的方法来检测触摸输入。传感器一般有电流或信号流过,触摸该平板会引起电压或信号发生变化。电压或信号的变化被用来确定触摸平板的位置,触摸屏就是通过检测手指触摸位置来定位选择信息输入的。

(2)控制器。控制器是一个小的计算机接口卡,连接在触摸传感器和计算机之间。它从触摸传感器上得到信息并将其"翻译"成计算机能够理解的信息。对于集成的显示器来说,控制器通常安装在显示器里。控制器一般通过串口或USB口连接计算机。

（3）驱动器软件。驱动器软件使触摸屏和计算机一起工作。它告诉计算机操作系统如何解释由控制器传送来的触摸事件信息。现在，多数触摸屏驱动器仿真鼠标驱动器，因此与鼠标在屏幕上同一区域的点击操作完全等效。这样，触摸屏就完全能与现存的软件一起工作，新应用程序也不需要特定的触摸屏编程。

2. 触摸传感器技术

现在市场上有多种不同的触摸传感技术，典型的有电阻、电容、声表面波、近场成像和红外等触摸技术。电阻式触摸屏和电容式触摸屏如图 3-11 所示。

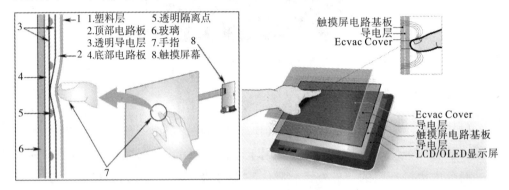

图 3-11   电阻式触摸屏（左）与电容式触摸屏（右）

（1）电阻式触摸屏。电阻式触摸屏的屏体部分是一块与显示器表面相匹配的多层复合薄膜，由一层玻璃或有机玻璃作为基层，玻璃上是触摸屏的底部电路基板（侦测层），表面涂有一层透明的导电层，最外面盖有一层经硬化处理、光滑防刮的塑料层，塑料层下方是触摸屏的顶部电路基板，表面也涂有一层透明导电层。在两层导电层之间有许多细小的透明隔离点将导电层隔开并绝缘。

当手指触摸屏幕时，平常相互绝缘的两层导电层就在触摸点位置有了接触。因其中一面导电层接通 Y 轴方向的 5 V 均匀电压场，侦测层的电压由零变为非零。控制器侦测到这种接通状态后，进行 A/D 转换，并将得到的电压值与 5 V 相比，即可得到触摸点的 Y 轴坐标。同理，得出 X 轴的坐标。这就是所有电阻式触摸屏的基本原理。

（2）电容式触摸屏。电容式触摸屏的玻璃屏幕上镀了一层透明的特殊金属导电物质，在导电层外还加上了保护玻璃层（Ecvac Cover），双玻璃设计能更好地保护导电层及感应电路基板。导电层四边均镀上狭长的电极，在导电层内形成一个低电压交流电场。用户触摸屏幕时，由于人体电场、手指与导体层间会形成一个耦合电容，四边电极发出的电流会流向触点，而其强弱与手指和电极的距离成正比。位于导电层后的控制器会通过计算电流的比例及强弱，准确算出触摸点的位置。

触摸屏是一种使多媒体系统改头换面的设备，它赋予多媒体系统崭新的面貌,是极富吸引力的全新多媒体交互设备。触摸屏极大地简化了计算机的使用,即使是对计算机一无所知的人,也能够"轻松驾驭",使计算机展现出更大的魅力。但是由于触摸屏本身点击没有物理按键精准,很容易误点,特别在虚拟键盘这样按键密集型的区域,每个按键的可点击区域有限,误点击的概率更高。目前,触摸屏的按钮被点击时会出现放大的视觉反馈,帮助降低误点率。当用手指点击触摸屏不能正常地完成对应的操作时,一般是屏幕的坐标系出现混乱,可运行对应的屏幕校准程序进行重新校准。

3.3.4　数码摄像设备

1. 摄像头

摄像头将摄像单元和视频捕捉单元集成在一起,只能实时连续捕获数字化的图像和视频信号,没有存储能力,它可以通过 USB 接口与计算机相连接,计算机通过软件可以实时获取图像和视频信号,如图 3-12 左图所示。

图 3-12　数码摄像设备

衡量摄像头的指标主要有灵敏度、分辨率和视频捕获速度等。

目前摄像头的连接方式有三种:接口卡、并口和 USB 口。

2. 摄像机

与摄像头不同的是,摄像机(又称为视频摄像机或电视摄像机)能够实时连续捕获并存储数字化的图像和视频信号,如图 3-12 右图所示。

最早的摄像机以电真空摄像管作为摄像器件。现在,除了非常专业或特定的一些摄像机外,绝大多数摄像机采用 CCD 作为摄像器件,把动态、视频光学影像转换成电子数据,即数码摄像机。

数码摄像机具有图像质量高、稳定性高、易于调整、操作简单及功能丰富等特点,通过调整图像参数,可以达到各种效果。

灵敏度、分解力、信噪比是摄像机的三个最重要的指标。

(1)灵敏度。摄像机灵敏度是在标准摄像状态下,摄像机光圈的数值。在这里,标准摄像状态一般是指摄像机拍摄色温为 3200 K,照度为 2000 lx,反射系数为 89.9% 的灰度卡的测量条件。通常情况下,摄像机的灵敏度可达到 F8.0,F8.0

指的就是光圈值。显然,F 值越大,灵敏度越高;反之,灵敏度越低。

(2)分解力。摄像机分解力是摄像机分解图像细节的能力,包括水平分解力和垂直分解力。由于垂直分解力由电视制式规定的扫描行数决定,各摄像机之间差别不大,一般只考虑水平分解力。水平分解力是指在水平宽度为图像屏幕高度的范围内,可以分辨的垂直黑白线条数目。如对一个 4:3(宽高比)的屏幕来说,能分辨的水平线条为 450 线,从水平方向上看,相当于将每行扫描线竖立起来,乘以 4/3 后构成水平方向的总线,也就是水平分解力为 600 线。水平分解力越高,图像的清晰度就越高。

(3)信噪比。信噪比是表示图像信号中包含噪声成分的指标。噪声在显示的图像中,表现为不规则的闪烁细点。噪声颗粒越小越好。信噪比的数值以分贝(dB)表示。目前,摄像机的加权信噪比已提高至 65 dB。用肉眼观察,已经不会感觉到噪声颗粒的存在了。

除上述主要指标外,还有一些其他的指标,如灰度特性、动态范围和拐点特性、量化比特数等。数码摄像机可以通过 USB 等接口直接与计算机相连接。

3.3.5　数码相机

数码相机又称为数字相机,是一种新型的图像捕获设备。它是介于普通相机和扫描仪之间的产物,是集光、机、电一体化的数字化产品。与扫描仪相比,数码相机将实时信息一次性摄取并直接转存为数字信息,节省了传统摄像方法中将实时信息录入普通磁介质后再转存为数字信息的过程,减少了信息损失。

从原理上看,数码相机与传统的胶片相机相同:通过一个取景器瞄准物体,使光线进入相机,采用某种方法来存储图像并能取出供以后使用。

但是,数码相机内部的工作情况则与传统照相机有很大不同。传统的相机是借由光学镜头捕捉信息并将信息保存在感光胶片上,再经过化学处理生成相片。而数码相机图像是通过 CCD 或 CMOS 传感器形成的。传感器元件越多,分辨率就越高,能够捕获的细节就越多。

数码相机的主要技术指标如下。

(1)分辨率和色彩位数。数码相机的分辨率取决于相机内感光材料的光敏元件的个数。例如,数码相机的分辨率为 2048×1536,那么相机内的光敏元件数就有 2048×1536 个。而色彩位数则反映相机对色彩的分辨率,色彩位数为 24 bit 的相机可以获得真彩图像信息。

(2)存储能力和压缩方式。数码相机中的存储器实质上决定了数码相机的存储能力。为了尽可能多地存储图像数据,相机在存储之前,经常会对数据进行某种形式的压缩处理,一般多采用压缩比较高的 JPG 等格式。

（3）数据输出接口。为了将相机内的数据传输到计算机中,早期的数码相机采用标准的计算机串行通信接口 RS-232,现在大多数采用传输速率更高的 USB 接口等。

随着移动端设备的普及,手机、平板电脑、笔记本电脑都已带有摄像头,具备了数码相机的功能,除了专业的单反相机在摄影领域还占有一席之地,普通的数码相机正随着时代的发展而逐渐被淘汰。

3.3.6 显示器

显示器是将可视信息表现在人们面前的一种重要设备。一般的评价指标包括屏幕或显示面积的大小、分辨率、显示速度等。

1. 显示器的分类

可以从不同的角度对显示器进行分类。

①根据工作原理,可将显示器分为阴极射线显像管(CRT)显示器、液晶显示器(LCD)、等离子显示器(PDP)、发光二极管显示器(LED)等,如图 3-13 所示。

图 3-13 CRT 显示器(左)与液晶显示器(右)

CRT 显示器的核心部件是 CRT 显像管,其工作原理和电视机的显像管基本一样,可以将其视为图像更加精细的电视机。经典的 CRT 显像管使用电子枪发射高速电子,高速电子经过垂直和水平的偏转线圈(控制高速电子的偏转角度),击打屏幕上的荧光物质使其发光。通过调节电压调节电子束的功率,会在屏幕上形成明暗不同的光点,从而形成各种图案和文字。

LCD 又称液晶显示器,它是利用液晶在通电时能够发光的原理显示图像的。

LED 又称发光二极管显示器,是通过控制半导体发光二极管的显示方式来显示图像的。最初,LED 只是作为微型指示灯,在计算机、音响和录像机等高档设备中应用。随着大规模集成电路和计算机技术的不断进步,LED 正在迅速发展,近年来逐渐扩展应用于数码相机、平板电脑以及手机领域。目前,主流显示器也以 LED 背光为主。

②根据显示颜色,可将显示器分为单色(或称黑白)显示器和彩色显示器两种。

③根据光线的投射方式,可将显示器分为直投显示器和背投显示器两种。

④根据扫描方式,可将显示器分为隔行扫描显示器和逐行扫描显示器两种。

2. 显示器的性能指标

显示器的性能指标主要通过以下几点来衡量。

①尺寸。尺寸大小是指屏幕的可视对角尺寸。在 CRT 显示器中是指显像管尺寸,不是可视对角尺寸。15 英寸显示器的可视对角尺寸实际为 13.8 英寸。

②点距:点距是指屏幕上两个相邻荧光点之间的距离。点距越小意味着单位显示区内可以显示的像点越多,显示的图像就越清晰。点距的单位为 mm。

③最大分辨率。分辨率是指屏幕上可以容纳的像素的个数。分辨率越高,屏幕上能显示的像素个数也就越多,图像也就越细腻,能够显示的内容就越多。

④亮度。亮度是反映显示器屏幕发光程度的重要指标。亮度越高,显示器对周围环境的抗干扰能力就越强。

⑤对比度。对比度是指在规定的照明条件和观察条件下,显示器亮区与暗区的亮度之比。对比度越大,图像也就越清晰,它与每个液晶像素单元后面的晶体管的控制能力有关。

⑥可视角度。可视角度分为水平视角和垂直视角。只要在水平视角上达到 120°就可以满足大多数用户的应用需求了。

3.3.7　打印机

1. 激光打印机

激光打印机是非常复杂的设备,如图 3-14 所示。待打印的图像通过一种页面描述语言与打印机进行通信,打印机的第一件工作是将指令转换为位图(通过打印机的内部处理器完成),其结构是一幅在存储器里的图像,该图像的每一点都要打印到纸上。

图 3-14　激光打印机

激光打印机的中心是一个带有一层膜的可以转动的硒鼓。开始时硒鼓完全带正电,其后,激光束扫描硒鼓的表面,有选择地在硒鼓的表面赋予负电荷点,这些点将最终表示要输出的图像。硒鼓的区域与用于打印图像的纸张一样大,硒鼓上的每一个点都对应纸张上的点。纸张通过一个充电的金属线,金属线会在纸张上留下负电荷。在激光打印机工作时,硒鼓旋转得非常快,并且与激光开关的开与关同步,一个典型的激光打印机每秒要完成数百万次的开和关的动作。在激光打印机内部,硒鼓每次转动形成一个水平行。转动得越小,在纸上的分辨率就越高。类似的,激光束开关越快,在纸上的分辨率就越高。当硒鼓转动到下一个激光处理区域时,已写上的区域移动到激光墨盒。墨盒中的粉末被充上正电后可以被吸引到硒鼓表面充负电的点上。这样,在转动一圈后,硒鼓表面就包含了需要的整个黑色图像。

当纸张被送入打印机与硒鼓接触时,纸张上的负电荷比硒鼓表面的负电荷强,因而纸张吸引墨粉粉末。当纸张转动完毕后,从硒鼓上吸引墨粉,将图像印在纸上。硒鼓上的正电荷区域不吸引墨粉,因而纸张上对应的区域仍然为白色。

墨粉被设计成可熔化块,定影系统通过施加热和压力可使纸张永久地粘上墨粉。蜡是墨粉的成分,它使得定影过程更牢靠,同时,走纸完成,纸张离开打印机。最后,清洁硒鼓上留下的墨粉,准备下一次打印。

2. 喷墨打印机

喷墨打印机是另一种类型的打印机,是将彩色液体油墨经喷嘴变成细小微粒喷到纸张上。打印头以水平条方式扫描页,用一个电动机将它从左移动到右,再回到左,另一个电动机以垂直步进方式卷纸前进。当打印图像的一条内容后,纸张向前移动,再打印下一个水平条。为了加快打印速度,打印头每遍扫描不是只打印一个单行像素,而是一次打印一个像素行。喷墨打印机的耗材主要有两种。

(1)墨汁。喷墨打印机使用两种不同类型的墨汁,一种是慢速渗透,并且要10多秒才干燥;另一种是快速干燥墨汁,干燥速度大约快100倍。前者一般更适合直接单色打印,而后者用于彩色。当今喷墨打印机使用的染料基于小分子,使用青绿色、品红色和黄色墨汁。它们具有高明度和宽色彩范围,但防光照褪色或防水性不足。颜料基于更大的分子,更防水和抗褪色,但不能提供像染料那样宽的色彩范围,而且不透明。这意味着,颜料现在只用于黑墨汁。

(2)打印纸。现在的喷墨打印机多数要求高质量的有涂层或有光泽的纸张,以便产生实际照片效果的输出产品,但这种纸张价格很贵。喷墨打印机的最高目标是使彩色打印与介质无关。在过去几年里,喷墨打印机在这方面有了很大改进,但全彩色照片质量的打印仍需要有涂层或有光泽的纸张。

习题 3

一、单选题

1. CD-ROM 光盘属于_____。

    A. 只读光盘　　　B. 激光唱盘　　　　　C. 一次写光盘　　　D. 可擦写光盘

2. 下面不属于多媒体输入设备的是_____。

    A. 扫描仪　　　B. 压杆笔　　　　　C. 扬声器　　　　　D. 麦克风

3. Intel 公司推出的具有 MMX 技术的处理器,是在 CPU 中增加了多条_____。

    A. 浮点运算指令　　　　　　　　B. 寻址指令

    C. 控制指令　　　　　　　　　　D. 多媒体运算指令

4. 光盘的光道结构是_____。

    A. 同心环光道　　B. 矩形框光道　　　C. 螺旋形光道　　　D. 椭圆形光道

5. 某品牌 CD 光驱上标示 52X,则该光驱的读取速度为_____。

    A. 150 KB/s　　　B. 1. 17 MB/s　　　C. 2. 34 MB/s　　　D. 7. 62 MB/s

6. DVD 采用的压缩标准是_____。

    A. MPEG-1　　　B. MPEG-2　　　　C. MPEG-4　　　　D. MPEG-7

7. 从硬件设备来看,在传统意义上的基本 PC 机上增加光盘驱动器、声卡和音响系统就构成了_____。

    A. MPC　　　　B. BPC　　　　　C. PPC　　　　　D. OPC

8. 计算机主机与显示器之间的接口电路是_____。

    A. MPEG 卡　　B. 音频卡　　　　C. 电影卡　　　　D. 显示卡

9. CD-ROM 标准是属于_____。

    A. 黄皮书　　　B. 绿皮书　　　　C. 橙皮书　　　　D. 红皮书

10. 扫描仪的分辨率取决于_____。

    A. 光学分辨率　　　　　　　　　B. 显示分辨率

    C. 物理分辨率　　　　　　　　　D. 数学分辨率

二、多选题

1. 与 CRT 相比,LCD 具有_____特点。

    A. 体积小　　　　　　　　　　　B. 功耗低

    C. 不受可视角度限制　　　　　　D. 辐射低

2. 多媒体硬件大致可分为_____。

    A. 计算机　　　　　　　　　　　B. 数码相机

    C. 多媒体板卡　　　　　　　　　D. 多媒体外部设备

3.下面硬件设备中,属于多媒体硬件系统的有_____。

  A. 计算机最基本的硬件设备　　　　B. CD-ROM

  C. 音频输入、输出和处理设备　　　　D. 多媒体通信传输设备

4.属于信息输入设备的有_____。

  A. 显示器　　　B. 扫描仪　　　C. 键盘　　　D. 绘图仪

5.以下指标中,_____是扫描仪的主要性能指标。

  A. 分辨率　　　B. 连拍速度　　　C. 色彩位数　　　D. 扫描速度

三、填空题

1.数码相机是一种利用电子传感器把_____影像转换成电子数据的照相机。

2.声卡的主要作用是实现模拟声音信号与数字声音信号的_____转换和数模(D/A)转换。

3.多媒体计算机的主要功能是处理_____化的声音、图像及视频信号等。

4.扫描仪的主要性能指标包括_____、色彩位数、扫描速度、支持的幅面大小等。

5._____决定了多媒体计算机的显示性能。

第4章 多媒体数据压缩编码技术

> 通信的基本问题是在一端精确地或者近似地重复出现另一端选择的消息,这些有意义的消息就是信息,信息的基本作用就是消除人们对事物了解的不确定性,而任何信息都存在冗余,冗余大小与信息中的符号出现的概率或不确定有关。
>
> ——克劳德·香农
>
> 信息论之父

数字化的多媒体信息种类多,数据量大。在当前计算机所提供的存储资源和网络带宽下,存储、传输和携带多媒体信息存在很大的困难,从而阻碍人们有效获取和利用信息,原始信息很难得到实际的应用。在尝试了各种技术方法后,人们发现数据压缩解码技术可以有效地解决上述问题,因此该技术也成为通信、广播、存储和多媒体娱乐等领域的一项关键技术。本章将介绍数据压缩的基本原理和方法,同时结合多种数据压缩方法介绍音频、图像和视频的国际压缩标准。

4.1 多媒体数据压缩概述

数据和信息常被人们混为一谈,但它们是两个完全不同的概念。信息是对发生的事件的抽象描述,而数据是在确定了描述方法后对事件的具体描述。针对同一信息,描述的方法不同,形成记录的数据量可能也不同。数据压缩的对象是数据,并不是信息。真正有用的不是数据本身,而是数据所携带的信息。数据压缩的目的就是用尽可能少的数据来表达信息,从而解决多媒体海量数据的存储和传输问题。

4.1.1 数据和信息

1. 基本含义

信息也称资讯、消息,是事物存在的形式,泛指人类社会传播的一切内容。信息与物质、能源并称为人类三大资源。借助于计算机技术与网络技术的飞速发展,信息呈现极速扩张和爆炸的态势,数字化信息革命的浪潮正在大刀阔斧地改变着人类的生活、生产和学习方式。

数据是反应事物属性的记录,是信息的具体表现形式。数据是信息的载体,信息是有意义的数据。数据经过加工处理后称为信息,而信息需要经过数字化变成数据才能存储和处理,这里数据一般特指经过电子计算机加工处理的对象,如文本(包括数字和字符)、图形、图像、音视频动画等。例如,当与人告别时,可以通过文本写"再见",通过语音说"Byebye",通过图像表情包来"挥手"……不同的数据形式可以表达相同的信息内容。

2. 信息量

上面定性分析了数据和信息之间的区别和联系,下面对数据和信息进行定量分析。数据量和信息量之间会有什么联系呢? 数据量越大并不代表信息量就越多。比如"太阳从东方升起"和"太阳从西方升起"这两段文本数据表述,数据量是一样的,但后者的信息量要大很多。也就是说,消息出现的概率越大,其信息量越小;而消息出现的概率越小,其信息量越大。

信息是可以度量的。信息量是指从 N 个相等的可能事件中选出一个事件所需要的信息度量和含量。假设一个事件的判断只能用类似"是或否"来回答,那么在 2 度问题中,如询问性别,只需要判断 1 次;在 4 度问题中,如询问季节,需要判断 2 次;在 N 度问题中,需要判断 $\log_2 N$ 次。举一个例子,玩猜数字的游戏,假设在 1~256 中随机选定一个数字,则最少需要判断 8 次,只要选择合适的判断方式可以达到每次缩小一半数据规模的效果。

在信息论中,信息熵是在信息中排除了冗余后的平均信息量。香农定义的信息熵的计算公式如下:

$$H(X) = - \sum p(x_i) \log(p(x_i)) (i = 1, 2, \cdots, n)$$

其中,X 表示随机事件,随机事件的取值为 $(x_1, x_2, \cdots, x_n)$,$p(x_i)$ 表示事件 x_i 发生的概率,且有 $\sum p(x_i) = 1$,信息熵的单位为 bit。

事实上,信息的基本作用就是消除人们对事物了解的不确定性。信息量是指从 N 个相等的可能事件中选出一个事件所需要的信息度量。从这个定义看,信息量与概率是密切相关的。

3. 数据量

数据量是各种数据在计算机内的存储大小,对应于多媒体中的文本、图形、图像、动画、音频、视频等数据的机内存储,以二进制形式存在,以字节为基本单位。对表达相同信息量的数据而言,图像比文本的数据量大,视频比音频的数据量大是不争的事实。

若阅读一篇 2000 字文字新闻稿需要 1 分钟,按照每个汉字用 2 个字节存储计算,则所需要的存储空间,即数据量为:

2000/2 B=1000 B(约等于 1 KB)

若将其转为 1 分钟的语音播报,按照采样频率为 11.025 kHz、8 位量化精度、

单声道计算,则所需数据量为:

11025×(8/8)(8 bit 量化精度)×60 B＝646 KB

若转为 1 分钟的视频新闻,按照 720P 的分辨率(1280×720),图像为 24 位真彩色,采用 PAL 制式(25 帧/秒)计算,则所需数据量为:

1280×720×24/8(24 bit 图像深度)×25×60 B＝3.86 GB

很显然这个新闻的信息量是相同的,但数据量差别很大。特别是视频数据,如果没有相应的压缩技术进行前期处理,这些数据在存储和传输时将会引发灾难性的后果。

4.1.2 数据压缩的必要性与可行性

1. 多媒体数据压缩的必要性

数字化后的图形、图像、动画、音频和视频等多媒体信息数据量非常大,在对其进行存储和传输时,会给计算机系统带来很大的压力。此外,虽然目前存储介质的容量和制作技术较早期有了突破性的进展,从几十 GB 的移动存储介质,到几百 GB 甚至是几 TB 的磁盘存储介质都很常见,但是相对于多媒体数据的高存储需求仍然远远不够。目前,通信线路的传输效率和带宽也很难承受未经压缩的视频数据通过网络进行传输和播放。因此,为了更有效地获取和利用信息,对多媒体数据进行压缩是十分必要的。

2. 多媒体数据压缩的可行性

对多媒体数据进行压缩不仅是必要的,也是可行的,主要基于以下两点:人类感官的生理局限性和多媒体数据自身的冗余。

(1)人类感官的生理局限性。人类的听觉系统和视觉系统,都存在着各种生理局限性。

人类的听觉系统存在着听觉掩蔽效应,即人对最明显的声音反应敏感,而对不明显的声音则反应不敏感。例如,当强纯音和弱纯音同时发声时,强音会掩蔽弱音,使人难以听见弱音,这种特性称为频域掩蔽。除此之外,时间上相邻的声音之间也有掩蔽现象。如果一个很响的声音后面紧跟着一个很弱的声音,后一个声音就很难听到,这个特性称为时域掩蔽。人耳的听力频率范围是 20～20000 Hz,超出这个范围的声波人耳听不见。听力范围内,人耳对不同频段的声音敏感程度也不同;通常对 2000～4000 Hz 范围的声音最为敏感,此范围内音量很小的声音都能听到;此范围之外,声音音量要大很多才能被听到。

人类的视觉敏感度也有一定的限度,人类的视觉系统对图像场的敏感性是非线性和非均匀的,人眼并不能察觉图像场的所有变化。当对图像进行编码和解码处理时,压缩或量化会使图像发生一些变化,如果视觉不能够感知这些变化,则认为图像仍足够好。人类视觉系统对色彩的感知能力也不如对亮度的感知能力敏感。研究表明,大多数人的色彩分辨力只有 2^6 灰度级,即只能分辨出 64 个灰度级。因此,一幅普通的具有 2^8 个灰度级的图像中会有很多细节是我们察觉不到的,而一个真彩色系统可以表达的颜色多达 2^{24} 种,即 16777216 种不同颜色。

在多媒体领域中,以上这些生理局限性又被称为认知冗余(听觉冗余和视觉冗余)。在对多媒体数据进行压缩时,可以利用这些局限性,弱化或者去掉这些人类不敏感的数据,从而达到减少数据量的目的。

(2)多媒体数据的冗余。多媒体数据中冗余的现象比较普遍,因为图形、图像、动画及视频等数据存在着极强的相关性,即冗余度很大。冗余的具体表现就是在空间范围内或者时间范围内相同或者相似信息的重复,可以是严格重复,也可以是以某种相似性重复。数据中冗余的存在也为压缩技术的应用提供了可能性。

4.1.3 冗余的基本概念与种类

1. 冗余的基本概念

冗余是指信息所具有的各种性质中多余的无用空间,其多余的程度称为冗余量。通常情况下,图像和语音的数据冗余量很大。

信息量、数据量和冗余量之间的关系如下式所示:

$$I = D - du$$

其中,I 表示信息量,D 表示数据量,du 表示冗余量。冗余量 du 包含在 D 中,应该在数据进行存储和传输之前去掉。

2. 冗余的种类

一般来说,多媒体数据中存在以下种类的冗余。

(1)空间冗余。空间冗余是静态图像中经常存在的一种冗余。在一幅图像中,物体和背景的表面颜色常具有空间连贯性,即规则物体和规则背景的表面物理特征具有相关性(所谓规则是指表面颜色分布是有序的,而不是杂乱无章的)。相邻像素都具有相关性,有的由同一种颜色构成,有的由相邻像素的光强、色彩及饱和度的渐变得到。这些相关性在数字化图像中就表现为空间冗余。例如,墙上挂的展板,拍成数字图像后,除了展板,其余部分都是相同的白色。那么墙面上所有像素与相邻颜色信息完全相同,在统计上就是冗余的,如图 4-1 所示。因此,存储所有像素点的数据将会造成极大的浪费。大量的重复像素的数据可以不记录,仅仅记下不再重复的像素位置即可。这是因为有些像素数据可由前一个像素预测后处理得到。如此便可以大大减少空间冗余。

图 4-1　空间冗余举例

（2）时间冗余。时间冗余是序列图像（视频或动画）和音频中经常存在的一种冗余。

序列图像一般是位于时间轴区间的一组连续画面，其中的相邻帧通常包含相同的背景和移动物体，只是移动物体所在的空间位置略有不同，因此前后两帧数据有很多共同的地方，使得相邻帧图像之间有较大的相关性，这种相关性称为时间冗余。例如，一段连续的动画，其中几个连续的帧如图 4-2 所示。从图 4-2 中可以看出，相邻画面的背景图和位置固定不变，画面之间有很大的相关性，造成时间上的冗余。变化的是跑动的小狗，其位置不断变化，数据不重复，没有时间冗余。在存储和传输动画数据时，无需把所有画面的信息都作为有效数据处理，只需把第一帧画面内容处理，后续的若干帧，描述小狗的位置变化即可。

图 4-2　时间冗余举例

在存储和传输这些数据时，没有必要把所有帧图像的信息都作为有效数据处理，一帧中的物体或背景可由其他帧图像中的物体或背景处理后重构出来，以此来减少时间冗余。

同理，音频数据常常是一个连续的渐变过程，而非一个完全在时间上独立的过程，因此音频相邻采样点数据的幅值非常接近，所以其前后采样值之间也同样存在时间冗余。

（3）统计冗余。统计冗余是空间冗余和时间冗余的总称。通常采用统计出现概率的办法来鉴别空间冗余和时间冗余，因此空间冗余和时间冗余具有统计特性。如果某图像相邻的同特性像素重复出现的概率很大，则相邻像素具有相关性，即确认有冗余产生；如果图像的其他像素重复出现概率很小，相邻像素的相关性不大，冗余就很小或不发生。

（4）结构冗余。有些图像存在非常强的纹理结构，这些纹理结构通常较规则，例如布纹图案和草席图案,它们在结构上存在冗余,如图 4-3 所示。

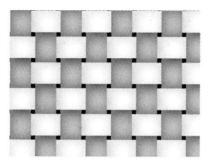

图 4-3 结构冗余举例

(5)知识冗余。知识是人类独有的,凭借经验就可以辨识事物,无需进行全面的比较和鉴别。但计算机没有经验可循,只能按部就班地扫描和处理数据,计算机与人类的这方面差异所造成的数据冗余就是知识冗余。对于许多图像的理解与某些基础知识有相当大的相关性。例如,人类凭借先前经验知识和背景知识就可以轻松地知道,人脸图像有固定的结构,嘴上方是鼻子,鼻子上方是眼睛,鼻子位于图像中线上等等,看到这样的图像就知道是人脸,而忽略掉与主题无关的不敏感像素,因而其数据量比由计算机逐个像素描述的图像要少得多。

4.1.4 数据压缩编码方法分类

从信息论的角度出发,根据解码后还原的数据是否与原始数据完全相同,可将数据压缩编码方法分为无损压缩编码和有损压缩编码两种,如图 4-4 所示。

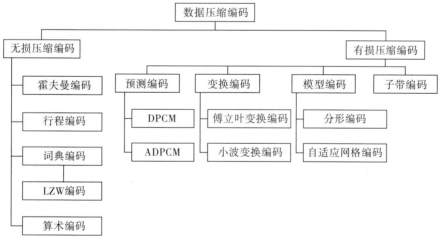

图 4-4 数据压缩算法分类

1. 无损压缩编码

无损压缩编码又称无失真编码,这种方法在压缩时减少的数据信息可以恢复。也就是说,这些被去除或减少的冗余值可以在解压缩时重新插入数据中,以恢复原始数据。因此,这种压缩是可逆的,不会产生失真。无损压缩编码有霍夫曼编码、行程编码、词典编码、LZW 编码和算术编码等。无损压缩能保证完全恢复原始数据,但压缩比较低,例如霍夫曼编码、行程编码的压缩比一般在 1:5～1:2 之间。

无损压缩编码一般用于文本数据或要求严格、不允许丢失数据的场合。例如,医疗诊断中的成像系统、声音鉴别系统、星际探测的图像传送、卫星通信、全球定位系统等。

2. 有损压缩编码

有损压缩编码也叫有失真编码,这种方法在压缩时减少的数据信息是不能恢复的,会带来不可逆转的损失和误差。常用的有损压缩方法有很多,例如预测编码、变换编码、模型编码和子带编码等。在语音、图像和动态视频的压缩中常采用有损压缩对自然景物的彩色图像进行压缩,其压缩比为 1:100～1:10。

此外,还有一些编码采用的是混合编码方法,如 JPEG、MPEG 等标准。

4.1.5　数据压缩算法的评价指标

衡量一种数据压缩技术的优劣通常有四个重要的指标:压缩比、压缩和解压缩的速度、压缩质量以及系统开销。

1. 压缩比

数据压缩比指的是压缩后数据量和原始数据量的比值。不同的压缩编码会得到不同的压缩比,压缩比定义为:

$$R = 输出流大小/输入流大小$$

其物理意义是被压缩之后的数据流长度与原始输入数据流长度的比,习惯上使用"$1:n$"表示。

例如,对音频分别采用 MPEG-1、MPEG-2 和 MPEG-4 进行数据压缩,MPEG-1 方案得到的音频压缩比为 1:4;MPEG-2 方案得到的音频压缩比为 1:8～1:6;而 MPEG-4 方案的音频压缩比为 1:12～1:10。

2. 压缩和解压缩的速度

在应用中,用户希望压缩和解压缩的速度越快越好。在许多应用中,压缩和解压缩将在不同的时间、地点、系统中进行,因而必须分别评价压缩和解压缩的速度。在静态图像中,压缩速度没有解压缩的速度要求严格,其处理速度只需比用户能够忍受的速度快一些即可。对于动态视频的压缩和解压缩,速度问题是至关重要的。动态视频为保证帧间动作变化的连贯要求,须有较高的帧速。对于大多数情况来说,至少每秒 15 帧,而全动态视频则要求每秒 25 帧或 30 帧。在电话线上传送视频,因为受到线路传送速率的限制,帧速率没有那么高,但也要做到每秒

5帧以上;否则,动态图像就会产生跳动感,让人难以忍受。

3. 压缩质量

压缩质量与压缩的类型有关。由于无损压缩是指压缩和解压缩过程中没有损失原始信息,因此对于无损压缩而言,不必担心压缩质量。而有损压缩则要对原始数据做一些改变,这样压缩前后数据不完全相同,可是人眼或人耳往往难以察觉。以图像压缩为例,通常用五个等级来衡量压缩质量,见表4-1。

表4-1 图像压缩质量

序号	感知效果	等级
1	感觉图像无变化	优
2	感觉图像稍有变化,但不易察觉	良
3	图像有变化,有一定感知	中
4	图像有明显变化,感知明显	差
5	图像模糊不清,感知很差	劣

4. 系统开销

除以上三个衡量指标以外,还需要考虑软件和硬件开销。有些数据的压缩和解压缩可在标准的计算机硬件上用软件实现,有些则因为算法太复杂或者质量要求较高而必须采用专门的硬件。这就需要在占用计算机上的计算资源或者另外使用专门硬件的问题上进行选择。

4.2 常用的数据压缩算法

4.2.1 霍夫曼编码

霍夫曼(Huffman)编码属于无损压缩编码。该算法在1952年为文本文件建立,目前已经派生出很多变体。霍夫曼编码的码长是变化的,对于出现频率高的信息,编码的长度较短;而对于出现频率低的信息,编码长度较长。这样,处理全部信息的总码长一定小于实际信息的符号长度。根据这一原理,霍夫曼编码的实现过程按如下步骤进行。

①将信号源的各符号按照出现概率递减的顺序排列。

②将两个最小的概率相加,得到的结果作为新符号的出现概率。

③重复以上步骤①和步骤②,直到概率相加的结果等于1。

④在合并运算时,概率大的符号用编码0表示,概率小的符号用编码1表示。

⑤记录下概率1处与当前信号源符号之间的0、1序列,即可得到每个符号的编码。

下面举例说明霍夫曼编码过程。

设信号源为 $S=\{s1,s2,s3,s4,s5\}$

对应的概率为 $P=\{0.25,0.22,0.20,0.18,0.15\}$

则编码过程如图 4-5 所示。

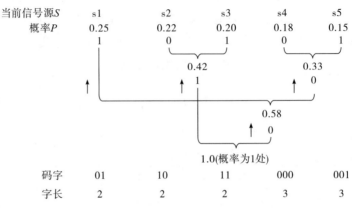

图 4-5　霍夫曼编码过程

霍夫曼编码成功与否,取决于能否精确统计原始文件的字符值。为了保证精确度,霍夫曼编码通常采用两次扫描的办法,第一次扫描得到统计结果,第二次扫描进行编码。

在数据压缩方面,霍夫曼编码有一些明显的特点。

①由于编码长度可变,因此译码时间较长,这使得霍夫曼编码的压缩与还原相当费时。

②编码长度不统一,硬件实现有难度。

③为避免误码率高,霍夫曼编码采用双字长编码。概率高的字长短,概率低的字长长。

④对不同信号源的编码效率不同。当信息源各符号出现的概率很不平均的时候,霍夫曼编码效果才明显。当信号源的符号概率为 2 的负幂次方时,编码效率达到 100%;若信号源符号的概率相等,则编码效率最低。

⑤霍夫曼编码表是编码的重要依据,为了节省编码时间,通常把霍夫曼编码表存储在发送端和接收端;否则,在进行编码时还要传送编码表,在很大程度上延长了编码时间。

4.2.2　行程编码

行程编码(Run Length Encoding,RLE)又称游程编码,属于无损压缩编码方法。行程编码的基本原理是:用一个符号值或串长代替具有相同值的连续符号(连续符号构成了一段连续的"行程",行程编码因此而得名),使符号长度小于原始数据的长度。

通常在 RLE 中,用三个字节表示一个字符串,如图 4-6 所示。第一个字节是压缩指示字符"Sc";第二个字节记录重复字符出现的次数;第三个字节记录重复的字符。译码时根据每一个字符后是否是"Sc"来决定下一个字符的含义,且规则与编码时相同,还原后得到的数据与压缩前完全相同。

| Sc | 重复次数 | 重复的字符 |

图 4-6　3 字节码词格式

例如,有字符串"RRRRRLLLLLEEEEEEAAABBBB",采用 3 字节 RLE 编码后,其编码为"Sc5RSc4LSc6ESc3ASc4B"。显然,当重复字符数大于 3 时,3 字节 RLE 编码效率才高,数据压缩才有意义。

还有一种常用的编码格式是省略压缩指示字符"Sc",只采用 2 字节码词,上述编码则变为"5R4L6E3A4B"。

行程编码的压缩比与数据流中字符重复出现的概率及长度有关。当数据中字符重复出现次数相同时,重复字符长度越长,压缩比就越高;当重复字符长度相同时,字符重复出现次数越多,压缩比也越高。由此可见,行程编码在压缩同一行上具有较多连续的相同颜色像素点的静态图像时,效率很高。在图像中,沿一定方向排列的,具有相同颜色值的像素点被视为连续符号,行程编码存储的不是每一个像素的颜色值,而是一个像素的颜色值以及具有相同颜色值的像素数目,或一个像素的颜色值以及具有相同颜色值的行数。

因此,行程编码对计算机生成的图形非常有效,但是对于颜色丰富多变的自然图像,往往效果欠佳。自然图像中,同一行上具有相同颜色值的连续像素通常很少,连续几行都具有相同颜色值的像素就更少。如果仍用行程编码来压缩图像,可能反而使原来图像的数据量变得更大。所以,在某些情况下,行程编码需要和其他压缩编码技术联合应用。

4.2.3　词典编码

不同于建立在编码数据的统计特性上的霍夫曼编码和行程编码,在很多情况下,我们无法知道编码数据的统计特性。对于这类数据,可采用通用编码技术,在实际编码过程中尽可能地获得最大压缩比。词典编码(Dictionary Encoding)就是其中的一种。

词典编码是无损压缩编码,其依据是数据(字符串)本身包含有重复代码序列(词汇)这个特性。词典编码的种类很多,可以分成两大类。

第一类词典编码的思想是试图查找正在压缩的字符序列是否在前面输入的数据中出现过;如果出现过,则用已出现过的字符串的指针替代重复的字符串。"词典"是指用以前处理过的数据来表示编码过程中遇到的重复部分,如图

4-7 所示。

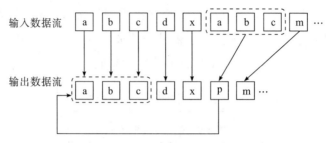

图 4-7　第一类词典编码概念

第二类词典编码思想是试图在输入的数据中创建一个"短语词典"。这种"短语"不一定是具有具体含义的短语,如"多媒体""计算机",而是任意字符的组合。编码数据过程中,当遇到已经在词典中的"短语"时,编码器就输出这个词典中的短语的"索引号",而非"短语"本身,如图 4-8 所示。

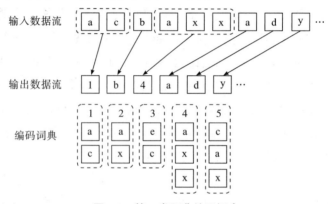

图 4-8　第二类词典编码概念

大名鼎鼎的 LZW(Lempel-Ziv-Welch Encoding)编码就是一种词典式无损压缩编码,主要用于图像数据的压缩。

4.2.4　预测编码

预测编码是有损压缩编码,其理论基础是现代统计学和控制理论,通过消除统计相关冗余来实现数据压缩。由于一些离散信号之间存在一定的关联性,可利用前面一个或多个信号预测下一个信号,然后对实际值和预测值的差(预测误差)进行编码。如果预测比较准确,误差就会很小。那么在同等精度要求下,就可以用较少的数码进行编码,以达到压缩数据的目的。

预测编码的步骤如图 4-9 所示。

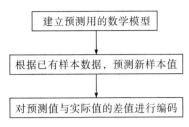

图 4-9 预测编码步骤

预测编码能够减少数据时间和空间上的相关性,即可以减少时间冗余和空间冗余。它的任务是寻找一种尽可能接近信号统计特性的预测算法,去除信号的相关性,力图达到较好的压缩效果。由于在对差值编码时进行了量化,因此预测编码是一种有失真的编码方法。常见的预测编码有两种,分别为差分脉冲调制编码(Differential Pulse Code Modulation,DPCM)和自适应差分脉冲调制编码(Adaptive Differential Pulse Code Modulation,ADPCM),它们较适合用于声音和图像数据的压缩。

1. DPCM

PCM 又称为预测量化系统,它是将原始模拟信号经过时间采样,然后对每一样值进行量化,作为数字信号传输。DPCM 则不同,它根据当前样本值去预测下一个样本值,并量化实际值和真实值之间的差,达到压缩的目的。其工作原理如图 4-10 所示。

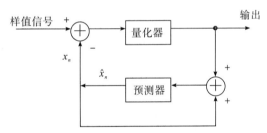

图 4-10 DPCM 编码器原理图

DPCM 对实际值与预测值之间的差值(预测误差)进行编码,从而实现数据的压缩。预测值可由前面若干个采样值得到。设样值序列为 $x_1,x_2,\cdots,x_{n-1},x_n$($x_n$ 为当前值),则对 x_n 的预测表达式为:

$$\hat{x}_n = a_1x_1 + a_2x_2 + \cdots + a_{n-1}x_{n-1} = \sum_{i=1}^{n-1} a_i x_i$$

式中,$\hat{x}_n$ 为当前值 x_n 的预测值,a_i 为预测系数。预测误差为:

$$d_n = x_n - \hat{x}_n$$

下面以一个简单的例子来说明 DPCM 的基本工作原理。这是一个单位延时的 DPCM 系统,其系统框图如图 4-11 所示。

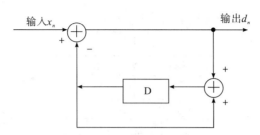

图 4-11   单位延时的 DPCM 系统

预测器被设定为一个单位延迟器 D,即预测器的预测值是前一个采样值。若系统中差值不需要量化,则 DPCM 系统在输入一个序列 $\{0,1,2,1,1,2,3,3,4,4\cdots\}$ 时,编码过程如下:

$$
\begin{array}{lccccccccccc}
x(n) & 0 & 1 & 2 & 1 & 1 & 2 & 3 & 3 & 4 & 4 & \cdots \\
\hat{x}(n) & 0 & 0 & 1 & 2 & 1 & 1 & 2 & 3 & 3 & 4 & \cdots \\
d(n) & 0 & 1 & 1 & -1 & 0 & 1 & 1 & 0 & 1 & 0 & \cdots
\end{array}
$$

在以上过程中,对 $x(n)$ 和 $d(n)$ 进行比较可知,DPCM 系统的输出 $d(n)$ 的幅度变小了,这就意味着可以使用较少的比特数进行编码,由此压缩了数据。另外,分析以上结果还可以看出,在输入数据相邻样值之间的差别不是很大的条件下,输出的数据幅度变小了,说明单位延时的 DPCM 系统能够达到数据压缩的目的。

2. ADPCM

ADPCM 是利用样本与样本之间的高度相关性和量化阶段自适应来压缩数据的一种波形编码技术,是采用自适应量化或自适应预测进一步改善量化性能或压缩数据率的方法,其工作原理如图 4-12 所示。

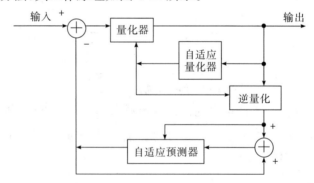

图 4-12   ADPCM 编码器原理图

实现自适应量化最常用的方法是根据信号分布不均匀的特点,自适应地改变量化器输出动态范围及量化器步长。而实现自适应预测的方法则比较复杂,通常是先根据信源特性求得多组预测参数,然后将信源数据分区间编码;编码时自动选择一组预测参数,使该区间实际值与预测值的均方误差最小,随着编码区间的不同自适应地选择预测参数,以尽可能达到最佳预测。

4.2.5 变换编码

预测编码技术的压缩能力是有限的。以 DPCM 为例,对图像而言,一般每个采样值只能压缩到 2~4 bit,而变换编码的压缩效率更高。变换编码与预测编码一样,都是通过消除信源序列中的相关性来达到压缩数据的目的。它们之间的区别在于,预测编码是在空间域(或时域)内进行的,而变换编码则是在变换域(或频域)内进行的。

变换编码是对信号进行变换后,再进行编码。例如,将原来在时域中描述的图像信号通过一种数学变换(如傅立叶变换等)变换到频域中,用变换系数表示。由于声音、图像的大部分信号都是低频信号,在频域中信号的能量较集中,通过变换编码将信号从时域变换到频域,再对变换系数进行采样、编码,就可以达到压缩数据的目的。

例如,有相邻两个采样值 x_1 和 x_2,每个采样值采用 3 bit 编码(每个采样值有 8 个幅度等级),则两个采样值的联合事件共有 8×8 种可能性,可用如图 4-13 所示的平面坐标表示。图中坐标轴 x_1 和 x_2 分别表示两个样本可能的 8 种幅度等级。由于信号变化是缓慢的,x_1 和 x_2 同时出现相近的幅度等级的可能性较大。因此,联合事件的可能性往往落在图中的虚线圈以内。如果将该坐标系旋转 $45°$,变为 $y_1 y_2$ 系,则它们的合成可能区域就落在 y_1 坐标轴附近。可以看出,不管幅度 y_1 在 0~7 的可能等级内如何变化,y_2 始终只在很小的范围内变化。这就表明,y_1 和 y_2 的相关性减少了,独立性增多了。因此,通过这种坐标变换,可得到另一组输出采样值,这种输出值去除了部分相关性,从而达到数据压缩的目的。

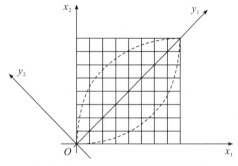

图 4-13 通过坐标变换去除相关性

4.2.6 分形编码

分形(Fractal)编码是一种模型编码,它利用模型的方法对需要传输的图像进行参数估测,其独特新颖的思想已成为目前数据压缩领域的研究热点。与经典的图像压缩编码方法相比,分形编码在思想上有了重大突破。其突出特点是高压缩比、解压缩时的高速度及不受图像分辨率的影响。

分形的含义是其组成部分以某种形式与整体相近的形状,它指一类无规则、混乱而复杂,但其局部与整体有相似性的体系,即自相似性体系。例如一棵树,干分为枝,枝又分枝,直到最细小的枝杈。这些分枝的方式、形状都类似,只有大小、规模的不同,如图 4-14 所示。再如绵延无边的海岸线,无论在什么高度、什么分辨率条件下去观看它的外貌,虽然会发现一些前面不曾见过的新细节,但是这些新出现的细节和海岸线整体的外貌总是相似的。也就是说,海岸线形状的局部和其总体具有相似性。实际上,这种自相似性是自然界的一种共性。

图 4-14　分形树

分形方法是将一幅数字图像,通过一些图像处理技术,如颜色分割、边缘检测、频谱分析、纹理变化分析等,将原始图像分成若干子图像(子图像可以是一棵树、一片树叶、一片云彩或其他,也可以是一些更为复杂的景物,如海岸、浪花、礁石等),然后在分形集里寻找子图像间的自相似性。分形集实际上并不是存储所有可能的子图像,而是存储许多迭代函数,通过迭代函数的反复迭代,可以恢复原来的子图像。也就是说,子图像所对应的只是迭代函数,而表示这样的迭代函数通常只需要几个数据,只需存储几个参数就可确定该变换,进而达到了很高的压缩比。由此可见,分形编码中存在两个难点,即图像分割和迭代函数系统构造。

4.2.7　子带编码

与变换编码一样,子带编码(Subband Coding,SBC)也是一种在频域中进行数据压缩的方法。子带编码理论最早于 1976 年提出,首先在语音编码中得到应用。由于其具有压缩编码的优越性,后来在图像压缩编码中也得到了很好的应用,压缩比高达 1∶100～1∶10。其设计思路是首先在发送端用一组带通滤波器将信号在频域上分成若干子带,然后分别对这些子带信号进行频带搬移并将其转变为基带信号,再根据奈奎斯特定理对各基带信号进行取样、量化、编码,最后合并成为一个数据流进行传送。

接收端首先将接收的数据流分成与原来各子带相应的子带码流,然后进行解码,将频谱转移到原子带所在的位置,最后经过带通滤波器和相加器,获取重建的信号。

在子带编码中,若各子带的带宽都是相同的,则称为等带宽子带编码;反之,则称为变带宽子带编码。

子带编码具有三个突出的优点。

①可以利用人耳(或眼)对不同频率信号感知灵敏度不同的特性,在人的听觉(或视觉)不敏感的频段采用较粗糙的量化,以达到数据压缩的目的。

②在子带编码中,由于编码、传输和解码都是以一个子带为基础进行的,因而在此过程中产生的量化噪声在解码后仍被限制在该子带内,不会扩展到其他子带。这样,即使有的子带信号较弱,也不会被其他子带的噪声所掩盖。

③通过频带分裂,各个子带的采样频率可以成倍下降。例如,若分成频谱面积相同的 N 个子带,则每个子带的采样频率可以降为原始信号采样频率的 $1/N$,因而可以降低硬件实现的难度,而且便于并行处理。

4.3 多媒体数据常用的压缩标准

随着计算机硬件和网络技术的发展,多媒体信息的应用呈现出爆炸式的增长。为了适应用户终端的多样性及网络自身的传输特性,上世纪 90 年代后期,一些国际标准化组织针对不同的多媒体数据制定了相应的数据压缩标准,并且获得了成功的应用。

4.3.1 音频压缩标准

目前,人们在音频信号压缩编码方面取得了令人瞩目的成果,设计出了许多压缩方法,其中一些已成为国际或地区的编码标准。

数字音频压缩技术分为电话语音压缩、调幅广播语音压缩、调频广播和 CD 音质的宽带音频压缩(高保真立体声音频压缩)、MPEG 音频压缩和 Dolby AC-3 压缩等。

1. 电话质量的语音压缩标准

电话质量语音信号的频率范围是 300 Hz~3.4 kHz,采用标准的 PCM 编码。当采样频率为 8 kHz,量化位数为 8 bit 时,所对应的数据传输率为 64 bps(bits per second)。1972 年,国际电话电报咨询委员会(CCITT)为电话质量和语音压缩制定了音频编解码标准 G.711,其速率为 64 kbps,使用非线性量化技术,主要用于公共电话网。

2. 调幅广播质量的音频压缩标准

调幅广播质量音频信号的频率范围是 50 Hz~7 kHz。当使用 16 kHz 的采样频率和 14 bit 的量化位数时,信号速率为 224 kbps。采用子带编码方法,将输入音频信号经滤波器分成高子带和低子带两部分,分别进行 ADPCM 编码,再混合形成输出码流,224 kbps 可以被压缩成 64 kbps,最后进行数据插入(最高插入速率达 16 kbps)。

3. 高保真立体声音频压缩标准

高保真立体声音频信号的频率范围是 50 Hz～20 kHz,采用 44.1 kHz 采样频率和 16 bit 量化位数,信号速率为每声道 705 kbps。目前,较成熟的高保真立体声音频压缩标准是 MPEG 音频。MPEG 音频第一层和第二层编码是对输入音频信号进行采样(采样频率为 32 kHz、44.1 kHz 和 48 kHz),经滤波器组将其分为 32 个子带,同时利用人耳屏蔽效应,根据音频信号的性质计算各频率分量的人耳屏蔽阈限,选择各子带的量化参数,获得高的压缩比。MPEG 第三层是在上述处理后引入辅助子带、非均匀量化和熵编码技术,再进一步提高压缩比。MPEG 音频压缩技术的数据速率为每声道 32～448 kbps,适用于 CD-DA 光盘。

4. MPEG 音频压缩标准

与波形编码和参数编码不同,MPEG 声音的压缩和编码不是依据波形本身的相关性和模拟人的发音器官的特性,而是利用人的听觉特性来达到压缩声音数据的目的(感知编码)。20 世纪 80 年代以来,人们在利用自身听觉系统的特性来压缩声音数据方面取得了很大的进展,先后制定了 MPEG-1 Audio、MPEG-2 Audio、MPEG-2 AAC 和 MPEG-4 Audio 等标准,并将它们统称为 MPEG 音频压缩标准。

(1)MPEG-1 Audio 标准。MPEG-1 Audio 是第一个高保真立体声数据压缩的国际标准,虽然它是 MPEG 标准的一部分,但也可以独立应用。MPEG-1 Audio 的编码对象是 20 Hz～20 kHz 的宽带声音,采样频率为 32 kHz、44.1 kHz 和 48 kHz,采用的编码算法是感知子带编码。

MPEG-1 声音标准定义了三个独立的压缩层次,用于表示采用不同的压缩算法,分别为 MP1(MPEG Audio Layer 1)、MP2(MPEG Audio Layer 2)和 MP3(MPEG Audio Layer 3)。随着层数的增加,算法的复杂度相应增大,分级向下兼容,即 MP3 可对 MP1 和 MP2 的压缩编码流进行解码。

MP3 是 MPEG 音频系列中性能最好的一个。它可以大幅度地降低数字声音文件的体积容量,而人耳却感觉不到有什么失真,音质的主观感觉很令人满意。经过 MP3 的压缩编码处理后,音频文件可以被压缩到原来的 1/12～1/10。

(2)MPEG-2 Audio 编码标准。MPEG-2 标准委员会定义了两种声音数据压缩标准:MPEG-2 Audio 和 MPEG-2 AAC。因为 MPEG-2 Audio 与 MPEG-1 Audio 是兼容的,所以又称为 MPEG-2 BC(Backward Compatible)。MPEG-2 Audio 是为多声道声音而开发的低码率编码方案,它和 MPEG-1 Audio 标准采用相同种类的编解码器,3 个编码层的编码结构也相同。与 MPEG-1 Audio 相比,

MPEG-2 Audio 主要增加了以下几个方面的内容。

①MPEG-2 Audio 增加了更低的采样频率和码率。在保持 MPEG-1 Audio 原有采样频率的基础上,又增加了 16 kHz、22.05 kHz、24 kHz 三种新的采样频率,将原有 MPEG-1 Audio 采样频率降低了一半,以便提高码率低于 64 kbps 时每个声道的声音质量。

②MPEG-2 Audio 扩展了编码器的输出速率范围,由 32～384 kbps 扩展到 8～640 kbps。

③MPEG-2 Audio 增加了声道数,支持 5.1 声道和 7.1 声道的环绕声。

(3) MPEG-2 AAC 编码标准。MPEG-2 AAC(MPEG-2 Advanced Audio Coding)是 MPEG-2 标准中的声音感知编码标准。其核心思想是利用人耳听觉系统的掩蔽特性来减少数据量,通过子带编码将量化噪声分散到各个子带中,并用全局信号将噪声掩蔽。

MPEG-2 AAC 支持的采样频率为 8～96 kHz,编码器的输入可来自单声道、立体声或多声道音源的声音。MPEG-2 AAC 标准可支持 48 声道、16 个低频音效加强通道 LFE、16 个配音声道和 16 个数据流。MPEG-2 AAC 的压缩比达到 11∶1,即每个声道的数据率为(44.1×16)/11＝64 kbps。在 5 声道的总数据率为 320 kbps 的情况下,很难区分还原后的声音与原始声音的差别。在声音质量相同的前提下,与 MPEG-1 Audio、MPEG-2 Audio 的第 2 层相比,MPEG-2 AAC 的压缩率可提高一倍;与 MPEG-1 Audio、MPEG-2 Audio 的第 3 层相比,MPEG-2 AAC 的数据速率是它的 70%。

(4)MPEG-4 Audio 标准。MPEG-4 Audio 是一个包罗万象的声音编码标准。与先前开发的声音编码标准不同,MPEG-4 Audio 不是针对单项应用的声音编码技术,而是覆盖从话音编码、声音编码到合成语音,整个声音频率范围的编码技术。

MPEG-4 Audio 标准规范的数据速率和应用目标如图 4-15 所示。该标准为每个声音规定的速率为 2～64 kbps,并为此定义了三种类型的编码器。

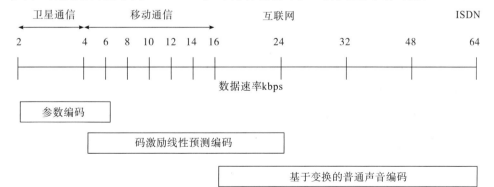

图 4-15　MPEG-4 Audio 数据速率和应用目标

①在数据速率为 2～6 kbps 范围内，可使用参数编码，声音信号的采样频率为 8 kHz。

②在数据速率为 6～24 kbps 范围内，可使用码激励线性预测编码技术（CELP），声音信号的采样频率为 8 kHz 或 16 kHz。

③在数据速率为 16～64 kbps 范围内，可使用时间/频率编码（或称为基于变换的普通声音编码）技术，如用 MPEG-2 AAC 经过改进的 MPEG-4 AAC，支持 8～96 kHz 的采样频率。

5. Dolby AC-3

Dolby AC-3 技术是由美国杜比实验室主要针对环绕声开发的一种音频压缩技术。在 5.1 声道的条件下，可将数据速率压缩至 384 kbps，压缩比约为 10:1。Dolby AC-3 最初是针对影院系统开发的，但目前已成为应用最为广泛的环绕声压缩技术之一。Dolby AC-3 是一种感知型压缩技术，其中使用了许多先进的压缩技术，例如前/后向混合自适应比特分配、公共比特池、频谱包络编码、低码率条件下采用的多声道高频耦合等。这些技术对其他的多声道环绕声压缩技术的发展产生了一定的影响。

可以说，AC-3 的出现是杜比公司几十年来在声音降噪及编码技术方面的结晶。Dolby AC-3 在技术上具有很强的优势，因而在影院系统、高清晰度电视（High Definition Television，HDTV）、消费类电子产品及直播卫星等领域获得了广泛的应用。它是一种非常经济高效的数字音频压缩系统，是美国数字电视系统的强制标准，是欧洲数字电视系统的推荐标准。

4.3.2 静止图像压缩编码标准

1. JPEG 标准概述

JPEG 是联合图像专家组的缩写，该专家组制定了 JPEG 标准和 JPEG 2000 标准。

JPEG 标准于 1992 年正式通过，全称为"连续色调静止图像的数字压缩编码"，具有较高压缩比，是用于彩色和灰度静止图像的一种完善的压缩方法。该方法对于相邻像素颜色相近的连续色调图像有很好的处理效果，但不适于处理二值图像。采用 JPEG 标准压缩的文件使用".jpg"或".jff"等作为文件名的后缀。

JPEG 的主要特点为：

①压缩比高，压缩质量较好。

②能够大范围地调整图像压缩比和相应的图像保真度。解码器可参数化，可供用户根据需要选择所需的压缩比或图像质量。

③能够应用于任何连续色调的数字源图像，即无论连续色调图像的维数、彩色空间、像素宽高比或其他特征如何，都能获得较好的压缩效果。

④处理速度快且有价格低廉的硬件电路支持。

2. JPEG 编码模式

JPEG 支持的图像尺寸最大可达 65535 行,每行最多 65535 个像素。JPEG 由于算法的复杂度低,且压缩性能较好,得到了广泛的应用,现在的数码相机几乎都支持 JPEG 压缩以节约存储空间。JPEG 中定义了四种操作模式。

(1)无损预测编码模式。为了满足一些应用领域的需求,如传真机、静止画面的电视电话会议等,JPEG 选择了一种简单的线性预测技术,即用 DPCM 作为无损预测编码方法。这种编码的优点是易于实现、重建图像质量好,但缺点是压缩比小,约为 1∶2。无损预测编码器的工作原理如图 4-16 所示,编码过程中,首先对采样点进行预测,然后对实际值与预测值之差进行熵编码,编码方法可选择霍夫曼编码或算术编码。

这种模式可保证准确恢复数字图像的所有样本数据,与源图像相比不会产生任何失真。

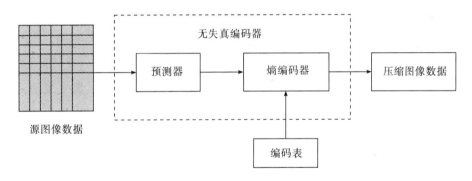

图 4-16 无损预测编码器

(2)基于 DCT 的顺序编码模式。它以离散余弦变换(Discrete Cosine Transformation,DCT)变换为基础,按照从左到右、从上到下的顺序对原始图像数据进行压缩编码。重建图像时,也按照上述顺序进行。顺序 DCT 编码结构框图如图 4-17 所示。

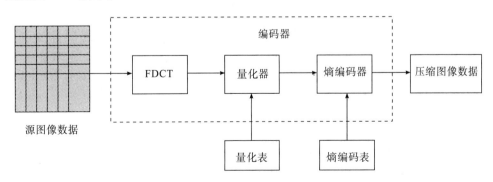

图 4-17 顺序 DCT 编码结构框图

需要说明的是,图中表示的是单一分量的压缩编码过程。对于彩色图像信号而言,传输的是 Y、U、V 三个分量,因此是一个多分量系统,它们的压缩与解压缩原理相同。

(3)基于 DCT 的累进编码模式。它也是以 DCT 变换为基础,但使用多次扫描的方法对图像数据进行编码,以由粗到细逐步累加的方式进行。在解码器端重建图像时,在屏幕上首先看到的是图像的大致情况,而后进行逐步的细化,直至全部还原出来为止。

基于 DCT 的顺序编码过程是对每一个 8×8 子图像块采用从左到右、从上到下的顺序扫描方式扫描,且一次完成。而基于 DCT 的累进编码模式与顺序编码模式虽然算法相同,但每个子块的编码要经过多次扫描才能完成,每次扫描均传输一部分 DCT 量化系数。第一次扫描只进行一次粗糙图像的压缩,以很快的速度传输粗糙的图像,在接收端重建一幅质量较低但尚可识别的图像。在随后的几次扫描中再对图像进行较细的压缩,这时只传输增加的信息,接收端可逐步提高重建图像的质量。不断累进,直至得到满意的图像。

(4)基于 DCT 的分层编码模式。它是以多种分辨率进行图像编码,先从低分辨率开始,逐步提高分辨率,直至与原图像的分辨率相同。解码时,重建图像的过程也是如此,其效果与基于 DCT 的累进编码模式相似,但处理起来更复杂,所获得的压缩比要更大一些。

分层模式下的编码方法是将一幅高分辨率的原始图像分成多个低分辨率图像进行金字塔形的编码。例如,水平方向和垂直方向分辨率均以 2^n 的倍数改变。

分层编码的处理过程如下。

①将原始图像的分辨率分层降低。

②对已降低分辨率的图像采用无损预测编码、基于 DCT 的顺序编码和基于 DCT 的累进编码中的任何一种方式进行压缩编码。

③对低分辨率图像进行解码,重建图像。

④采用插值、滤波的方法,使重建图像的分辨率提高至下一层图像分辨率的大小。

⑤将升高分辨率的图像作为原始图像的预测值,对它与原始图像的差值采用以上三种编码方式中的任何一种进行编码。

⑥重复上述③、④、⑤步骤,直至图像达到原图像的分辨率。

JPEG 的分层编码方式使图像具备了一定程度的硬件适应能力。假设原始图像分辨率为 1024×1024,显然在普通计算机上显示这幅图像不存在任何问题,但当在手持设备上显示这幅大尺寸图像时,由于手持设备的屏幕尺寸小,为了正确显示图像内容,需要在显示前对图像进行缩放以满足硬件设备的要求。采用分层编码后,原始输入图像在编码后会形成多个数据速率,不同的数据速率具有不同的分辨率。例如,最低分辨率为 128×128,其次为 256×256,中等分辨率为 512×512,最高分辨率为 1024×1024,最低分辨率图像形成的是基本数据速率,其他分辨率图像形成的是附加数据速率。不同的硬件设备可根据实际情况选择接收基本数据速率或是附加数据速率。接收的附加数据速率越多,重建图像的分辨率就越高。

3. JPEG 的实现

JPEG 标准规定,JPEG 的算法结构由三个主要部分组成。

①独立的无损压缩编码:采用线性预测编码和霍夫曼编码(或算术编码),可保证重建图像与原始图像完全一致。

②基本系统:提供最简单的图像编码、解码能力,可实现图像信息的有损压缩,对图像的主观评价能达到失真难以觉察的程度。采用 8×8 DCT 变换、线性量化、霍夫曼编码等技术,只有顺序编码模式。

③扩展系统:在基本系统的基础上再增加一组功能,例如熵编码采用算术编码,同时采用累进构图编码模式、累进无损编码模式等。扩展系统是基本系统的扩展或增强,因此也必须包含基本系统。

实践表明,JPEG 的压缩效果与图像的内容有较大关系。高频成分少的图像可以得到较高的压缩比,且重建图像能够保持较好的质量。对于给定的图像品质系数(即 Q 因子,可分为 $1 \sim 255$ 级),必须选择对应的量化步长和编码参数等,才能达到相应的压缩效果。

4. JPEG 2000 标准

随着多媒体应用领域的不断扩大,传统的 JPEG 压缩技术已经无法满足人们对多媒体影像资料的要求。因此,JPEG 制定了新一代静止图像压缩标准 JPEG 2000,其文件扩展名为".jp2"".jpx"等。JPEG 2000 的开发工作从 1996 年启动,并于 2000 年底陆续公布,其目标是提高对连续色调数字图像的压缩效率,而又不使图像质量有明显的下降。

JPEG 2000 与传统 JPEG 最大的不同是:它放弃了传统 JPEG 采用的以 DCT 变换为主的区块编码方式,而采用以小波变换为主的多解析编码方式,其主要目的是将影像的频率成分抽取出来。

JPEG 2000 标准的第一部分与 JPEG 标准的基本系统相比,具有如下优点。

(1)高压缩比。JPEG 2000 格式的图像压缩比可在 JPEG 的基础上再提高 $10\% \sim 30\%$,而且压缩后的图像显得更细腻平滑。尤其在低比特率的条件下,具有良好的低失真性能,能够适应窄带网络、移动通信等带宽有限的应用需求。

（2）多样压缩方式。JPEG 2000 标准通过选择参数，可以提供有损和无损两种压缩方式，因为有些应用领域要求必须进行无损压缩。例如，医学图像对图像质量的要求非常高，JPEG 2000 通过嵌入式数据速率的组织方法，可以实现待恢复图像从有损到无损的渐进式解压。

（3）渐进传输。目前，网络上的 JPEG 图像下载按块传输，因此只能一行一行地显示，而在 JPEG 2000 格式中，图像支持渐进传输。渐进传输指的是先传输图像的轮廓数据，再逐步传输其他数据，从而不断地提高图像质量。该特性使得用户不需要等待图像完全下载完毕再决定是否需要该图像，这有助于快速地浏览和选择大量图片，特别适合于图像文档的分级打印或存储，以及网络上图像浏览和选择等应用场合。

（4）感兴趣区域压缩。这是 JPEG 2000 的一个重要特性。用户可以指定图片上感兴趣的区域，然后在压缩时对这些区域指定压缩质量，或在恢复时指定某些区域的解压缩要求。这是因为小波变换在时域和频域上具有局部性，要完全恢复图像中的某个局部，并不需要所有编码都被精确保留，只要对应这个局部的一部分编码没有误差就可以了。这样就可以很方便地突出图像中的重要内容。

（5）数据速率的随机访问和处理。这一特征允许用户在图像中随机定义感兴趣的区域，以使这一区域的图像质量高于图像中其他的区域。码流的随机处理允许用户进行旋转、移动、滤波、特征提取等操作，以提高到所需要的分辨率和图像质量。

（6）容错性。JPEG 2000 在码流中提供了容错措施，通过设计适当的码流格式和相应的编码措施，可以减少因解码失败而造成的损失。例如，在无线通信等传输误码较高的通信信道中传输图像时，必须采用容错措施才能达到一定的重建图像质量。

（7）开放的框架结构。为了在不同的图像类型和应用领域提供最优化的编码系统，JPEG 2000 提供了一个开放的框架结构。在这种开放结构中，编码器只实现核心的工具算法和码流的解析，如果解码器需要，可以要求数据源发送未知的工具算法。

（8）基于内容的描述。图像索引和搜索是图像处理中的内容，JPEG 2000 允许在压缩的图像文件中包含对图像内容的说明。这为用户在大量资料中快速、有效地找到感兴趣的图像提供了极大的帮助。

作为新型的图像压缩编码标准，JPEG 2000 采用了先进的设计思想和有效的算法，其应用领域比 JPEG 广泛得多，包括互联网、打印、扫描、彩色传真、医疗图像、移动通信、遥感等领域。需要指出的是，虽然在一些有较高图像质量要求和较低数据速率要求的应用领域，JPEG 2000 是最佳的选择，但是在一些低复杂度的应用中，JPEG 2000 还不能完全取代 JPEG。这是因为 JPEG 2000 的算法复杂度不能满足这些领域的要求。

4.3.3 视频压缩编码标准

数字视频图像的压缩编码标准具有极其广泛的应用领域,包括可视电话、视频会议、视频游戏、数字式视频广播等。这些应用按其视频质量划分,大致可分为三类。

(1)低质量视频。画面较小,通常为 QCIF(Quarter Common Intermediate Format)或 CIF 格式。帧速率为 5~10 帧/秒,既可以是黑白视频也可以是彩色视频。典型的应用有可视电话、视频邮件等。

(2)中等质量视频。画面中等,通常为 CIF 或 CCIR601 视频格式。帧速率为 10~25 帧/秒,多为彩色视频。典型的应用有会议电视、远程教育等。

(3)高等质量视频。画面较大,通常为 CCIR601 视频格式甚至高清晰度电视视频格式。帧速率大于等于 25 帧/秒,多为高质量的彩色视频。典型的应用有广播质量的普通数字电视、高清晰度电视等。

不同质量的视频信号,其帧频和适用格式均不相同。针对以上三类不同的视频应用,国际上制定了相应的视频压缩编码标准。常用的压缩编码标准有国际标准化组织联合国际电工委员会(ISO/IEC)制定的 MPEG-X 系列标准和国际电信联盟电信标准局(ITU-T)制定的关于电视电话/视频会议的 H.26X 系列标准等。多数情况下,这两个组织都是各自制定自己的标准,但也曾合作制定了两个标准: MPEG-2/H.262 标准和 MPEG-4 AVC/H.264 标准,如图4-18所示。需要说明的是,尽管不同的标准有着不同的应用领域,但目前这些标准的总体框架几乎完全相同,只是在部分实现细节上有所区别。

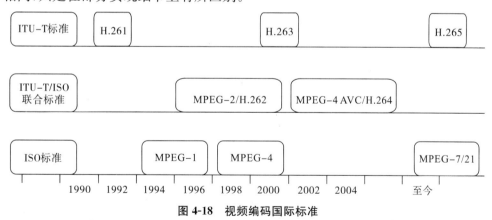

图 4-18 视频编码国际标准

现有的 MPEG-X 系列视频压缩编码标准包括 MPEG-1、MPEG-2 和 MPEG-4。MPEG-7 和 MPEG-21 严格来说不属于视频压缩编码,MPEG-7 是一个多媒体内容描述接口,而 MPEG-21 是规定数字节目的网上实时交换协议。MPEG-X 系列视频压缩编码具有许多共同点:基本概念类似,数据压缩和编码方法基本相同,核心都是采用以图像块作为基本单元的变换、量化、移动补偿、熵编码等技术,在保证图像质量的基础上获得尽可能高的压缩比。

H.26X 是 ITU-T 制定的视频压缩编码标准,其中应用最为广泛的是 H.261、H.262、H.263、H.264 以及 H.265 标准。H.261 产生于 20 世纪 90 年代,现已退出历史舞台。H.262 是 MPEG-2 的视频部分;H.264 是 MPEG-4 的第 10 部分,也称高级视频编码(Advanced Video Coding,AVC);H.265 是高效率视频编码(High Efficiency Video Coding,HEVC),被视为 H.264/MPEG-4 AVC 的"继任者"。HEVC 不仅能提升图像质量,还能达到两倍于 H.264/MPEG-4 AVC 的压缩率(等同于同样画面质量下数据速率减少了 50%),可支持 4K 分辨率甚至超高画质电视,最高分辨率可达到 8192×4320(8K 分辨率),是目前视频压缩编码发展的趋势。下面分别介绍几种主要的视频压缩标准。

1. H.261 标准

H.261 标准的全称为"$p \times 64$ kbps($p = 1 \sim 30$)视听业务的视频编解码器"标准,主要应用于可视电话和会议电视等。它是世界上第一个得到广泛承认、针对动态图像的视频压缩标准,随后出现的 MPEG-X 系列标准、H.262、H.263 等标准的核心都是 H.261。可见 H.261 占有非常重要的地位。

H.261 标准采用 QCIF 和 CIF 作为可视电话的视频编码格式。至于选用哪一种,则取决于信道容量的大小。当 $p = 1$ 或 2(即数据速率为 64 kbps 或 128 kbps)时,仅支持 QCIF 视频格式,用于帧速率较低的可视电话;当 $p \geqslant 6$ 时,可支持 CIF 图像格式,由于 CIF 的分辨率高,更适于会议电视的应用。

H.261 标准采用的是混合编码方法,同时利用图像在空间和时间上的冗余进行压缩,可以获得较高的压缩比。H.261 标准对随后出现的各种视频编码标准都产生了深远的影响。

2. MPEG-1 标准

MPEG-1 标准于 1992 年底正式通过,其全称为"适用于约 1.5 Mbps 以下数字存储媒体的运动图像及伴音的编码"。它由 MPEG-1 Audio、MPEG-1 Video、MPEG-1 系统三个部分组成,主要涉及音频压缩、视频压缩、多种压缩数据流的复合和同步问题。其 Audio 部分已在前面章节中详细介绍,下面仅就 MPEG-1 Video 的有关内容进行简要的说明。

MPEG-1 视频编码器要求输入视频信号为逐行扫描的 SIF 格式,如果输入视频信号采用其他格式,如 ITU-R 601,则必须转换成 SIF 格式才能作为 MPEG-1 的输入信号。

在 MPEG-1 Video 标准中,图像帧被分为三类。

(1)内帧(Intra-frame,I 帧)。内帧包含内容完整的图像,可为其他帧图像的编码和解码作参照,因此也被称为关键帧。它不需要参照其他帧,能独立地以静止图像压缩方法编码处理,且压缩比较低。I帧必须进行传送。

(2)预测帧(Predicted-frame,P帧)。P帧可以使用前一个I帧,或由前一个P帧经预测编码得到(前向预测)。同时P帧又可以作为下一个B帧或P帧的参照帧。也就是说,P帧以参照帧I帧或P帧为基础进行预测编码,同时又是后面B帧或P帧的参照帧。P帧利用了瞬间冗余特性,可获得较高的压缩比。

(3)双向预测帧(Bidirectionally-predictive-frame,B帧)。B帧是一种双向预测编码图像帧,它由同时利用前面和后面的I帧、P帧进行编码和解码而得到。但它本身不可作为参照帧,因此不需要进行传送,但需传送运动补偿信息。由于B帧采用了双向运动补偿预测技术,所以它的压缩比最高。

这三种图像帧的典型排列如图4-19所示。

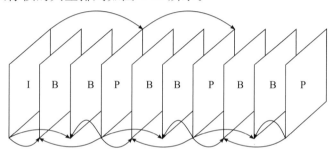

图 4-19　MPEG 专家组定义的三种图像帧

MPEG-1 Video标准和H.261标准的算法有很多共同之处。两者采用相同的混合编码方法,且视频压缩算法都采用两种基本技术:一是基于块的运动补偿预测,目的是去除时间方向上的冗余;二是与JPEG类似的基于DCT的变换编码,目的是去除空间方向上的冗余数据。

MPEG-1 Video标准和H.261标准的不同之处在于,在传输码率上H.261可覆盖较宽的信道,而MPEG-1则专注于1.5 Mbps的数据传输速率。由于算法本身对于传输和随机存取而言都是通用的,只是在有B帧时,要有两个帧存储器分别存储过去和将来的两个参照帧,以便进行双向运动补偿预测。

3. MPEG-2/H.262 标准

MPEG-2标准由ISO的运动图像专家组和ITU-T共同制定,在ITU-T的协议系列中被称为H.262标准。MPEG-2于1994年11月发布,其全称为"活动图像及其伴音通用编码"标准,可以应用于2.048～20 Mbps的各种数据速率和各种分辨率的应用场合,如多媒体计算机、多媒体通信、常规数字电视、高清电视等。MPEG-2标准中除包括系统、音频、视频三部分外,还包括符合性测试、软件、数字存储媒体的指令和控制等六个部分的内容。

MPEG-2标准中的MPEG-2 Video是MPEG-1 Video标准的扩展版本,它在全面继承MPEG-1 Video视频数据压缩算法的基础上,增加了许多新的语法结构和算法,用于支持顺序扫描和隔行扫描,支持 NTSC、PAL、SECAM 和 HDTV 格式的视频,支持视频的实时传输。为适应种类不同的应用需求,MPEG-2 Video 标准还定义了多种视频质量的可变编码方式。

MPEG-2 视频标准支持的可变编码方式主要有如下四种。

①信噪比(Signal-to-Noise Ratio,SNR)可变编码:针对需要多种视频质量的应用场合,使用 SNR 可变编码提供各种信噪比的视频。

②空间分辨率可变编码:针对需要同时广播多种空间分辨率视频的应用,使用空间分辨率可变编码提供各种空间分辨率的视频。

③时间分辨率可变编码:针对高清电视、远程通信等应用场合,使用时间分辨率可变编码提供各种时间分辨率的视频。

④数据分割编码:针对有两个信道传输视频数据速率的应用场合,对量化的 DCT 系数进行分割,编码后分别送往不同的信道。

4. MPEG-4 标准

MPEG-4(标准号为 ISO/IEC 14496)于 1998 年 11 月公布,正式的名称为"信息技术——视听对象编码",它是针对一定数据速率下的音频、视频编码,更加注重多媒体系统的交互性和灵活性。该标准主要应用于可视电话、可视电子邮件等,对数据速率要求极低,在 4.8～64 kbps 之间,分辨率为 144～176。该标准定义的语法和语义规则由 23 个部分组成,其主要组成部分有:

①Part 1(MPEG-4 System):系统标准,描述视频和声音的同步和复合。

②Part 2(MPEG-4 Visual):可视对象编码标准,描述自然图像、纹理、合成视频等可视对象的编码和解码。

(3)Part 3(MPEG-4 Audio):声音编码标准,描述感知声音数据的编码和解码,包括高级声音编码、话音编码等。

③Part 6(MPEG-4 DMIF):传送多媒体集成框架,用于管理多媒体数据流。

④Part 10(MPEG-4 AVC):高级视频编码,描述视频编码和解码,技术上与 H.264 一致。

MPEG-4 可利用很窄的带宽,通过帧重建技术以及数据压缩技术,以求用最少的数据获得最佳的图像质量。例如,移动通信中的声像业务、与其他多媒体数据(如计算机产生的图形、图像)的集成和交互式多媒体服务等。MPEG-4 支持的图像格式从简单的 GIF 到 CIF 格式,支持的帧频从 0 Hz(静止)到 15 Hz。

MPEG-4 是基于对象的视频编码系统。与传统的压缩标准中基于帧的压缩编码方法相比,MPEG-4 非常便于操作和控制对象。例如,用户可以根据喜好为某些对象分配较多的数据,而对不感兴趣的对象分配较少的数据,从而在达到低速的同时又能满足图像的主观质量。

5. H. 264 标准

H. 264 标准是联合视频组（Joint Video Team，JVT）制定的先进视频编码标准（Advanced Video Coding，AVC）——新一代视频编码标准。H. 264/AVC 标准制定的主要目的在于，使这一先进视频编码标准适应于高压缩比活动图像不断增长的应用需求，如电视会议、电视广播、互联网上的流式传输等，同时能够以灵活的视频编码表现方式适用于不同的网络环境，并且允许将运动视频作为计算机数据的一种形式便捷地处理和使用，从而实现视频的高压缩比、高图像质量、良好的网络适应性等目标。

由于 H. 264 标准由 ITU-T 和 ISO 联合制定，人们通常称这一标准为 H. 264/AVC标准。这是因为对于 ITU-T 而言，H. 264 是 H. 261、H. 263 标准的衍生发展；对于 ISO 而言，这个新一代视频编码标准称为 MPEG-4 AVC，作为 MPEG-4 标准的第 10 部分，是原有 MPEG-4 标准第 2 部分的衍生发展。MPEG-4标准的第 2 部分是 MPEG-4 的视频部分，即 MPEG-4 Video 部分。对于过去的 MPEG-4 标准，若不加以说明，就视频编码而言就是特指第 2 部分。

作为继 MPEG-4 之后的新一代数字视频压缩编码标准，H. 264/AVC 标准既保留了以往压缩技术的优点和精华，又具有其他压缩技术无法比拟的许多优点。

从应用角度来分析，H. 264/AVC 的主要特点有：

①低码流。与 MPEG-2 和 MPEG-4 等压缩技术相比，在相同的重建图像质量下，采用 H. 264/AVC 技术压缩后，数据量只有 MPEG-2 的 1/8，MPEG-4 的 1/3。此外，H. 264/AVC 标准的数据传输速率比 MPEG-4 降低了 50%。

②高质量图像。H. 264/AVC 能提供连续、流畅的高质量图像（DVD 质量）。

③容错能力强。H. 264/AVC 提供了解决在不稳定网络环境下容易发生的丢包等错误的必要工具。

④网络适应性强。H. 264/AVC 提供了网络提取层，使得 H. 264/AVC 的文件能容易地在码分多址（Code Division Multiple Access，CDMA）、通用分组无线业务（General Packet Radio Service，GPRS）、互联网等不同网络上传输。

H. 264/AVC 优越的编码压缩效率使之在许多环境中得到应用。例如，观看互联网电视（Internet Protocol Television，IPTV）和手机电视时，需使用 H. 264/AVC 这样的高效编码技术。H. 264/AVC 压缩标准比 MEPG-2/H. 263 压缩率提高了一倍，在同等大小下可以大幅提升画质，将1080p（1920×1080）视频的大小控制在合理的范围内，蓝光格式也由此普及。因此，目前在视频编码的各个应用领域，H. 264/AVC 都属于广泛使用的主流编码标准。

6. H. 265 标准

虽然 H. 264 在 1080p 时代风生水起，但面对 4K（4096×2160）视频它就明显力不从心了。一部 H. 264 的 4K 视频动辄上百吉字节,不仅找不到合适的实体介质,在网上传输也受到带宽的制约。可以说,现在 4K 视频无法普及的原因正在于此。

2013 年 4 月,ITU 正式批准通过了 H. 265 标准,其全称为高效视频编码(High Efficiency Video Coding,HEVC),相较于之前的 H. 264 标准有了相当大的改善。H. 265 旨在在有限带宽下传输更高质量的网络视频,实现仅需原先的一半带宽即可播放相同质量的视频的目标。这也意味着,我们的智能手机、平板电脑等移动设备将能够直接在线播放 1080p 的全高清视频。H. 265 标准可同时支持 4K 和 8K(8192×4320)超高清视频。

H. 265 和 H. 264 虽然都是基于块的视频编码技术,但 H. 265 将编码模式推向了更高的水平,其主要优势有:

①可变量的尺寸转换(从 4×4 到 32×32)。

②四叉树结构的预测区域(从 64×64 到 4×4)。

③基于候选清单的运动向量预测。

④多种帧内预测模式。

⑤更精准的运动补偿滤波器。

⑥优化的区块、采样点自适应偏移滤波器等。

除在编解码效率上的提升外,H. 265 对网络的适应性也有显著提升,可在互联网等复杂网络条件下稳定运行。

7. 其他视频编码标准

除上述 MPEG-X 系列和 H. 26X 系列的视频编码标准外,还有一些标准,如 AVS(Audio Video Coding Standard)和 WMT(Windows Mobile Test)等。其中,AVS 是由我国自主制定的音/视频编码技术标准,以 H. 264/AVC 框架为基础,强调自主知识产权,同时充分考虑了实现的复杂度,主要面向高清晰度电视、高密度光存储媒体等应用。WMT 是 Microsoft 公司开发的数字媒体技术。以此技术为基础开发的 VC-9(Video Codec 9)视频压缩算法,之后改称为 VC-1。VC-1 以 MPEG-4 为基础,其视频压缩效率明显高于 MPEG-2、MPEG-4(SP)及 H. 263,与 H. 264/AVC 相当。

习题 4

一、单选题

1. 以下哪一项不属于衡量数据压缩方法的性能指标_____。
   A. 压缩质量
   B. 压缩比率
   C. 压缩/解压缩的速度
   D. 算法的复杂度

2. 以下编码方法中,字符的编码长度与其出现的概率相关的是_____。
   A. 行程编码
   B. 变换编码
   C. 预测编码
   D. 哈夫曼编码

3. 一幅 320×240 的真彩色图像,未压缩的图像数据量是_____。
   A. 230.4 KB
   B. 900 KB
   C. 921.6 KB
   D. 225 KB

4. 一幅 RGB 色彩的静态图像,其分辨率为 800×600,每一种颜色用 8 bit 表示,则该静态图像数据量的计算公式为_____。
   A. $800 \times 600 \times 3$ bit
   B. $800 \times 600 \times 3 \times 8 \times 25$ bit
   C. $800 \times 600 \times 8$ bit
   D. $800 \times 600 \times 3 \times 8$ bit

5. 在静态图像压缩方法中,_____属于无损压缩。
   A. 行程编码
   B. 变换编码
   C. 预测编码
   D. 小波变换编码

6. _____对图像数据的压缩比为 $1:100 \sim 1:10$。
   A. 小波变换编码
   B. 预测编码
   C. LZW 编码
   D. 子带图像编码

7. 以下关于预测编码的说法中,错误的是_____。
   A. 预测编码是一种只能针对空间冗余进行压缩的方法
   B. 预测编码中典型的压缩方法有条件像素补充法和运动补偿技术
   C. 预测编码是根据某一种模型进行的
   D. 预测编码需将预测的误差进行存储或传输

8. 常见的声音、图像、视频压缩方法是_____。
   A. 缺损压缩
   B. 有损压缩
   C. 无损压缩
   D. 不压缩

9. MP3 _____。
   A. 是具有最高的压缩比的音频文件的压缩标准
   B. 采用的是无损压缩技术
   C. 是目前很流行的音乐文件压缩格式
   D. 为具有最快的压缩速率的音频文件的压缩标准

10. 图像序列中的两幅相邻图像,后一幅图像与前一幅图像之间有较大的相关性,属于_____。
    A. 空间冗余
    B. 时间冗余
    C. 帧冗余
    D. 视觉冗余

二、多选题

1. 静态图像压缩国际标准系列是_____。

　　A. JPEG 2000　　B. JPEG　　　　　　　　C. MPEG-2　　　　　　D. MPEG-1

2. 以下关于视频压缩的说法中,正确的是_____。

　　A. 空间冗余编码属于帧内压缩　　　　B. 时间冗余编码属于帧内压缩

　　C. 空间冗余编码属于帧间压缩　　　　D. 时间冗余编码属于帧间压缩

3. 已知信号源 x1,x2,x3,x4,x5 对应的概率为(0.25,0.25,0.2,0.15,0.1,0.05),对其进行霍夫曼编码,以下可能的编码有_____。

　　A. x1　01　　　　B. x3　10　　　　　　C. x4　001　　　　D. x6　11

4. 以下关于多媒体信息处理的说法中,正确的是_____。

　　A. 对于同一幅图像,不压缩的情况下,如果分辨率相同而颜色不同,那么数字化存储时颜色数越多数据量越大

　　B. 利用软件可以将 CD 光盘上的音轨转换成 MP3 音频文件,MP3 格式是无损压缩

　　C. JPG 图像压缩格式通常是有损压缩,图像放大会失真

　　D. 要对旧照片进行翻新,可以用扫描仪将图片扫描进电脑,然后用图像处理软件进行加工

5. 利用格式转换软件把一段 WMV 格式的视频文件转换成 MP4 格式后,发现 MP4 格式文件占用的空间容量较 WMV 格式减少了很多,同时视频清晰度有所下降。下列说法中,正确的是_____。

　　A. 容量减少的原因是转换过程中进行了有损压缩

　　B. 该视频文件的内容中存在冗余

　　C. 因为清晰度下降了,所以本次转换是不成功的

　　D. 该格式转换实际上是通过对视频文件进行解码和编码两个过程实现的

三、填空题

1. 霍夫曼编码中,编码符号出现的概率越大,其码字越_____。

2. 假设视频分辨率为 640×480,图像深度为 24 bit,播放速度为 25 fps,1 分钟的视频若不进行压缩,则大约需要_____ GB 的存储空间(四舍五入,保留 2 位小数)。

3. 压缩的主要原因是存在_____数据。

4. 数据压缩算法可分无损压缩和_____压缩两种。

5. 经过压缩、解压缩的数据与原始数据基本保持一致的压缩方法是_____

_____。

第5章 图像处理技术

> 这个世界越来越成为一个图像的世界,文字的传统地位正在慢慢地被图像所取代,有时候我真是担忧人类在未来的时代里,可能连文字都不需要了。
>
> ——于坚
> 当代著名诗人

数字图像处理的历史可追溯至 20 世纪 20 年代,其最早应用之一是报纸业。当时,引入巴特兰电缆图片传输系统,图像第一次通过海底电缆横跨大西洋从伦敦向纽约传送一幅图片。为了使用电缆传输图片,首先需要在发送端对图像进行编码,然后在接收端用特殊的打印设备重现该图片,整个过程耗时 3 个小时。从此,图像处理技术蓬勃发展起来,渗入各个领域,并对人类的生活产生了深远的影响。本章首先向读者介绍颜色的基本理论知识,再介绍数字图像的基本概念,最后介绍图像处理软件 Photoshop 的相关知识及使用方法。

5.1 光和颜色

5.1.1 颜色

1. 颜色是什么

颜色是视觉系统对可见光的感知结果。1666 年,英国科学家牛顿在剑桥大学用三棱镜发现光是由 7 种颜色组成的。可见光是波长为 380～780 nm 的电磁波。波长超过 780 mm 的光为红外线,波长小于 380 mm 的光为紫外线,都是不可见光,如手机无线微波信号、Wi-Fi 信号等。我们看到的大多数光不是一种波长的光,而是由许多不同波长的光组合成的,

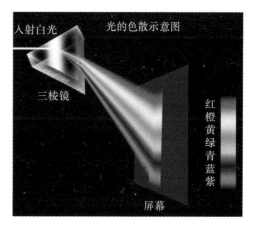

图 5-1　光的色散示意图

因此多色光可被折射,显出各种单色光,如图 5-1 所示。

2. 颜色的三要素

颜色的三要素又称为色彩三要素，一般使用色相（色调）、饱和度（纯度）和明度（亮度）三个要素来描述。人眼看到的任一种颜色都是这三个特性的综合效果。其中，色调与光波的波长有直接关系，亮度和饱和度与光的振幅有关。

（1）色相。色相指色彩的名称种类，是色彩的最大特征，又称为色调，只和波长有关。当某种颜色的明度、纯度变化时，该颜色波长不变，色相不变。我们常说的"红、橙、黄、绿、青、蓝、紫"即为色相。

（2）饱和度。饱和度指色彩的纯净程度，又称色彩的"鲜艳度""纯度"，是表示颜色浓淡程度的物理量，它是按该颜色混入白色光的比例来表示的。没有混入白光的颜色，饱和度为100%；如果混入白色光，饱和度就降低，感觉颜色变淡，不鲜艳；当饱和度为零时，即为白色光。

（3）明度。明度指色彩的明亮程度，是表示人眼所感觉的颜色明亮程度的物理量。明度对饱和度有影响。明度越低，饱和度越低；明度越高，饱和度也越高。原色的明度最高，间色的明度次之，复色的明度最低。

3. 人眼的视觉特性

（1）视觉的灵敏度。人的视网膜有对红、绿、蓝颜色敏感程度不同的三种视锥细胞，还有一种视杆细胞，只在光功率极低的条件下才起作用，不能辨色。人眼对不同颜色的可见光灵敏程度不同，对黄绿光最灵敏（在较亮环境中对黄光最灵敏，在较暗环境中对绿光最灵敏），对白光较灵敏。但无论在任何情况下，人眼对红光和蓝紫光都不灵敏。假如，将人眼对黄绿光的灵敏度设为100%，则对蓝光和红光的灵敏度仅为10%左右。在很暗的环境中，如在无灯光的夜间，人眼的视锥细胞失去感光作用，视觉功能由视杆细胞主导，人眼便失去感知色彩的能力，仅能辨别白色和灰色。

（2）视觉的亮度范围。人眼能够感觉的亮度范围（称为视觉范围）极宽，从千分之几尼特到几百万尼特。感光范围之所以如此宽，是因为瞳孔和感光细胞发挥了调节作用。另外，当人眼适应了某一环境亮度时，所能感觉的范围将变小。

（3）视觉的空间特性。视觉空间特性是指能将视觉影像传输到眼睛及视觉系统其他部分的空间性质，是视觉形成外部世界空间表象的基础机制。视觉的空间分辨率不大于 12 LP/mm（线对/毫米），灰度分辨能力为 64 级。

（4）视觉的时间特性。视觉的时间特性是指视觉在光刺激的时程及频率变化时表现出的规律。例如，活动图像的帧频至少为 15 fps，人眼才有图像连续的感觉；活动图像的帧频在 25 fps 时，人眼才感受不到闪烁。实际应用中，监控视频的帧频为 15 fps，电视 PAL 制式的帧频为 25 fps，电脑屏幕的帧频为 60 fps。

(5)视觉的适应性。

①明适应和暗适应。人由暗处走到亮处时的视觉适应过程,称为明适应。人由亮处走到暗处时的视觉适应过程,称为暗适应。明适应的进程很快,通常在几秒钟内即可完成;而暗适应较慢,一般要 30 分钟左右。

②视觉惰性(视觉暂留)。光像一旦在视网膜上形成,在它消失后,视觉系统对这个光像的感觉仍会持续一段时间(0.05～0.1 s)。

③视觉连带集中。人眼一旦发现缺陷,视觉便立即集中在这片小区域,密集缺陷比较容易被发现。

④视觉的心理学特性。视觉过程除了包括基于生理基础的一些物理过程之外,还有许多先验知识在起作用。这些先验知识被归结为视觉的心理学特性,它们往往引导出现视错觉。

5.1.2　颜色模式

颜色这一概念属于物理学和生物心理学范畴。颜色的形成是一个复杂的物理和心理相互作用的过程,涉及光的传播特性、人眼结构及人脑心理感知等。颜色模式是在某种特定上下文中对颜色的特性和行为的解释方法。没有一种颜色模式能解释所有的颜色问题。

在图形应用中,某些模式用于在打印机和绘图仪上输出彩色;另一些模式则为用户提供更直观的颜色参数。

1. RGB 模式

19 世纪初,托马斯·扬(T. Yong)提出一种假设,某一种波长的光可以通过三种不同波长的光混合而复现出来,且红(R)、绿(G)、蓝(B)三种单色光可以作为基本的颜色——原色。按照不同的比例混合这三种光就能准确地复现其他任何波长的光,而它们等量混合就可以产生白光。

近代的三色学说研究认为,人眼的视网膜中存在三种视锥细胞,内含不同的色素,对光的吸收和反射特性不同,因此对于不同的光有不同的颜色感觉。研究发现,第一种视锥细胞专门感受红光,第二种和第三种视锥细胞则分别感受绿光和蓝光。它们三者共同作用,便使人们产生了不同的颜色感觉。例如,当黄光刺激眼睛时,将会引起感红、感绿两种视锥细胞几乎相同的反应,而只引起感蓝视锥细胞很小的反应。三种视锥细胞的不同兴奋程度导致人眼产生了黄色的感觉。这与颜色混合时,等量的红和绿加上极小量的蓝色可以复现黄色是相同的道理。

RGB 就是常说的三原色。其中,R 代表红色(Red),G 代表绿色(Green),B 代表蓝色(Blue)。自然界中,肉眼所能看到的任何色彩都可以由这三种色彩混合叠加而成。因此,RGB 模式也称为加色模式,如图 5-2 所示。

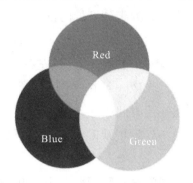

图 5-2　RGB 颜色模式

　　RGB 模式又称 RGB 色空间,广泛用于我们的生活中,如电视机、计算机显示屏、幻灯片等都是利用光来呈色。印刷出版中常需扫描图像,扫描仪在扫描时首先提取的就是原稿图像中的 RGB 颜色的光信息,通过 R、G、B 的辐射量,可描述出任一颜色。

　　计算机定义颜色时,R、G、B 三种成分的取值范围是 0～255,0 表示没有刺激量,255 表示刺激量达最大值。R、G、B 均为 255 时,合成白光,即 RGB(255,255,255)为白色;R、G、B 均为 0 时,形成黑色,即 RGB(0,0,0)为黑色。两色分别叠加将得到青色、洋红色和黄色。这三种颜色由原色混合而成,所以也称间色。在电视、幻灯片、网络、多媒体上出现的图像一般都使用 RGB 模式。

2. CMYK 模式

　　CMYK 代表印刷上用的四种颜色。其中,C 代表青色(Cyan),M 代表洋红色(Magenta),Y 代表黄色(Yellow),K 代表黑色(Black)。在实际应用中,青色、洋红色和黄色很难叠加形成真正的黑色,最多不过是褐色,如图 5-3 所示,因此需要引入黑色。黑色的作用是强化暗调,加深暗部色彩。

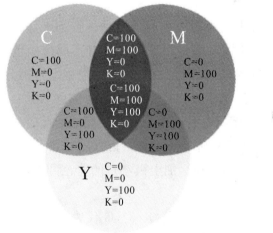

图 5-3　CMYK 颜色模式

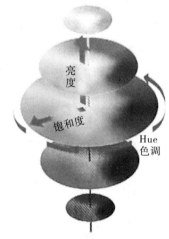

图 5-4　HSB 颜色模式

当光照射到一个物体上时,这个物体将吸收一部分光线,并对剩下的光线进行反射,反射的光线就是我们所看见的物体颜色。CMYK 是一种减色色彩模式,这也是它与 RGB 模式的根本不同之处。CMYK 模式是最佳的打印模式。

3. HSB 模式

HSB 模式描述颜色是基于人类对色彩的感觉,如图 5-4 所示,具有三个特征:

①色相 H(Hue)。色相由颜色名称标识,如红色、绿色或橙色。

②饱和度 S(Saturation)。饱和度指颜色的强度或纯度,用于表示色相中彩色成分所占的比例,以百分比[0(灰色)~100%(完全饱和)]表示。

③亮度 B(Brightness)。亮度指颜色的相对明暗程度,通常以百分比[0(黑)~100%(白)]表示。

4. Lab 模式

Lab 模式是一种与设备无关的颜色模式,也是一种基于人的生理特征的颜色模式。Lab 模式由三个要素组成:亮度要素(L)和两个颜色通道(a,b)。颜色通道 a 是从深绿色(低亮度值)到灰色(中亮度值)再到亮粉红色(高亮度值);颜色通道 b 是从深蓝色(低亮度值)到灰色(中亮度值)再到黄色(高亮度值)。

Lab 模式中的数值可描述正常视力的人能够看到的所有颜色。因为描述的是颜色的显示方式,而不是设备(如显示器、桌面打印机或数码相机)生成颜色所需的特定原色的数值,所以 Lab 被视为与设备无关的颜色模式。色彩管理系统使用 Lab 作为色标,以将颜色从一个色彩空间转换到另一个色彩空间。

Lab 模式中,L 的值域为 0~100。$L=50$ 时,就相当于 50% 的黑。a 和 b 的值域都是 -128~$+127$。其中,$a=-128$ 是绿色,渐渐过渡到 $a=+127$ 的时候就变成红色;类似地,$b=-128$ 是蓝色,$b=+127$ 是黄色。所有的颜色均可由这三个值交互变化组成。例如,粉红色的 Lab 值是 $L=100,a=30,b=0$。

Lab 模式中的 a 轴、b 轴颜色与 RGB 模式不同,其中的洋红色更偏红,绿色更偏青,黄色略带红,蓝色有点偏青色,如图 5-5 所示。

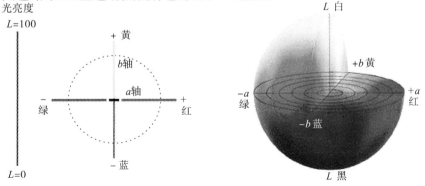

图 5-5　Lab 模式

5. YUV 模式

YUV 模式是欧洲电视系统所采用的一种颜色编码方法。其中,Y 表示明亮度(Luminance 或 Luma),也就是灰阶值;而 U 和 V 表示的则是色度(Chrominance 或 Chroma),作用是描述影像色彩及饱和度,用于指定像素的颜色。

YUV 的特点是亮度信号 Y 和色度信号 U、V 分离。如果只有 Y 信号分量而没有 U、V 信号分量,那么这样表示的图像就是灰度图像。YUV 主要用于优化彩色视频信号的传输,可兼容老式黑白电视。与 RGB 视频信号传输相比,它最大的优点在于只需占用极少的频宽(RGB 要求三个独立的视频信号同时传输)。

5.2　数字图像基础

图像是人类用来表达和传递信息的重要手段,在人们的日常生活、教育、工业生产、科学研究等领域有着举足轻重的作用。

5.2.1　图像

数字图像有两大类,一类是矢量图,也叫向量图;另一类是位图,也叫点阵图。矢量图比较简单,由大量数学方程式创建,其图形是由线条和填充颜色的块面构成的,而不是由像素组成的。对这种图形进行放大和缩小,不会引起图形失真。位图很复杂,是通过摄像机、数码相机和扫描仪等设备,利用扫描的方法获得的,由像素组成,以每英寸的像素数来衡量。位图具有精细的图像结构、丰富的灰度层次和宽广的颜色阶调。当然,矢量图经过图像软件的处理,也可以转换成位图,如图 5-6 所示。

图 5-6　矢量图(左)与位图(右)

1. 矢量图

矢量图形又称为向量图形,是由一些用数学方式描述的线条和节点组成的图像,基本组成单元是图元和路径。无论放大多少倍,图形仍能保持原来的清晰度,无马赛克现象且色彩不失真。

2. 位图

位图图形细腻,颜色过渡缓和,颜色层次丰富。Photoshop 软件生成的图像一般都是位图。像素是 Photoshop 中组成图像的最基本单元,每个像素点都含有位置和颜色信息。位图不适合直接放大,放大会出现马赛克现象,画质下降明显。

5.2.2 图像的数字化

1. 数字化过程

计算机在处理图像时,先把真实的图像通过数字化转变成计算机能够接受的显示和存储格式,然后再进行分析处理。图像的数字化过程主要分采样、量化与编码三个步骤。

(1)采样。采样的实质是用若干像素点来描述一幅图像。图像质量的高低用图像分辨率来衡量。简单来讲,对二维空间上连续的图像,在水平和垂直方向上等间距地分割成矩形网状结构,所形成的微小方格称为像素点。一幅图像就被转换成有限个像素点构成的集合,如图 5-7 所示。例如:一幅图像的分辨率为 640×480,表示这幅图像由 307200(640×480)个像素点组成。分辨率越高,得到的图像样本越逼真,图像的质量越高,但相应的存储量也越大。

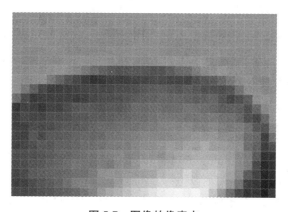

图 5-7   图像的像素点

(2)量化。量化是将图像采样后的样本点归到有限个信号等级上。量化的结果是图像能够容纳的颜色总数,它反映了采样的质量。

例如:如果以 1 位数据存储一个点,就表示图像只能有 $2(2^1)$ 种颜色,图像为黑白图像;若采用 8 位存储一个点,则有 $256(2^8)$ 种颜色。所以,量化位数越大,表示图像可以拥有越多的颜色,自然可以产生更为细致的图像效果,但是也会占用更大的存储空间。

(3)编码。数字化后得到的图像数据量十分巨大,当存储或传输时,必须采用编码技术来压缩其数据量。因此,编码压缩技术是实现图像传输与存储的关键。常见的编码压缩技术有图像的预测编码、变换编码、分形编码等。

为了使图像压缩标准化,20 世纪 90 年代后,国际电信联盟(ITU)、国际标准化组织(ISO)和国际电工委员会(IEC)制定了一系列静止和活动图像编码的国际标准,例如 JPEG 标准、MPEG 标准、H.264 标准等。

2. 像素和颜色深度

像素是指由一个数字序列表示的图像中的最小单位。一幅图像是由若干个像素(图像的小方格)组成的,这些像素都有一个明确的位置和被分配的色彩数值,像素的颜色和位置决定该图像所呈现出来的样子。

颜色深度简单说就是最多支持多少种颜色,一般是用"位"来描述的。

例如,一张 GIF 格式的图片支持 256 种颜色,那么就需要 256 个不同的值来表示不同的颜色:用十进制表示是从 0 到 255;用二进制表示就是从 00000000 到 11111111,总共需要 8 位二进制数。所以,颜色深度是 8 位。如果是 BMP 格式,则最多可以支持红、绿、蓝每种原色的 256 个层次,总共 24 位二进制数,所以颜色深度是 24 位。如果是 PNG 格式,除了支持 24 位的颜色外,还支持 8 位的 Alpha 通道(代表透明度),总共是 32 位。

颜色深度越大,能显示的颜色数就越多,但图片占用的存储空间就越大。

3. 分辨率

(1)屏幕分辨率。屏幕分辨率也称光栅分辨率、设备分辨率,是指显示设备最高可显示的像素数,用于确定计算机屏幕上显示多少信息,以水平和垂直像素来衡量。屏幕分辨率低时(例如 640×480),在屏幕上显示的项目少,但尺寸比较大;屏幕分辨率高时(例如 1600×1200),在屏幕上显示的项目多,但尺寸比较小。

(2)显示分辨率。显示分辨率就是屏幕上显示的像素个数,分辨率 160×128 的意思是水平方向含有 160 个像素,垂直方向含有 128 个像素。在屏幕尺寸一样的情况下,分辨率越高,显示效果越精细、细腻。

(3)图像分辨率。图像分辨率指图像中存储的信息量,是每英寸图像内有多少个像素点,分辨率的单位为 ppi(pixels per inch),通常读作像素每英寸。图像分辨率的表达方式也是"水平像素数×垂直像素数"。需要注意的是,不同的书籍对图像分辨率的叫法不同。除图像分辨率这种叫法外,它也可以叫图像大小、图像尺寸、像素尺寸和记录分辨率。在这里,"大小"和"尺寸"一词的含义具有双重性,它们既可以指像素的多少(数量大小),又可以指画面的尺寸(边长或面积的大小),因此很容易引起误解。由于在同一显示分辨率的情况下,分辨率越高的图像像素点越多,图像的尺寸和面积越大,所以往往有人会用图像大小和图像尺寸来表示图像的分辨率。

(4)位分辨率。位分辨率又叫位深,用来衡量每个像素存储的信息位元数,该分辨率决定图像的每个像素中存放的颜色信息。例如一个24位的RGB图像,表示该图像的原色R、G、B各用了8位,三者共用了24位。而在RGB图像中,每个像素都要记录R、G、B三原色的信息,所以,每个像素所存储的位元数是24。

(5)输出分辨率。输出分辨率又称打印机分辨率,是指打印机等输出设备每英寸所产生的点数,单位是dpi(display pixels inch)。输出分辨率决定了输出图像的质量。提高输出分辨率可以减少打印的锯齿边缘,灰度的色调表现上也会较平滑。普通喷墨打印机的分辨率可以达到300 dpi,甚至720 dpi(需要用特殊纸张);而机型较老的激光打印机的分辨率通常为300~360 dpi。由于超微细碳粉技术的成熟,新的激光打印机的分辨率可达600~1200 dpi,用作专业排版输出已经绰绰有余了。

(6)扫描仪分辨率。扫描仪分辨率的表示方法与打印机类似,一般也用dpi表示,不过这里的点是样点,与打印机的输出点是不同的。一般扫描仪的水平分辨率要比垂直分辨率高。台式扫描仪的分辨率可以分为光学分辨率和输出分辨率。光学分辨率是指扫描仪硬件扫描到的图像分辨率。目前,市场上扫描仪的光学分辨率为800~1200 dpi。输出分辨率是通过软件强化以及内插补点之后产生的分辨率,大约为光学分辨率的3~4倍。所以,当你见到号称分辨率高达4800 dpi或6400 dpi的扫描仪时,这一定指的是输出分辨率。

5.2.3 常见的图形图像文件格式

计算机图像是以多种不同的格式储存在计算机里的,每种格式都有自己相应的用途和特点。通过了解多种图像格式的特点,我们在设计输出时就能根据自己的需要,有针对性地选择输出格式。

1. BMP 格式

BMP(Bitmap)格式是在Windows上常用的一种标准图像格式,能被大多数应用软件支持。它支持RGB、索引颜色、灰度和位图色彩模式,不支持透明背景,需要的储存空间比较大。

2. JPEG 格式

JPEG格式是24位的图像文件格式,也是一种高效率的压缩格式,是JPEG标准的产物。该标准由ISO与CCITT共同制定,是面向连续色调静止图像的一种压缩标准。它可以储存RGB或CMYK模式的图像,但不支持Alpha通道和透明背景。JPEG是一种有损压缩格式,图像经过压缩后存储空间变得很小,但质量会有所下降。

3. GIF 格式

GIF(Graphic Interchange Format)为图形交换格式,用于储存索引颜色模式的图形图像,即只支持 256 色的图像。GIF 格式采用的是 LZW 的无损压缩方式,这种方式可使文件变得很小。GIF89a 格式包含一个 Alpha 通道,支持透明背景,并且可以将数张图存成一个文件,从而形成动画效果。这种格式的图像在网络上被大量地使用,是最主要的网络图像格式之一。

4. PNG 格式

PNG(Portable Network Graphics)是一种能储存 32 位信息的位图文件格式,其图像质量远胜过 GIF。同 GIF 一样,PNG 也使用无损压缩方式来压缩文件。PNG 图像可以是灰阶的(16 位)或彩色的(48 位),也可以是 8 位的索引色。PNG 图像使用的是高速交替显示方案,显示速度很快,只需要下载 1/64 的图像信息就可以显示出低分辨率的预览图像。与 GIF 不同的是,PNG 图像格式不支持动画。

5. TGA 格式

TGA(Tagged Graphic)是 True Vision 公司为其显卡开发的一种图像文件格式,最高色彩数可达 32 位,其中 8 位 Alpha 通道用于电视图像的实时显示。TGA 格式已经被广泛应用于 PC 机的各个领域,在动画制作、影视合成、模拟显示等方面发挥着重要的作用。

6. PSD 格式

PSD(Adobe Photoshop Document)格式是 Photoshop 内定的文件格式,可支持 Photoshop 提供的所有图像模式,包括多通道、多图层和多种色彩模式。

7. TIFF 格式

TIFF(Tag Image File Format)格式是一种灵活的位图格式,主要用来存储包括照片和艺术图片在内的图像。它最初由 Aldus 公司与微软公司一起为 PostScript 打印开发。TIFF 与 JPEG、PNG 一起成为流行的高清晰度彩色图像格式。TIFF 格式在业界得到了广泛的支持,如 Adobe 公司的 Photoshop、The GIMP Team 的 GIMP、Ulead PhotoImpact 和 Paint Shop Pro 等图像处理应用、QuarkXPress 和 Adobe InDesign 这样的桌面印刷和页面排版应用、扫描、传真、文字处理、光学字符识别和其他一些应用,都支持这种格式。从 Aldus 获得了 PageMaker 印刷应用程序的 Adobe 公司现在控制着 TIFF 规范。用 Photoshop 编辑的 TIFF 文件可以保存路径和图层。

8. PCX 格式

PCX 格式是 ZSOFT 公司在开发图像处理软件 Paintbrush 时开发的一种格式,是基于 PC 的绘图程序的专用格式,一般的桌面排版、图形艺术和视频捕获软件都支持这种格式。PCX 支持 256 色调色板或全 24 位的 RGB,图像大小最多达 64K×64K 像素,不支持 CMYK 或 HSB 颜色模式。Photoshop 等多种图像处理软件均支持 PCX 格式。PCX 格式属于无损压缩格式。这种格式已经被其他更复杂的图像格式如 GIF、JPEG、PNG 渐渐取代。

9. WMF 格式

WMF(Windows Metafile Format)是 Windows 中一种常见的图元文件格式,是微软公司定义的一种 Windows 平台下的图形文件格式,属于矢量文件格式。它的主要特点是文件非常小,可以任意缩放而不影响图像质量。很多软件都可以实现对矢量图片的制作和编辑,比如 CorelDRAW、Illustrator 等等。

10. EPS 格式

EPS(Encapsulated Post Script)格式是用 PostScript 语言描述的一种 ASCII 图形文件格式。利用 PostScript 文件头信息可使其他应用程序将此文件嵌入文档之内。它是目前桌面印刷系统普遍使用的通用交换格式当中的一种综合格式。

5.3 图像处理软件 Photoshop

Photoshop 是 Adobe 公司开发的一款优秀的位图处理软件,在全球拥有很高的知名度和众多的用户。Photoshop 具有图像编辑、图像合成、校色调色及特效制作等功能,目前主要应用于以下几个方面。

①平面设计。平面设计是 Photoshop 应用最为广泛的领域。无论是图书的封面,还是广告中的招贴、海报,这些具有丰富图像的平面印刷品,基本上都利用 Photoshop 软件来对图像进行处理。

②照片后期处理。Photoshop 具有强大的图像修饰功能,利用这些功能,可以快速修复一张破损的老照片,也可以去除人脸上的斑点等缺陷。摄影照片在后期处理时,需要调整照片的光影、色调,添加特效等,这些工作通常都是利用 Photoshop 软件来完成的。

③图像特效合成。Photoshop 具有强大的图像合成功能,常被用于图像特效合成。此类设计在视觉上具有强劲的冲击力,能在第一时间吸引人们的视线。

④插画设计。Photoshop 软件具有良好的绘画和调色功能。在插画绘制过程中,Photoshop 中的图层、色阶、色相饱和度等多种功能可以帮助我们进行插

画作品绘制。近些年来非常流行的像素画也多为设计师使用 Photoshop 软件创作完成。

⑤网页设计。Photoshop 是必不可少的网页图像处理软件之一。

⑥建筑效果图后期修饰。在制作建筑效果图时，许多三维场景、人物和配景等都需要使用 Photoshop 软件进行制作和调整。

5.3.1　Photoshop 的工作界面

启动 Photoshop，工作界面如图 5-8 所示。

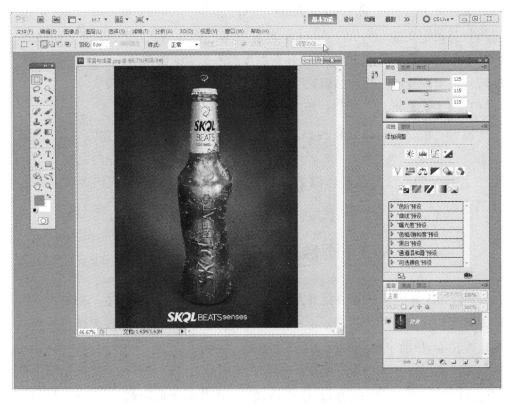

图 5-8　Photoshop 工作界面

工作界面右侧的浮动面板选项可以通过菜单栏中的"窗口"菜单选择打开和关闭，如图 5-9 所示。Photoshop 软件启动后的系统工作参数可以通过菜单栏中的"编辑"菜单下的"首选项"来设置，如图 5-10 所示。选择工具箱中的工具按钮，按下鼠标左键停留片刻或右击鼠标可以弹出各种隐藏工具，如图 5-11 所示。

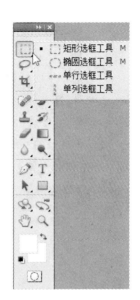

图 5-9　"窗口"菜单项　　　图 5-10　系统工作参数　　　图 5-11　隐藏工具

5.3.2　选区的创建

1. 选区的作用

"先选定,后操作"是软件学习的根本要义,如果开始时没选正确,后面的操作是不可能完成的。在 Photoshop 中,要对图像中的对象进行编辑,也必须首先选好对象。选择对象可以是图像的全部区域,也可以是部分区域。选区完成后,会产生流动的蚂蚁线,也就是闪动的虚线框,之后的操作,如填充颜色、擦除内容,都会限定在该选区的范围内。

需要注意的是,选区只对当前图层起作用,所以需要在创建选区时,先确认图层面板的图层对象是否选择正确。取消选区可以通过菜单命令"选择|取消选择"或者快捷键"Ctrl+D"来完成。

2. 选区的创建

下面介绍几种常用的创建选区的方法。

(1)规则选区工具。使用规则选区工具可以在图像上绘制出各种规则选区(矩形、椭圆、单行、单列),如图 5-12 所示。操作时按住键盘上的 Shift 键并拖动鼠标,可以绘制出正方形或圆形选区;按住 Alt 键并拖动鼠标,则以鼠标标记为中心点向外形成选区。如果合理使用工具选项栏上的四个组合选项,可以绘制更多的选区,如图 5-13 所示。

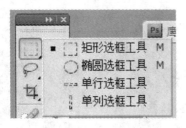

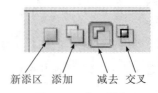

图 5-12　规则选区　　　　　　图 5-13　选区设定

　　例如,先点击"新选区"选项,绘制一个圆形选区,然后再点击"交叉"选项,在适当的位置绘制一个矩形选区,两者相交,就形成了一个扇形选区,如图5-14所示。

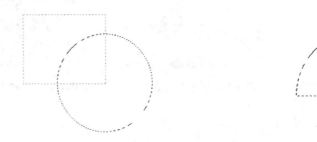

图 5-14　绘制交叉选区

　　在使用选区工具时,可以通过设置羽化参数来模糊边缘,羽化的取值范围为1~250 像素,羽化值越大,选区的边界越模糊。图 5-15 是羽化值为 0 像素(左图)和羽化值为 10 像素(右图)的选区填充颜色后的对比。

图 5-15　选区羽化属性

　　(2)套索工具,如图 5-16 所示。使用套索工具、多边形套索工具、磁性套索工具可以创建具有不规则边缘的选区。套索工具的使用方法是按住鼠标左键拖动,随着鼠标的移动可以形成任意形状的选择范围,松开鼠标后起点和终点闭合,形成一个封闭的选区。多边形套索工具的使用方法是在不同的位置单击鼠标,使各单击点形成连接直线,最终形成一个封闭的选区。磁性套索工具在使用时,通过拖动鼠标,系统会根据图像中物体的颜色差异自动查找对象的边缘形成选区线。

　　(3)快速选择工具和魔棒工具,如图 5-17 所示。魔棒工具是以鼠标点击处的颜色为基础,自动查找颜色近似程度在容差值范围内的像素,最终自动形成选区。容差的数值范围是 0~255,数值越大表示可允许的相邻像素间的近似程度越小,形成的选择范围就越大。快速选择工具是智能的,使用时是基于画笔模式的,会自动调整所涂画的选区大小。

图 5-16 套索工具

图 5-17 快速选择与魔棒工具

(4)"色彩范围"命令。通过系统菜单中的"选择|色彩范围"选项,不仅可以根据取样颜色或指定颜色来选区,还可以根据图像中像素的明暗差别选出"高光""中间调"和"阴影"等特殊区域。例如选出图中较暗的部分,如图 5-18 所示。

(5)通过图层快速选取。按住键盘上的 Ctrl 键,点击图层缩略图,可以快速选出图层中的对象,如图 5-19 所示。

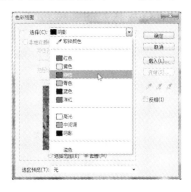

图 5-18 色彩范围图

图 5-19 选择图层

5.3.3 色彩的调整

色彩调整是图像处理过程中非常重要的一项内容,可通过系统菜单中的"图像|调整"命令实现。

1. 色彩的显示与打印

在处理图像之前,我们经常需要检查图像可显示的颜色信息和可印刷的颜色范围。当打开一幅图像时,观察"信息"面板,可以查看鼠标所处位置像素的 RGB 值和 CMYK 值。如果 CMYK 值后面有"!",则表明此颜色在印刷范围之外,应避免在印刷图像中出现,如图 5-20 所示。

此外,执行系统菜单中的"视图|色域警告"命令,可以将图像中超出打印机色域范围的颜色用灰色标示出来,如图 5-21 所示。

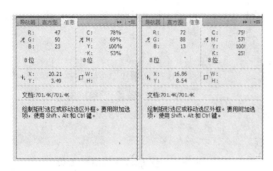

图 5-20　鼠标位置颜色值图　　　　　图 5-21　色域警告示意图

2. 色彩的调整

常用的色彩调整的方法有以下几种：

(1)色阶。通过系统菜单"图像|调整|色阶"命令或快捷键"Ctrl＋L"调出色阶设置界面，如图 5-22 所示。色阶图以直方图的形式显示了图像中像素明暗分布的情况。可以使用"色阶"调整图像的阴影、中间调和高光的强度级别，从而校正图像的色调范围和色彩平衡。

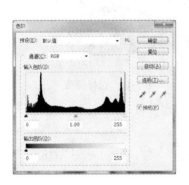

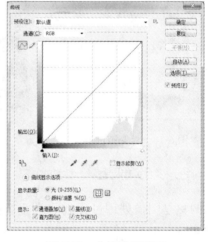

图 5-22　色阶设置界面　　　　　图 5-23　曲线设置界面

(2)自动色调。该选项和"色阶"对话框中的"自动"按钮功能相同，分别把图像中最亮和最暗的像素调为白色和黑色，其他的像素则按其明暗程度自动调整。这样处理后，图像的阴影部分变得最暗，高光部分变得最亮，明暗部分分别被加强，颜色层次感更为突出。此功能在处理对比度不强烈、较灰暗的图片时更出彩。

(3)自动对比度。该选项可以将图像中最深的部分加强为黑色，最亮的部分加强为白色，以增加图像的对比度。与自动色调不同的是，自动对比度不会单独调整各颜色通道，不会引起图像偏色。

(4)自动颜色。该选项可以让系统自动对图像进行颜色校正。当图像有色偏或图像颜色的饱和度过高时，使用该选项进行调整效果明显。

（5）曲线。"曲线"和"色阶"命令类似，都可以用来调整图像色调明暗范围。不同于"色阶"只能调整高光、中间调和阴影，"曲线"可以调整灰阶曲线中的任何一点。如图 5-23 所示，在"曲线"对话框中，横轴代表图像原来的亮度值，相当于"色阶"对话框中的"输入色阶"；纵轴代表新的亮度值，相当于"色阶"对话框中的"输出色阶"；对角线用来显示当前输入和输出数值之间的关系。在没有进行调节时，所有像素都有相同的输入和输出数值。

（6）色彩平衡。可以选择图像的阴影、中间调和高光进行色彩调整，也可以"保持明度"，从而在改变颜色的同时保持原来的亮度值，如图 5-24 所示。

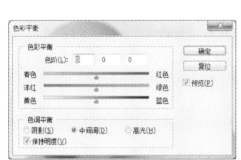

图 5-24　色彩平衡设置界面图　　　　图 5-25　色相/饱和度设置界面

（7）亮度/对比度。该选项适用于粗略调整图像的亮度和对比度值，调整范围为 $-100 \sim 100$。

（8）色相/饱和度。该选项可以用来调整图像的色相、饱和度和明度。在"色相/饱和度"对话框中，可以选择全图或 6 种颜色分别进行调整，通过拖动滑块来改变色相、饱和度和明度。对话框的下面有两个色谱，上面的色谱表示调整前的状态，下面的色谱表示调整后的状态。当选择单一颜色或使用下方吸色工具选取颜色进行调整时，对话框下方的色谱中会出现一段深灰色区域，表示要调整颜色的范围，如图 5-25 所示。深灰色两边的浅灰色部分表示颜色过渡的范围。拖动两边的滑块，可以改变颜色的衰减范围。如果选中"着色"复选框后，图像将变成单色，通过调整色相、饱和度和明度，可以得到单色的图像效果。

（9）去色。该选项可以将彩色图像变成灰度图而不改变色彩模式。

（10）替换颜色。可以使用吸管工具在图像中进行颜色取样，通过"颜色容差"来设置选择颜色的相似程度，在"替换"区域中通过拖动滑块来改变颜色的色相、饱和度和明度，如图 5-26 所示。

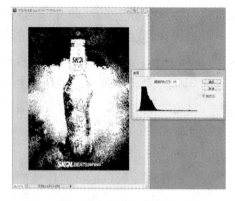

图 5-26　替换颜色设置界面　　　　图 5-27　阈值设置界面

(11)阈值。该选项可以将彩色图像变成高对比度的黑白图像。在"阈值"对话框中,拖动滑块或直接输入"阈值色阶",图像中所有像素值高于此阈值的像素点变成白色,所有低于此阈值的像素点变成黑色,如图 5-27 所示。

(12)反相。该选项是以 255 减去原图像的像素点值得到转换后像素点的像素值,从而得到原图像的负片。反相在通道运算中经常用到。

5.3.4　绘画与修饰工具

1. 绘画与修饰工具的作用

之前的选区操作是产生蚂蚁线的选区,只是一种初级选择,如果要完成局部修饰,必须学会使用绘画和修饰工具,包括画笔工具组、修复工具组、图章工具组、橡皮擦工具组、渐变工具组、模糊工具组和减淡工具组。

2. 绘画与修饰工具的使用

(1)画笔工具 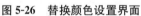。使用画笔工具时,画笔的颜色默认为工具箱中的前景色,其参数设置如图 5-28 所示。

图 5-28　画笔设置默认参数

其中,模式用来定义画笔与背景的混合模式;不透明度用来定义使用画笔绘制图形时笔墨覆盖的最大程度;流量用来定义笔墨扩散的速度。

单击设置栏中画笔直径图标后面的小黑三角,在弹出的设置面板中可以调节画笔的大小、硬度和画笔笔尖形状,如图 5-29 所示。

点击画笔预设按钮，弹出"画笔"面板。

①画笔预设:用来设定画笔的主直径。

②画笔笔尖形状:用来选择笔尖的形状。其中,"间距"表示画笔标志点之间

的距离。如图 5-30 所示为间距为 25％和 100％的两种画笔。

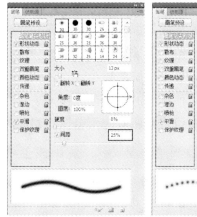

图 5-29　画笔设置界面　　　　　　　　　图 5-30　画笔笔尖形状

③形状动态:用来增加画笔的动态效果。"大小抖动"用来控制笔尖动态的变化,参数设置为 100％,"控制"用来表明状态,参数设置为"渐隐",用圆点图案,"画笔笔尖形状"中的"间距"设置为 100％,如图 5-31 所示。

④散布:用来决定绘制线条中画笔标记点的数量和位置。其中,"散布"用来指定线条中画笔标记点的分布情况,可以选择两轴同时散布;"数量"用来指定每个空间间隔中画笔标记点的数量;"数量抖动"用来指定画笔标记点的数量如何针对各种间距间隔而变化。如图 5-32 所示为设置"散布"参数后的画笔效果。

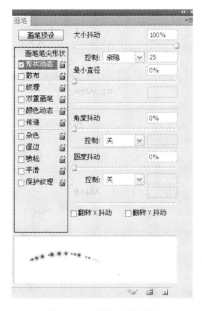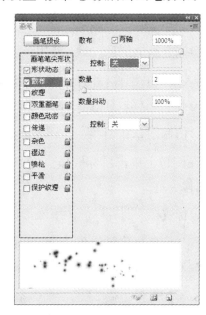

图 5-31　画笔设置界面　　　　　　　　　图 5-32　画笔笔尖形状

⑤纹理:可以将纹理叠加到画笔上,产生在有纹理的画面上作画的效果。

⑥双重画笔:用来使用两种笔尖效果创建画笔。

⑦颜色动态：用来决定在绘制线条的过程中颜色的动态变化情况。

⑧传递：用来添加自由随机效果，对于软边的画笔效果尤其明显。

⑨杂色：用来给画笔添加噪波效果。

⑩湿边：用来给画笔添加水笔效果。

⑪喷枪：可以模拟传统的喷绘效果，使图像有渐变色调的效果。

⑫平滑：可以使绘制的线条更流畅。

⑬保护纹理：可以对所有的画笔执行相同的纹理图案和缩放比例。

（2）污点修复画笔工具 。使用该工具可以用图像或图案中的样本像素进行绘画，使样本像素的纹理、光照、透明度和阴影与所修复的像素相匹配。确定样本像素的类型有"近似匹配""创建纹理"和"内容识别"3种方式，如图5-33所示。

图 5-33　污点修复画笔工具

①近似匹配：选择该选项，如果没有为污点建立选区，则样本自动采用污点外部四周的像素；如果选中污点，则样本采用选区外围的像素。

②创建纹理：选择该选项，可以使用选区中的所有像素创建一个用于修复该区域的纹理。

③内容识别：选择该选项，可以自动识别选择区域内的像素内容，自动修复图像或者去除杂物。

（3）修复画笔工具 。使用该工具可以修复图像中的缺陷，使修复的结果自然融入周围的图像，并保持其纹理、亮度和层次。在使用该工具时，要先按住Alt键并单击鼠标取样点，然后再进行修复。

（4）仿制图章工具 。该工具的使用方法和修复画笔工具类似，先按住Alt键在图像上单击鼠标取样点，然后再通过拖动鼠标在图像上涂抹来复制样本点图像。

（5）橡皮擦工具 。使用该工具可以擦除当前图层中的内容。如果当前图层为锁定状态，擦除部分会自动填充背景色；如果当前图层未锁定，则擦除后呈现透明状态。橡皮擦工具面板如图5-34所示。

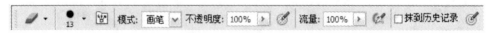

图 5-34　橡皮擦工具

①画笔：用来设置橡皮擦工具的大小。

②模式:用来定义橡皮擦的工具形状,可以选择"画笔""铅笔""块"3种方式。

③不透明度:用来设置橡皮擦工具擦除图像中像素的百分比。不透明度为100%时,完全擦除图层中的内容,不留下任何残留。

④流量:用来控制橡皮擦在擦除时的流动频率,取值范围是0%~100%,数值越大,频率越高。

(6)渐变工具 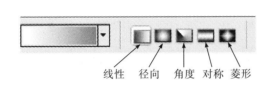。使用该工具可以对图像进行渐变填充。系统在工具选项栏上提供了线性渐变、径向渐变、角度渐变、对称渐变和菱形渐变5种渐变类型。

点击工具选项栏上"渐变颜色条"按钮旁边的小黑三角,会弹出"渐变"面板,可以选择需要的渐变样式,如图5-35所示。

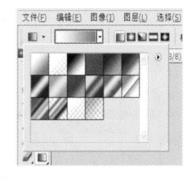

线性　径向　角度　对称　菱形

图5-35　渐变工具

如果直接单击工具选项栏上的"渐变颜色条"按钮,系统会弹出"渐变编辑器"对话框。在编辑渐变时,按住 Alt 键拖动色标,可以增加色标;点击色标后,按 Delete 键可删除色标。

(7)模糊工具 和锐化工具 。使用模糊工具可以降低相邻像素的对比度,将较硬的边缘软化,使图像柔和;而使用锐化工具则恰好相反,可以增加相邻像素的对比度,将较软的边缘明显化。使用这组工具时,"强度"参数表示处理的效果程度。强度越大,该工具的处理效果就越明显。

(8)减淡工具 和加深工具 。使用减淡工具可以提高图像的亮度,校正曝光,类似于加光操作;而加深工具则相反,可以降低图像的亮度,通过加暗来校正图像的曝光度。

5.3.5　图层的应用

图层是 Photoshop 操作的基础与核心,是承载 Photoshop 图案绘制、图像修改、照片润色、滤镜特效、蒙版调整等基本操作的对象。在 Photoshop 中进行的一切操作都建立在图层这个基本形式上。简单地说,每个图层就像一张透明的纸,图像的各部分绘制在不同的透明纸(图层)上。透过这层纸,可以看到纸后面的东西,而且每层纸都是独立的,无论在这层纸上如何涂画,都不会影响到其他图层中的图像。也就是说,每个图层可以独立编辑或修改,最后将图层叠加起来,通过移动单个图层上图案的位置和图层叠放的顺序,即可得到并实时改变最终的合成效果,如图 5-36 所示。

图 5-36　图层的基本特点

1. 创建新图层

①通过"图层"面板上的"创建新图层"按钮来创建新图层,如图 5-37 所示。

图 5-37　按钮新建图层　　　　图 5-38　快捷菜单新建图层

②通过"图层"面板弹出菜单创建新图层,如图 5-38 所示。

③通过"拷贝"和"粘贴"选项创建新图层。对已经复制的对象进行"粘贴"操作时,系统会自动给所粘贴的图像创建一个新图层。

④通过拖放对象创建新图层。打开两幅图像,当使用移动工具把一幅图像中的内容拖放到另外一幅图像时,系统会在目标图像中自动创建一个新图层。

2. 图层编辑

①图层的显示和隐藏:点击"图层"面板中"图层缩览图"左侧的　👁　图标,可以控制图层的显示与隐藏。

②设置当前图层：在"图层"面板上单击某一图层时，该图层会变成深蓝色状态，表示该图层为正在编辑的图层，即当前图层。

③图层的移动：在"图层"面板上用鼠标直接拖动图层调整次序，即可实现图层的移动。

④图层的复制：可以通过拖动图层到"图层"面板上的"创建新图层"按钮 实现图层的复制，也可以通过系统菜单中的"图层|复制图层"命令来实现。

⑤图层的锁定：图层的锁定有"锁定透明像素""锁定图像像素""锁定位置"和"全部锁定"4 种方式。如果只想针对图层中有像素的部分进行操作，用户可以"锁定透明像素"；如果使用"锁定图像像素"，则图层中所有的内容，包括透明部分，都不允许再进行编辑了；如果选中"锁定位置"，则图层不能被移动；如果选择"全部锁定"，则图层或图层组中的所有编辑功能将被锁定，无法对图像进行任何编辑操作。

⑥将"背景"图层转换为普通图层：可以通过系统菜单中的"图层|新建|背景图层"选项，将"背景"图层转换为普通图层；也可以通过双击"背景"图层，弹出"新建图层"对话框，将"背景"图层转换为普通图层，如图 5-39 所示。

图 5-39　背景图层转换为普通图层

⑦图层的合并：在系统菜单"图层"中，包含"向下合并""合并可见图层""拼合图像"三个常用选项。"向下合并"可以将当前图层和下面的一个图层合并为一个图层；"合并可见图层"会将所有的可见图层合并为一个图层，但隐藏图层不受影响；"拼合图像"会将所有的可见图层都合并到背景图层上，如果有隐藏图层，系统将弹出对话框询问是否丢弃隐藏图层。

3. 图层混合模式

所谓图层混合模式就是指一个图层与其下面的图层的色彩叠加方式。通过设置不同的图层混合模式，可以产生风格迥异的合成效果。在"图层"面板上有"图层混合模式"选项。Photoshop 提供了 5 大类 25 种图层混合模式，5 大类分别为变暗模式、变亮模式、饱和度模式、差集模式和颜色模式，如图 5-40 所示。

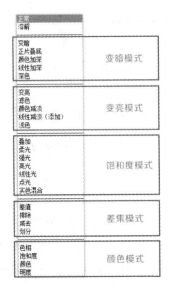

图 5-40　图层混合模式

①正常模式:这是系统默认的模式。在正常模式下,上面图层的内容会遮挡住下面图层的内容,最终会形成叠加的效果。

②溶解模式:溶解模式要配合调整图层不透明度来实现效果。在该模式下,系统会根据每个像素点所在位置不透明度的不同,创建点状喷雾式的图像效果。不透明度越低,像素点越分散。图 5-41 所显示的就是图层 1(枫叶)为正常模式和溶解模式(不透明度为 30%)的效果对比。

图 5-41　溶解模式

③变暗模式:在该模式下,系统会拿当前图层和底下一层进行亮度对比,较亮的像素会被较暗的像素取代,而较暗的像素不变。如果下面一层是白色,混合不会产生变化。

④正片叠底模式:该模式会突出黑色的像素,除白色以外的其他区域都会使基色变暗。任何颜色与黑色混合产生黑色,任何颜色与白色混合保持不变。实际上,系统是将两个颜色的像素值相乘,然后再除以 255,得到最终色的像素值。正片叠底模式得到的最终色通常比原来的两种颜色都深。

⑤颜色加深模式:该模式的特点是加强深色区域。系统是通过增加对比度使底下一层的颜色变暗以反映混合色。使用该模式时,与白色混合不产生变化。

⑥线性加深模式:该模式通过降低亮度使底色变暗来反映混合色。当底色是白色时,没有变化。

⑦深色模式:该模式会比较混合色(上下图层的叠加颜色)和基色(当前图层的颜色)的所有通道值的总和,并显示总和较小的颜色,深色模式不会产生第三种颜色,系统将从底色和混合色中选取最小的通道值来创建结果色。

⑧变亮模式:变亮模式与变暗模式产生的效果相反。选择基色或混合色中较亮的颜色作为结果色。基色比混合色暗的像素保持基色不变,比混合色亮的像素显示为混合色。用黑色作底色时,颜色会保持不变。

⑨滤色模式:将混合色的互补色与基色复合,结果色总是较亮的颜色。与正片叠底模式产生的效果相反,滤色模式可以使图像产生漂白的效果。用黑色作底色时,颜色保持不变;用白色作底色时,结果色为白色。

⑩颜色减淡模式:该模式通过减小对比度使底色变亮以反映混合色。颜色减淡的特点是可加亮底层的图像,同时使颜色变得更加饱和。由于此模式对暗部区域的改变有限,因而可以保持较好的效果。使用该模式与黑色混合则不发生变化。

⑪线性减淡(添加)模式:该模式通过增加亮度使底色变亮以反映混合色,与滤色模式相似,但是可产生更加强烈的对比效果。当底色是黑色时,不发生变化。

⑫浅色模式:浅色模式不会生成第三种颜色,因为它将从底色和混合色中选择最大的通道值来创建结果色。浅色模式同变亮模式的原理基本一致,只是区别于是否产生第三种颜色。

⑬叠加模式:使用叠加模式为底层图像添加颜色时,可保持底层图像的高光和暗调,图案或颜色在现有图像上叠加,同时保留基色的明暗对比。

⑭柔光模式:该模式可以使颜色变亮或变暗,产生比叠加模式或强光模式更为精细的效果。如果混合色比 50%灰色亮,则图像变亮,就像被减淡了一样。如果混合色比 50%灰色暗,则图像变暗,就像被加深了一样。如果底色是纯黑色或纯白色,则没有任何效果。

⑮强光模式:强光模式可以增加图像的对比度,它相当于正片叠底和滤色的组合。当图像色比 50%灰色亮时,底色图像变亮,相当于执行滤色模式。当图像色比 50%灰色暗时,底色图像变暗,相当于执行正片叠底模式。当图像色是纯白色或纯黑色时,强光模式混合得到的依然是纯白色或纯黑色。

⑯亮光模式:亮光模式可以使混合后的颜色更为饱和,使图像产生一种明快感。该模式相当于颜色减淡和颜色加深的组合,通过增加或减小对比度来加深或减淡颜色。如果图像色比 50%灰色亮,则通过降低对比度使图像变亮;如果图像色比 50%灰色暗,则通过增加对比度使图像变暗。

⑰线性光模式:该模式会根据图像色,通过增加或降低亮度来加深或减淡颜色,使更多区域变为黑色和白色,从而使图像产生更高的对比度。该模式相当于线性减淡和线性加深的组合,通过减小或增加亮度来加深或减淡颜色。如果图像色比50%灰色亮,则通过增加亮度使图像变亮;如果图像色比50%灰色暗,则通过降低亮度使图像变暗。

⑱点光模式:点光模式可根据混合色替换颜色,主要用于制作特效。该模式相当于变亮与变暗模式的组合。如果图像色比50%灰色亮,则替换比图像色暗的像素,而不改变比图像色亮的像素。如果图像色比50%灰色暗,则替换比图像色亮的像素,而不改变比图像色暗的像素。

⑲实色混合模式:该模式可增加颜色的饱和度,使图像产生色调分离的效果。

⑳差值模式:比较图像色和底色,用较亮像素点的像素值减去较暗像素点的像素值,差值作为最终色的像素值。采用该模式与白色混合会使底色反相,与黑色混合则不产生变化。

㉑排除模式:排除模式与差值模式类似,但生成的颜色对比度小,因此产生的效果更为柔和。和差值模式一样,采用该模式与白色混合会使底色反相,与黑色混合则不产生变化。

㉒减去模式:该模式使用底色减去图像色。如果图像色与底色相同,那么结果色为黑色。如果图像色为白色,那么结果色为黑色。如果图像色为黑色,那么结果色为底色,不变。

㉓划分模式:该模式会用底色分割图像色,颜色对比度较强。如果图像色与底色相同,则结果色为白色。如果图像色为白色,则结果色为底色,不变。如果图像色为黑色,则结果色为白色。

㉔色相模式:该模式用底色的亮度和饱和度以及图像色的色相创建结果色。色相模式可将基色应用到底色层图像中,并保持底色层图像的亮度和饱和度。

㉕饱和度模式:该模式采用底色的亮度、色相及图像色的饱和度来创建结果色。

㉖颜色模式:该模式是可将基色层图像的色相和饱和度应用到底色层图像中,并保持底色层图像的亮度。颜色模式可以保留图像中的灰阶,图像上色很方便。

㉗明度模式:此模式可以创建与颜色模式相反的效果,特点是可将基色层图像的亮度应用于底色层图像,并保持底色层图像的色相与饱和度。

4. 图层样式

图层样式是Photoshop中常用的一项图层处理功能,也是后期制作图像特效的重要手段之一。图层样式的功能非常强大,可用于制作各种立体投影、各种质感以及光景效果等图像特效,简单快捷。点击系统菜单"图层|图层样式"或双击"图层"面板上图层名称后面的空白区域,就会弹出"图层样式"对话框。

设置图层样式的时候,各种图层样式选项可以叠加组合。设置过图层样式后,在图层面板上可以看见一个"fx"标志。需要注意的是,不能对"背景"图层或被锁定的图层进行图层样式的设置。

(1)混合选项。使用该选项可以设定当前图层与下面图层像素混合的方式,包含常规混合、高级混合及混合颜色带。常规混合用来设置混合模式和不透明度;高级混合可以设置填充不透明度、通道和挖空样式选项;混合颜色带中有两个颜色带,用于控制图层最终显示的像素范围。例如,创建两个图层,图层 0 填充红色,图层 1 填充由黑到白的渐变。针对图层 1 设置图层样式,把混合颜色带中的"本图层"的灰度值设置为 127,可以看见上面的图层 1 中像素值小于 127 的深色部分都隐藏起来了,露出下面的红色,如图 5-42 所示。

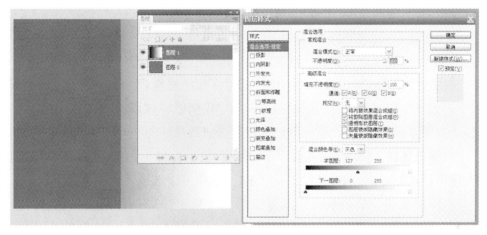

图 5-42　图层样式混合选项 1

反过来,如果图层 0 填充由黑到白的渐变,图层 1 为红色。针对图层 1 设置图层样式,把混合颜色带中的"下一图层"的灰度值设置为 127,可以看见下面的图层 0 中像素值小于 127 的深色部分都在上面显露出来了,如图 5-43 所示。

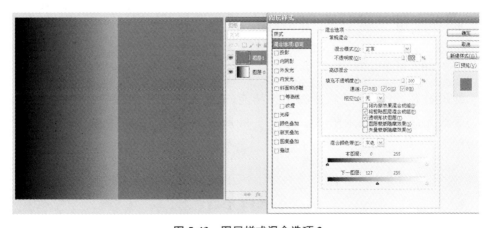

图 5-43　图层样式混合选项 2

（2）投影。使用投影可为图层上的对象、文本或形状添加阴影效果。投影参数包括"混合模式""不透明度""角度""距离""扩展"和"大小"等。通过设置这些选项，用户可以得到需要的效果。

（3）内阴影。使用内阴影可在对象、文本或形状的内边缘添加阴影，让图层产生一种凹陷外观。内阴影效果对文本对象效果更佳。

（4）外发光。使用外发光可从图层对象、文本或形状的边缘向外添加发光效果。

（5）内发光。使用内发光可从图层对象、文本或形状的边缘向内添加发光效果。

（6）斜面和浮雕。其"样式"下拉菜单可为图层添加高亮显示和阴影的各种组合效果，包含以下几种类型。

①外斜面：沿对象、文本或形状的外边缘创建三维斜面。

②内斜面：沿对象、文本或形状的内边缘创建三维斜面。

③浮雕效果：创建外斜面和内斜面的组合效果。

④枕状浮雕：创建内斜面的反相效果，使对象、文本或形状有下沉效果。

⑤描边浮雕：描边浮雕只有在为图层设置了描边属性后，才能很好地表现效果。

（7）光泽。使用光泽可对图层对象内部应用阴影，与对象的形状互相作用，通常创建规则波浪形状，可产生光滑的磨光及金属效果。

（8）颜色叠加。使用颜色叠加可在图层对象上叠加一种颜色，即用一层纯色填充应用样式的对象。通过"设置叠加颜色"选项可以选择任意颜色进行叠加。

（9）渐变叠加。使用渐变叠加可在图层对象上叠加一种渐变颜色，即用一层渐变颜色填充应用样式的对象。通过"渐变编辑器"还可以选择使用其他的渐变颜色。

（10）图案叠加。使用图案叠加可在图层对象上叠加图案，即用一致的重复图案填充对象。从"图案拾色器"还可以选择其他的图案。

（11）描边。描边是指使用颜色、渐变颜色或图案描绘当前图层上的对象、文本或形状的轮廓。对于边缘清晰的形状（如文本），这种效果尤其明显。

5.3.6　滤镜的应用

滤镜是 Photoshop 中常用的一项功能，通常用来制作图像的各种特殊效果，可使平淡无奇的图片瞬间出彩。如图 5-44 所示为使用"滤镜|素描|图章"制作的特效图。

图 5-44　滤镜效果

滤镜分为内置滤镜和外挂滤镜两大类：内置滤镜是 Photoshop 自身提供的各种滤镜；外挂滤镜则是由其他软件厂商开发的，需要安装才能使用。通过系统"滤镜"菜单，可以调出所有滤镜。

Photoshop 内置滤镜有 100 多种，其中滤镜库、自适应广角、镜头校正、液化、油画和消失点属于特殊滤镜，风格化、画笔描边、模糊、扭曲、锐化、视频、素描、纹理、像素画、渲染、艺术效果、杂色和其他滤镜属于滤镜组滤镜。

滤镜的使用技巧和注意事项如下。

①使用滤镜时，选择的图层应该是可见状态的。

②如果创建了选区，滤镜只处理选区内的图像；如果未创建选区，则滤镜会处理当前图层中的全部内容。

③使用相同的参数处理不同分辨率的图像，效果可能不同，因为滤镜的处理效果是以像素为单位的。

④滤镜可以处理图层蒙版、快速蒙版和通道。

⑤滤镜处理的图层一般都要包含像素，但"云彩"滤镜和外挂滤镜除外。

⑥RGB 颜色模式下，所有滤镜都可以使用；索引和位图颜色模式下，所有的滤镜都不可用；CMYK 颜色模式下，某些滤镜不可用。

⑦重复上次滤镜操作，可以使用快捷键"Ctrl＋F"。

⑧在滤镜处理的过程中，可以按 Esc 键终止处理。

5.3.7　通道与蒙版的应用

1. 通道

在 Photoshop 中，通道既可以用来存放图像的颜色信息，也可以作为选区的映射。通道可以分为颜色通道、Alpha 通道和专色通道。

（1）颜色通道。当使用通道来存放图像的颜色信息时，颜色模式决定了为图像创建颜色通道的数目。位图模式仅有 1 个通道,通道中有黑色和白色 2 个色阶。灰度模式的图像有 1 个通道,该通道表现的是从黑色到白色的 256 个色阶的变化。RGB 模式的图像有 4 个通道,分别是复合通道(RGB 通道)、红色通道、绿色通道和蓝色通道。CMYK 模式的图像有 5 个通道分别是复合通道(CMYK 通道)、青色通道、洋红色通道、黄色通道和黑色通道。Lab 模式的图像有 4 个通道,分别是 1 个复合通道(Lab 通道)、1 个明度分量通道和 2 个色度分量通道。

当我们查看单个通道的图像时,图像窗口中显示的是灰度图像。

图 5-45   颜色通道

如图 5-45 所示,选择 R 通道,图像显示为灰度图像。选择"图像|调整|曲线"命令,数值 0~255 对应黑灰白的效果,也代表 R 颜色分量的值在 0~255 之间变化。这样我们就可以通过"曲线"等功能来改变此灰度图的效果,从而改变该颜色分量的值,进而改变整个复合颜色的显示效果。

(2)Alpha 通道。Alpha 通道是为保存选区而专门设计的通道,一般由用户创建。如图 5-46 所示,在通道面板中,用户可以通过"创建新通道"按钮来创建一个 Alpha 通道。

Alpha 通道是"非彩色"通道,特指透明信息,用户可以从中读取选择区域的信息。刚创建的 Alpha 通道是全黑色的,用户可以使用画笔、渐变等工具或填充操作改变 Alpha 通道的颜色。在 Alpha 通道中,黑色代表无,白色代表有,灰色则代表一定程度的存在。如果想将 Alpha 通道转变成选区,可以使用鼠标拖动 Alpha 通道至通道面板中的"将通道作为选区载入"按钮,如图 5-46 所示。

(3)专色通道。专色通道是一种特殊的颜色通道,使用专色油墨(一种预先混合好的特定彩色油墨),用来替代或补充印刷色(CMYK)油墨以实现特殊的色彩效果,如明亮的橙色、荧光色、金属的金色和银色等。由于专色通道不是靠 CMYK 四色混合出来的,因此,每种专色在付印时要求专用的印版,印刷时为专色单独晒版。含有专色通道的图像文件一般保存为 DCS 2.0(EPS)格式的文件。

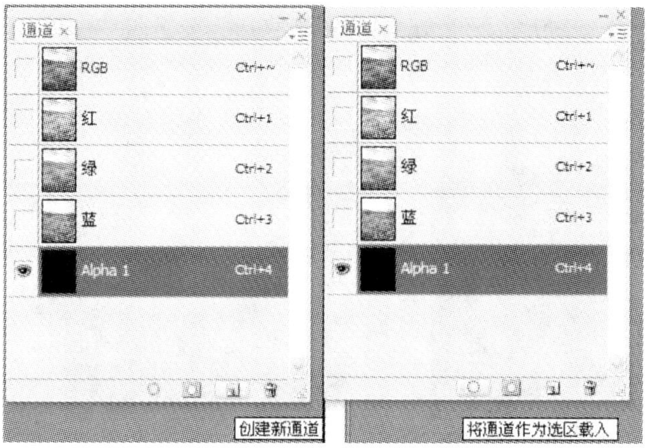

图 5-46　Alpha 通道

在"通道"面板上点击上部右侧的小三角图标,在弹出的菜单中选择"新建专色通道"选项,即可创建专色通道,如图 5-47 所示。创建的专色通道与原色通道恰好相反,用黑色代表选取(喷绘油墨),用白色代表不选取(不喷绘油墨)。

图 5-47　专色通道

2. 蒙版

蒙版可用于分离和保护图像的局部区域:蒙版覆盖的区域被保护起来,不能进行编辑;蒙版覆盖区域之外的地方可以自由编辑。利用选区创建蒙版时,黑色代表被保护的区域,不能编辑;白色代表蒙版之外不被保护的区域,可以编辑;灰色代表非完全编辑区域;因此经常使用画笔等工具进行区域填涂来修改蒙版。

Photoshop 中常用的有快速蒙版、图层蒙版、矢量蒙版和剪贴蒙版。

(1)快速蒙版。点击工具箱下方的"以快速蒙版模式编辑"按钮,就进入快速蒙版状态,如图 5-48 所示,系统会自动把前景(背景)改为黑(白)色。用户可以使用黑色画笔工具在图像中对需要保护的区域进行涂抹,系统会显示用红色覆盖涂抹的区域,或使用白色画笔工具涂抹不需要保护的区域。再次点击该工具按钮,系统就退出快速蒙版状态,图像中会形成保护区域之外的一个选区。

图 5-48 快速蒙版　　　　　　　　　　图 5-49 图层蒙版

(2)图层蒙版。利用"图层"面板下部的"添加图层蒙版"按钮或使用系统菜单"图层|图层蒙版"选项,可以给图层添加一个图层蒙版。在使用图层蒙版时,用黑色的画笔工具在图层蒙版上涂抹,图层中的内容会被隐藏,如图 5-49 所示;用白色的画笔工具在图层蒙版上涂抹,图层中的内容会被显示。

(3)矢量蒙版。矢量蒙版又称路径蒙版,是可以任意放大或缩小而不影响清晰度的蒙版。矢量蒙版可以保证原图不受损,并且可以随时用钢笔工具修改形状(无论拉大多少,都不会失真)。当用形状工具创建一个形状图层时,该图层自动关联一个矢量蒙版,如图 5-50 所示。

图 5-50 矢量蒙版　　　　　　　　　　图 5-51 剪贴蒙版

(4)剪贴蒙版。剪贴蒙版是使用处于下方图层的形状遮罩上方图层的显示内容,可达到一种剪贴画的效果,如图 5-51 所示,上方图层中的风景照片被限制在下方图层中爱心形状的范围内。把鼠标移动到两个图层的交界处,按住键盘上的 Alt 键,单击鼠标给两个图层建立一个关联即可创建剪贴蒙版。

5.3.8 路径的应用

路径在 Photoshop 中是一种由点、直线、曲线构成的矢量图形,相当于一种辅助工具,不属于普通的图像范围。建立路径后,可以对其描边,沿路径编排文字等,也可以在路径闭合时建立选区。

1. 路径的相关术语

(1)锚点。锚点是定义路径中每条线段开始和结束的点,可用于固定和调整路径。

(2)路径分为开放路径和闭合路径两种类型,如图 5-52 所示。

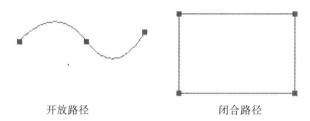

开放路径　　　　　　　　　　　　闭合路径

图 5-52　路径类型

(3)端点。开放路径的开始锚点和结束锚点称为端点。

2. 路径的生成

(1)使用钢笔工具绘制路径。选择钢笔工具,在工具选项栏中选择"路径"选项,如图 5-53 所示,可以绘制直线或曲线路径。

图 5-53　路径选项

当要绘制直线时,使用钢笔工具单击画面,形成一个锚点,移动鼠标位置再单击鼠标,则两个锚点之间自动以直线连接。如果在形成第二个锚点时按住鼠标不放松并拖动,可以拖动出一条方向线(方向线的斜率决定了曲线的斜率,方向线的长度决定了曲线的高度或深度),松开鼠标后两个锚点之间就会以曲线连接,如图 5-54 所示。

(2)使用形状工具绘制路径。选择形状工具,在工具选项栏中选择"路径"选项,可以快速绘制具有一定形状的路径。

例如,想绘制一个爱心形状的路径,可以选择"形状"工具中的"自定义形状",找到爱心的形状,在画面上直接拖动出一个爱心形状的路径,如图 5-54 所示。

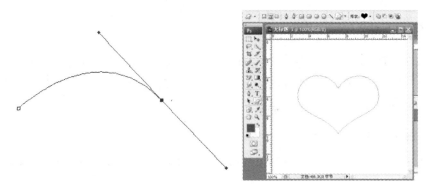

图 5-54　绘制路径

(3)通过选区转换生成路径。当在画面中生成选区后，可以右击鼠标，在弹出的快捷菜单中选择"建立工作路径"。

3. 路径的应用

(1)用前景色填充路径。用自定义形状工具生成一个爱心形状的路径后，使用"路径"面板中的"用前景色填充路径"按钮，可以给爱心形状填充前景红色，如图 5-55 所示。

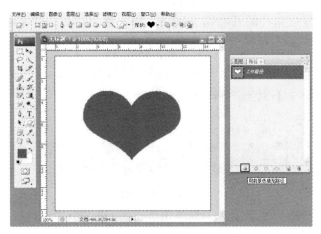

图 5-55　绘制路径

(2)用画笔描边路径。先设置好画笔工具的相关参数，然后用钢笔工具生成一个开放的曲线路径，再点击"路径"面板中的"用画笔描边路径"按钮，或选择路径后右击鼠标，打开快捷菜单中的"描边路径"选项，使用画笔工具，勾选"模拟压力"选项，就可以绘制具有一定形状的路径，如图 5-56 所示。

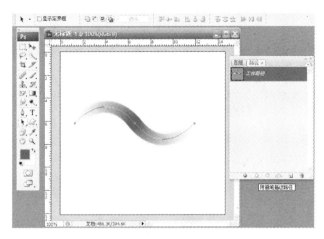

图 5-56　绘制路径

(3)将路径作为选区载入。路径生成后，可以点击"路径"面板上的"将路径作为选区载入"按钮，或对路径右击，在弹出的快捷菜单中选择"建立选区"选项，通过路径来建立选区。如果是开放路径，系统会在开始锚点和结束锚点之间连接一条直线，以形成一个闭合的选区，如图 5-57 所示。

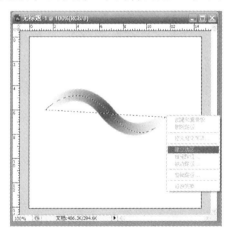

图 5-57　绘制路径图　　　　　　　　　　图 5-58　绘制路径

(4)使用文字路径。在使用文字工具时，可以先用文字工具点击相应的路径再输入文字，这样文字就可以按照路径来排列显示了，如图 5-58 所示。

习题 5

一、单选题

1. 根据人对颜色的感觉来描述颜色的颜色模式是_____。

　　A. CMYK　　　　　B. HSB　　　　　　C. 灰度模型　　　　　D. RGB

2. 与位图相比,矢量图的优点是_____。

　　A. 文件占用空间较小　　　　　　　B. 层次和色彩较丰富

　　C. 文件占用空间较大　　　　　　　D. 缩放操作后出现失真

3. 图像分辨率是指_____。

　　A. 用英寸表示的图像的实际尺寸大小

　　B. 用像素表示的数字图像的实际大小

　　C. 图像所包含的颜色数目

　　D. 屏幕上能够显示的像素数目

4. 某一图像的宽度和高度都是 20 英寸,其分辨率为 72 ppi,则该图像的显示尺寸为_____像素。

　　A. 1260×1260　　　　　　　　　　B. 1024×768

　　C. 1440×1440　　　　　　　　　　D. 800×600

5. 在 RGB 颜色模式中,R＝G＝B＝255 的颜色是_____。

　　A. 黑色　　　　　B. 蓝色　　　　　　C. 红色　　　　　　D. 白色

6. 下面关于 dpi 的叙述正确的是_____。

　　A. 图像的位数　　　　　　　　　　B. 每英寸的位数

　　C. dpi 越高,图像质量越低　　　　　D. 每英寸的像素点

7. 在 Photoshop 中,能保留新增图层及新增通道信息的存储格式是_____。

　　A. PSD　　　　　B. EPS　　　　　　C. TIFF　　　　　　D. JPEG

8. 下列关于通道面板的说法中,正确的是_____。

　　A. 所有通道都是一种颜色

　　B. 通道面板可用来存储选区

　　C. 通道面板可用来创建路径

　　D. 通道面板中只有灰度的概念,没有色彩的概念

9. 在 Photoshop 中,_____用于调整照片的颜色倾向。

　　A. 曲线　　　　　　　　　　　　　B. 色相/饱和度

　　C. 色阶　　　　　　　　　　　　　D. 色彩平衡

10. 在 Photoshop 中,可用于给灰度图片着色的图层混合模式为_____。

　　A. 色相　　　　　B. 亮度　　　　　　C. 饱和度　　　　　D. 颜色

二、多选题

1. 以下各类型的图像文件中，不具有动画功能的是_____。

   A. JPG　　　　　B. BMP　　　　　C. GIF　　　　　D. TIF

2. 色彩的三要素包括_____。

   A. 色相　　　　B. 明度　　　　C. 纯度　　　　D. 色阶

3. Photoshop 中的规则选择工具有_____。

   A. 矩形工具　　B. 椭圆形工具　　C. 魔术棒工具　　D. 套索工具

4. 能够保存透明背景的图像文件格式有_____。

   A. PNG　　　　B. PSD　　　　C. JPG　　　　D. GIF

5. 在 Photoshop 中，_____可以用于调整图像的亮度与对比度。

   A. 色彩平衡　　　　　　　　B. 色相/饱和度

   C. 曲线　　　　　　　　　　D. 亮度/对比度

三、填空题

1. 表示图像的色彩位数越多，同样大小的图像所占的存储空间越_____。

2. 一幅 RGB 色彩的静态图像，其分辨率为 800×600，每一种颜色用 8 bit 表示，则该静态图像数据量为_____ MB。（四舍五入，保留 2 位小数）

3. 在 Photoshop 中，取消当前选择区的快捷组合键是_____。

4. 在 Photoshop 中，利用_____可以制作特殊的图像效果，如球面化、波纹等。

5. 通道主要用于保存颜色和_____信息。

第6章 计算机动画技术

> 创作一部动画也就是创造一个虚拟的世界,这个世界慰藉着那些失去勇气的、与残忍现实搏斗的灵魂。

——宫崎骏

著名动画导演

动画片往往是一个人关于童年最深刻的记忆,那些经典的造型、夸张的动作、幽默风趣的对白以及充满想象力的情节,给观众带来娱乐的同时,也不乏人生启示和教育意义。这些或夸张、或搞笑、或温情、或酷帅的卡通形象是如何产生的? 在计算机技术的加持下,动画技术又是如何快速发展的? 作为动态图像的媒体表示形式,动画与静态图像处理有什么区别和关联? 这些都是本章需要介绍的内容。

6.1 动画

动画的概念不同于一般意义上的动画片,动画是一种综合艺术,是集合了绘画、电影、数字媒体、摄影、音乐、文学等众多艺术门类于一身的艺术表现形式。计算机动画是在传统动画的基础上,使用计算机图形图像处理技术,借助编程或动画制作软件生成一系列动画画面的技术。动画使得多媒体信息更加生动,富有表现力。

6.1.1 动画的原理

1. 动画

所谓动画,也就是一幅图像"活"起来的过程。使用动画可以清楚地表现出一个事件的过程,或者展现一个活灵活现的画面。传统意义上,动画是一门通过在连续多格的胶片上拍摄一系列单个画面,从而产生动态视觉的技术和艺术,它的基本原理与电影、电视一样,都是视觉暂留原理。医学研究表明,人眼有"视觉暂留"的特性:光入射到视网膜上产生视觉,当入射光消失后该视觉仍会残留一段时间的现象。利用这一原理,在一幅画还没有消失前播放下一幅画,就会给人造成一种流畅的视觉效果。实验证明,动画和电影的画面帧率只要超过 24 fps,即每秒放映多于 24 幅画面,人眼就能看到连续的画面。

为了追求画面的完美和动作的流畅,按照每秒 24 幅画面的数量制作的动画称为全动画。全动画的观赏性极佳,但耗费大量时间和金钱。因此,有时为了兼顾经济效益,会采用每秒少于 24 幅的画面来制作动画。这样的动画制作方式称为有限动画或半动画。常见的有限动画的画面数为 6 幅或 8 幅,为了保证动画的播放速度,一幅画面会持续播放 3~4 帧的时间,以确保一秒钟仍然是 24 帧。有限动画中,角色讲话时身体运动幅度小,有时候人物基本不动、很少动或者仅局部动,可以通过巧妙地选择摄像机角度和技术,更多地依赖于对话或其他视听元素,达到一定的预期动作效果,如图 6-1 所示。

图 6-1 有限动画

2. 计算机动画

计算机动画(Computer Animation)又称为计算机绘图,是通过使用计算机制作动画的技术,属于计算机图形学和动画的子领域。计算机动画与传统动画的原理基本相同,只是在传统动画的基础上把计算机技术用于动画的处理过程,达到传统动画所达不到的效果。由于采用数字处理方式,计算机动画的运动效果、画面色调、纹理、光影效果等可以不断改变,输出方式也多种多样。

计算机动画的基本原理是采用连续播放静态图形、图像的方式产生景、物运动的效果,即使用计算机产生图形、图像运动的效果技术。无论是多媒体软件中某个对象、物体或字幕的运动,还是游戏的开发、广告的制作甚至影视特技的生成都离不开计算机动画技术。动画的创作本身是一种艺术实践,动画的编剧、角色造型、构图、色彩等的设计需要专业的美术人员。总之,计算机动画制作是一种对技术、智力、艺术要求均高的创造性工作。

6.1.2 动画的分类

计算机动画根据图形、图像的生成方式可以分为实时动画和帧动画,根据动画的表现方式和视觉效果可以分为二维动画、三维动画和变形动画。

1. 实时动画

实时动画也称为算法动画、矢量动画,采用各种算法来实现物体的运动控制,或模拟摄像机的运动控制。也就是说,程序根据鼠标点击的位置产生相应的画面。在实时动画中,计算机对输入的数据进行快速处理,并在人眼感知不到的时间内将结果显现出来。实时动画的响应时间与许多因素有关,如计算机的运算速度、软硬件处理能力、景物的复杂程度、画面的大小等。游戏软件中以实时动画居多。实时动画中采用的算法可以分为以下几种。

①运动学算法:由运动学方程确定物体的运动轨迹和速度。

②动力学算法:从运动的动因出发,由力学方程确定物体的运动形式。

③逆运动学算法:已知链接物末端的位置和状态,反求运动方程以确定运动形式。

④随机运动算法:在某些场合下增加运动控制的随机因素。

2. 帧动画

帧动画是指构成动画的基本单位是帧,很多帧组成一部动画片。帧动画借鉴传统动画的概念,每帧的内容不同,连续播放时可形成动画视觉效果。制作帧动画的工作量非常大,计算机特有的自动动画功能只能解决移动、旋转、变形等基本动作过渡,不能解决关键帧绘制问题。帧动画主要用于传统动画片的制作、广告片的制作,以及电影特效的制作等方面。

3. 二维动画

二维动画又叫平面动画,是帧动画的一种,沿用传统动画的概念,具有灵活的表现手段和强烈的表现力。现实世界中的景物有正面、侧面和反面之分,调整视角就可以看到不同的内容。但是,二维动画无论怎么看,画面的内容是不会发生变化的。

4. 三维动画

三维动画又叫空间动画,可以是帧动画,也可以是矢量动画,主要用于表现三维物体和空间运动。三维动画是采用计算机技术模拟真实的三维空间,设计三维形体的运动和变形,并赋予三维形体颜色和纹理,最后生成一系列可供动态实时播放的连续画面。因此,三维动画可以生成一些现实世界根本不存在的物体,这正是计算机三维动画的魅力所在。

5. 变形动画

变形动画也是帧动画的一种,具有把物体从一种形态过渡到另一种形态的特点。形态的变换与颜色的变换都经过复杂的计算,但由计算机动画软件自动完成。变形动画主要用于影视作品中人物和场景的变换、特效处理,以及描述某个缓慢变化的过程等场合。

6.1.3　动画的制作过程

动画的制作是相当耗费时间和金钱的过程。制作动画前,要规划好每一个动作的时间、画面数,这样制作时才不会出现多余的画面,从而避免财力和物力的浪费。

1. 传统动画制作

传统动画的制作过程主要包括设计脚本、设计关键帧、绘制中间帧、描线上色、检查拍摄、后期制作等方面。

(1)脚本设计。脚本与电影剧本一样,用于细化故事。脚本完成后,要根据脚本设计出反映动画片概貌的各个片段,即分镜头剧本,再为各个角色设计造型、动作、色彩等,并根据分镜头剧本统一考虑场景的前景和背景,设计出手稿图及相应的对话。

(2)关键帧设计。关键帧也称为原画,一般用于确定动作的极限位置、一个角色的特征或其他关键内容。关键帧设计是动画创作的重要步骤。

(3)绘制中间帧。中间帧是位于关键帧之间的过渡画面,可能有若干张。在关键帧之间可能还会插入一些更详细的、动作幅度较小的关键帧,称为小原画,以便中间帧的生成。有了中间帧,动作便可以更加流畅自然。

(4)描线上色。动画初稿通常都是铅笔稿图,检查后需将其轮廓描在透明胶片上,并涂上颜色。动画片中的每一帧画面通常都是由许多张透明胶片叠合而成的,每张胶片上都有一些不同的对象或对象的某一部分,相当于一张静态图像中的不同图层。

(5)检查及拍摄。拍摄前需要再检查一遍各镜头的动作质量,然后再由动画摄影师将动画依次拍摄到电影胶片上。一般十分钟的动画片,大约需要一万多张图画。

(6)后期制作。对拍摄好的动画胶片,还需要完成编辑、剪接、配音和字幕等后期制作,才能得到最后的成品动画。

由此可见,传统动画的制作过程是相当繁杂的,耗费大量人力、物力、财力以及时间。因此,在计算机技术发展起来之后,人们开始尝试用计算机进行动画创作,以期缩短动画制作周期。

2. 计算机动画制作

计算机动画的制作过程与传统动画类似,不同之处在于:一是所有的画面均在计算机中直接绘制或由计算机采集获得,省去了手工绘制再拍摄成胶片的过程。二是中间帧往往可以由计算机软件通过运算自动添加,提高了动画制作的效率。

计算机动画为传统动画的制作工艺带来了巨大的变革,将动画的应用范围扩展到广告、教育、娱乐和游戏等诸多领域。但是,完全依赖计算机来自动完成动画制作还是困难的,制作人员需要有一定的绘画基础,了解动画的表现特点,同时能借助专门的动画制作软件来进行设计和制作。动画制作从早期的手工绘图、线性编辑逐渐过渡到现代的计算机绘图、非线性编辑,打开了计算机动画制作的大门。

6.2 常见动画制作软件与文件格式

6.2.1 动画制作软件

动画制作软件通常具备大量的编辑工具和效果工具,可用来绘制和加工动画素材。不同的动画制作软件用于制作不同形式的动画。根据动画的形式,动画制作软件可以分为二维动画制作软件和三维动画制作软件。

1. 二维动画制作软件

二维动画制作软件除了具有一般的绘图功能外,还具有输入关键帧、生成中间帧、动画系列生成、编辑和记录等功能。二维动画创作的全流程在此类软件中都有对应的功能,用户可以在软件上做完一个完整的项目,也可以从扫描仪或数码照相机输入已手工制作的原画,然后描线上色。常见的二维动画制作软件有用于制作帧动画的 Easy Animator Pro、TVP animation,用于制作网页动画的 Flash、GIF Construction,用于制作变形动画的 Magic Morph 等。

2. 三维动画制作软件

三维动画制作软件涉及的技术有实物造型、运动控制、材料编辑、画面着色和系列生成等。根据动画脚本的设计,三维动画软件具有为人物角色、模型、环境景物等进行造型的功能。利用软件中提供的运动控制功能,可以在三维空间内对控制对象的动作进行有效的控制。利用材料编辑功能,可以对人物、实物和景物的表面性状及光学特性进行定义,从而在着色过程中产生逼真的视觉效果。常见的三维动画制作软件有 3ds Max、Cool 3D、Maya 等。

此外,还有一些用于广告、影视制作等领域的视频编辑软件,如 Premiere 等,也可用于制作动画。

6.2.2 动画文件格式

动画是动态图像,是人工绘制或计算机产生的图形通过连续多幅的变化表现出来的形式。如 1 秒钟的动画有 24 幅图像,可以理解为动画是由静止图像的叠加产生动态效果。但是在计算机中,动画以区别于图像的文件来存储和处理。常见的动画文件格式有以下几种。

1. SWF 格式

SWF 是动画设计软件 Flash 的专用格式,是一种支持矢量和点阵图形的动画文件格式,广泛应用于网页设计、动画制作等领域。SWF 文件通常也被称为 Flash 文件。

2. GIF 格式

对于比较简单的动画,也可以采用 GIF 格式文件进行储存。作为一种交换式图片格式,该类型文件具有高压缩比、文件体积小等特点,尤其适合在网络上传播。

静态图像也有 GIF 格式,这是因为 GIF 具有两个版本:GIF87a 和 GIF89a。GIF87a 版本文件只能存储一个图像,不支持透明像素。GIF89a 版本允许一个文件存储多个图像,可以实现动画功能,支持透明色和多帧动画。

3. FLV 格式

FLV 格式的文件体积小,加载速度极快,使得网络观看视频文件成为可能。我们在视频网站上所看的电视剧、电影等,一般都是以这种文件缓存的。

4. FLA 格式

FLA 是一种包含原始素材的 Flash 动画格式。可以在 Flash 认证的软中编辑 FLA 文件并且编译生成 SWF 文件。由于它包含我们所需要的全部原始信息,所以体积较大。FLA 文件是千万不能丢失的,否则一切都要重来。

5. ANI 格式

ANI 文件是 MS Windows 的动画光标文件,其文件扩展名为". ani"。它一般由四部分构成:文字说明区、信息区、时间控制区和数据区,即 ACONLIST 块、ANIH 块、RATE 块和 LIST 块。任何光标编辑软件都能打开 ANI 文件。

6. MB 格式

MB 为美国 Autodesk 公司三维软件 Maya 的源文件格式。Autodesk Maya 是美国 Autodesk 公司出品的三维动画软件,用于制作专业的影视广告、角色动画、电影特技等。Maya 功能完善,工作灵活,易学易用,制作效率极高,渲染真实感极强,是电影级别的高端制作软件。

6.3 GIF 动画制作软件 ImageReady

众所周知,GIF 动画由于制作简单且体积小,已成为一种在网络上非常流行的图形文件格式。ImageReady 是一款优秀的 GIF 动画制作软件。从 Photoshop CS3 开始,Adobe 公司将 ImageReady 和 Photoshop 整合在一起,用户在 Photoshop 环境下即可轻松地制作 GIF 动画。

6.3.1 动画面板

在 Photoshop CS 版本中制作 GIF 动画的关键是正确使用动画面板。图 6-2

即为动画面板界面。

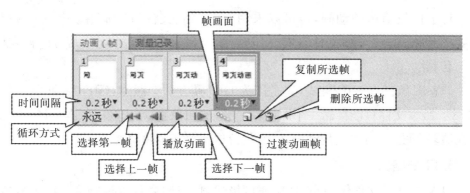

图 6-2　动画面板界面

组成动画的每一帧画面均以缩略图的形式，按时间顺序排列在动画面板中。其中，排列在前面的帧画面在动画过程中先出现，排列在后面的则后出现。动画中的所有画面都出现在此区域。

"复制所选帧"与"删除所选帧"按钮可用来在动画面板中添加和删除帧画面。

"播放动画"按钮可以按照帧画面的先后顺序以一定的"时间间隔"播放所有帧画面。

"选择第一帧""选择上一帧"和"选择下一帧"按钮分别用来选中动画面板中不同的帧。

"循环方式"可以通过下拉菜单选择动画播放次数。

"时间间隔"可用于设置每帧动画画面的持续时间。

6.3.2　制作 GIF 动画

1. 准备素材

网页动画由多幅画面组成，画面数量、画面来源、每幅画面的内容都应该在准备素材阶段就确定下来。

假设动画素材的画面数为 7 幅，采用 Photoshop 绘制，内容如图 6-3 所示。

图 6-3　动画素材画面

2. 素材导入

使用 Photoshop 打开素材文件，并将所有素材拷贝到一个图像文件的不同图层中，如图 6-4 所示。

图 6-4　素材导入示意图

3. 生成动画

使用动画面板复制 7 帧画面,这里的每一帧画面分别对应刚刚导入的 7 幅图像,然后在每一帧中显示对应的素材图层,关闭其他素材图层,同时为每一帧设置时间间隔,如图 6-5 所示。

至此,点击动画面板中的播放按钮,一只飞翔的小鸟跃然于屏幕之上。

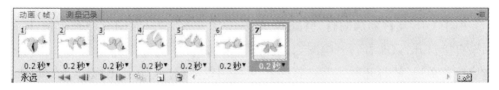

图 6-5　逐帧动画的动画面板示意

上述动画形式属于逐帧动画,即动画的每一帧画面都是关键帧,都由我们事先准备好。还有一种动画形式,无需我们准备好所有画面,部分画面可由软件自动生成,这种动画称为过渡动画。下面介绍过渡动画的制作过程。

制作过渡动画时,我们仅在动画面板中添加关键画面,即关键帧,由软件添加关键帧之间的若干张画面。如图 6-6 所示,第 1 帧与第 7 帧是我们手工添加的关键帧,中间的 5 帧画面是由软件自动生成的。点击动画面板上的"过渡动画帧"按钮,弹出的对话框如图 6-7 所示,设置好参数后即可自动生成中间帧。

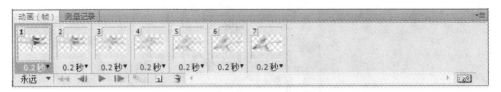

图 6-6　过渡动画的动画面板示意

图 6-7　过渡动画设置对话框

4. 保存和打开动画

在"文件"菜单中,选择"存储为 Web 和设备所用格式(D)"选项,在弹出的对话框中选择文件格式为"GIF",再点击"存储"按钮,即可将做好的动画保存为 GIF 格式。

由于 GIF 文件默认的打开程序一般是图像查看器,只能浏览静态图像,因此如果直接打开,只能看到一幅图像。若想看到动画效果,则需要在打开时,通过右键快捷菜单选择"打开方式",选择一种网页浏览器程序,如 IE 浏览器,方能浏览 GIF 动画。

6.4　动画制作软件 Flash

Flash 是由 Macromedia 公司(后被 Adobe 公司收购)出品的一款交互式矢量动画制作软件。用 Flash 制作的动画具有文件小、动画画质清晰、播放速度快、便于在互联网上传输等优点。利用 Flash 可以将音乐、声效、动画以及富有新意的界面融合在一起,以制作出高品质的网页动态效果。该软件提供了强大的功能和个性化的设计方式,控制灵活,易于理解,深受用户青睐。

随着互联网和 Flash 的发展,Flash 不仅可以用于创作动画,还可以用于开发应用程序,可支持 ActionScript 开发交互式多媒体项目,广泛应用于网页设计、游戏开发、影视制作、多媒体教学等领域。

Flash 动画设计的三大基本功能包括绘图和编辑图形、补间动画以及遮罩。

这三个功能自 Flash 诞生以来就存在,它们是整个 Flash 动画设计知识体系中最重要、也是最基础的。Flash 动画可以分为逐帧动画、动作补间动画、形状补间动画、遮罩动画、引导层动画以及交互式动画。具体实现方法后续将进行详细介绍。

6.4.1 Flash 的工作界面

打开 Flash CS 5.5,首先看到如图 6-8 所示的欢迎界面。

图 6-8 欢迎界面

由于 Flash 强大的功能应用和对不同编程语言的差异性支持,软件启动后,Flash 并没有像其他软件一样新建一个空白文件供用户直接编辑,而是提供了创建文件的很多选项,包括按不同的模板格式创建和新建不同的 Flash 文档类型。默认情况下,一般选择"ActionScript 3.0"创建支持 ActionScript 3.0 脚本语言的动画文件。但是,如果在交互式动画中需要直接添加按钮代码,就需要选择"ActionScript 2.0"的动画文件。这里需要注意的是,ActionScript 3.0 和 ActionScript 2.0 在动作代码设计上的差异性还是很大的。

选择"新建"列表下的"ActionScript 3.0"后,进入 Flash 的工作界面,如图 6-9 所示。工作界面主要由菜单栏、场景编辑区、工具箱、时间轴面板、属性面板及其他面板共同组成。

菜单栏

其他面板　属性面板　工具箱

场景
编辑区

时间轴
面板

图6-9　工作界面

1. 菜单栏

Flash的菜单栏由文件、编辑、视图、插入、修改、文本、命令、控制、调试、窗口和帮助等11个菜单组成，可以实现大多数功能，其中较为常用的菜单项有：

(1)"文件"菜单。此菜单可用于新建、打开、保存、发布文件。需要注意的是"保存"命令是保存源文件，而"导出"命令是产生影片文件。导出后的影片文件是无法进行再编辑的。外部素材可以通过"导入"命令进入舞台或库面板中。

(2)"视图"菜单。此菜单可用于控制屏幕的各种显示效果，包括显示比例、显示轮廓、标尺、辅助线等。这些都是为了方便设计制作动画，并不会更改文件的真实大小和界面元素。与Photoshop一样，Flash中一般通过放大比例来处理细节，通过缩小比例来观察整体效果。Flash中舞台的显示比例为8％～2000％，但是并不支持鼠标滚轮操作。

(3)"插入"菜单。此菜单可用于插入图层、关键帧、空白关键帧等，也可用于创建过渡动画和新元件。为了方便操作，此类操作也可通过对应面板的右键快捷菜单完成。需要注意的是，创建新元件后会进入元件编辑界面，元件会存放在库面板中，完成创建后要记得返回场景编辑区继续操作。

(4)"修改"菜单。此菜单可用于修改舞台中的对象属性。其中，"分离"和"组合"命令可用于转换形状对象和非形状对象。若为多字符文本对象，则需要分离两次才可以将文字转换为形状。

(5)"控制"菜单。此菜单可用于控制影片的播放，使创作者可以现场控制影片的进度。尽管Flash基本上都是"所见即所得"，但是仍然有部分内容在舞台上无法直接显示，需要通过菜单中的"测试影片"命令来察看，一般来说，测试影片后，源文件对应目录下会自动生成一个SWF文件。

（6）"窗口"菜单。此菜单可用于显示或隐藏对应的面板和工具栏。默认界面下只显示常规面板和工具箱。若需要设置对象的颜色、对齐方式等，则可以点击"颜色"或"对齐"命令来显示颜色面板或对齐面板。这些面板可以浮动查看，也可以添加到面板组合中。

2. 场景编辑区

场景编辑区用于显示当前编辑的 Flash 文档。场景是布局 Flash 动画元素的主要场所，主要包括舞台和工作区，舞台是绘制和编辑图形的矩形区域（影片播放舞台中的内容），其大小和颜色可以根据需要在属性面板中调整。工作区是舞台周围的灰色区域，用于存放在创作时需要，但不希望出现在最终作品中的内容。影片播放时，工作区中的内容将不予显示。

3. 时间轴面板

时间轴面板是创作动画的主要工具，用于组织图层、帧等元素。时间轴面板由图层控制区和时间轴控制区组成。每个图层都有其对应的时间轴，从而保证了每个图层上的对象可以单独设计动作产生动画。时间轴上的每一个小格称为帧，是构成动画的最小单位，也就是一幅图像。帧上的数字"1""5"分别代表动画中的第 1 帧画面和第 5 帧画面。在 Flash 中，帧分为"关键帧""空白关键帧""过渡帧""静止帧"和"静止帧结束"，如图 6-10 所示。

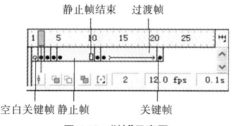

图 6-10 "帧"示意图

（1）关键帧。关键帧是一个包含内容或对内容的改变起决定作用的帧。

（2）空白关键帧。空白关键帧不包含内容，当添加内容后变为关键帧。

（3）过渡帧。过渡帧是过渡动画中前后两个关联的关键帧之间的帧，由 Flash 根据前后两个关键帧自动生成。

（4）静止帧。静止帧是在逐帧动画中，前后两个不关联的关键帧之间出现的帧。它是前一关键帧的内容在时间空间的延续，直到出现静止帧结束。

（5）静止帧结束。静止帧结束表示静止帧的结束。

关键帧和空白关键帧都可以在舞台上进行内容编辑，而非关键帧的内容是不能编辑的，如果需要编辑，可以选中该帧后进行转换操作。因此，制作动画时必须清楚操作对象。

4. 属性面板

属性面板可用于查看和更改当前正在使用的工具或对象的相关属性，并且可以对所选中的对象进行修改或编辑，因而可以提高动画制作的效率和准确性。当选定某个对象（如文本、组、形状、位图、帧或补间等）或工具（如矩形、椭圆、刷子、颜料桶、钢笔等）时，"属性"面板可以显示相应的信息和设置。

5. 工具箱

工具箱包含了各种选择工具、绘图工具、文本工具、填充工具、视图工具以及对应于不同工具的相关选项，含有制作动画必不可少的工具，可用于绘制、编辑矢量图形。具体功能和使用方法将在后续内容中详细介绍。

6. 其他面板

除了时间轴面板和属性面板以外，Flash 还提供了场景、变形、信息、对齐、颜色、库和动作等面板。这些面板可以查看、组合和更改资源。由于屏幕的大小有限，为了尽量使工作区最大化，Flash 提供了各种自定义工作区的方式，可以将多个面板组合在一起，也可以点击面板左上方的面板名称，将面板从组合中拖拽出来，形成浮动面板。

6.4.2　Flash 的基本操作

1. 对象的概念

Flash 中的动画都是由对象组成的，对象可以分为以下 4 种类型。

（1）形状。形状对象是指通过绘图工具绘制产生的圆、矩形等形状，由笔触和填充两部分组成。形状对象被选中时，被网格点所覆盖。形状对象不是整体，各部分的形状、大小都可以分别改变。

（2）组。组对象是个整体，无法像形状对象那样进行局部变化，只能作为整体进行调整大小、旋转角度等操作。组对象可以通过对象绘制方式直接获得，也可以由形状对象组合得到。形状对象与组对象可以通过"修改"菜单下的"组合"或"分离"命令相互转化。

（3）元件与实例。元件是可以被重复使用的特殊对象符号。当场景中需要某个对象的多个副本时，可以考虑先建立该对象的元件，然后在舞台上创建该元件的多个实例。一个元件可以创建多个实例，各个实例可以有自己不同的属性（如颜色、亮度、透明、大小等）。修改实例时，不会对元件产生影响；但若修改元件，则由它创建的所有实例均会发生相应变化。多个实例对应一个元件的最大优点是，不会增加 Flash 的文件体积。在 Flash 中，元件一般存放在库面板中，每个 Flash 文件都有各自对应的库。

（4）文本。在制作动画的过程中，往往需要利用文字来更清楚地表达创作者的意图,而建立和编辑文字对象必须使用 Flash 提供的文字工具。

值得注意的是,人们常常将组对象、元件对象和文本对象通称为非形状对象,因为它们之间有许多相似之处,同时与形状对象又有明显的区别:非形状对象都是以整体的形式进行编辑和处理的,而形状对象却不是;非形状对象在选中时边缘出现矩形框,而形状对象被选中时整个被网格点覆盖。不同类型的对象适用不同的动画类型。

2. 文件基本操作

(1)新建文档。除了在欢迎界面可以新建 Flash 文档外,进入工作界面后也可以新建 Flash 文档:通过"文件|新建"命令打开"新建文档"对话框,可以在"常规"选项卡中选择所需的文档类型,也可以在"模板"选项卡中选择模板类别,基于某个模板来新建 Flash 文档,如图 6-11 所示。

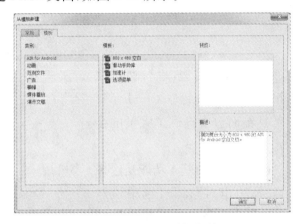

图 6-11　"新建文档"对话框

(2)设置文档属性。通过选择系统菜单下的"修改|文档"命令打开"文档设置"对话框,如图 6-12 所示,可分别对文档的"尺寸""帧频""背景颜色"和"标尺单位"等文档属性进行设置。

①尺寸:用来指定舞台的大小。可在"宽度"和"高度"框中输入数值,默认单位是像素,最小为 1 像素×1 像素,最大为 8192 像素×8192 像素。也可在下方的"标尺单位"中将单位设置为"英寸""厘米"等。此外,在下方的"匹配"选项中勾选"默认"可将舞台大小设置为默认值(550 像素×400 像素);勾选"打印机"可将舞台大小设置为最大的可用打印区域;勾选"内容"可将舞台大小设置为与内容的尺寸相等。

②帧频:决定每秒显示动画帧的数量。帧频值越大,动画速度越快,反之越慢。修改帧频后,新的帧频将变成新文档的默认帧频。

③背景颜色:用于指定舞台的背景色。单击"背景颜色"后面的色块控件,可从弹出的调色板中选择所需颜色。

④自动保存:指定文档自动保存的时间间隔,单位为分钟。

图 6-12 "文档设置"对话框   图 6-13 "另存为"对话框

(3)保存文档。菜单中"文件|保存"或"文件|另存为"命令可实现文档的保存。在弹出的"另存为"对话框中选择保存位置、保存类型,并输入文件名,单击"保存"按钮即可完成文档保存,如图 6-13 所示。保存类型一般为扩展名是".fla"的文件,即 Flash 文件。

3. 工具箱

工具箱通常出现在窗口最右边,也可通过菜单中的"窗口|工具箱"命令或快捷键"Ctrl＋F2"打开工具箱面板。在工具箱面板中提供了大量的绘图工具,如图 6-14 所示。

(1)选取工具。"选取工具"的基本功能是选择舞台中的对象。用鼠标单击对象即可选中该对象,双击对象可选中对象本身及与该对象连接的所有线条,而用鼠标拖出一个矩形区域,则可选中区域内的全部内容。此外,按住 Shift 键的同时可以单击选中多个对象。选中对象后,鼠标拖拽该对象可完成对象的移动,按住 Ctrl 键的同时拖拽对象可完成对象的复制。

"选取工具"也可以用于对象的编辑操作。将鼠标指针放到对象的边或角,可以使对象变形,如图 6-15 所示。

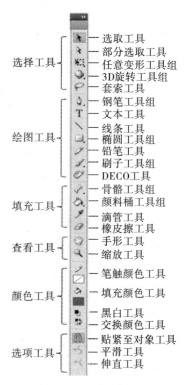

图 6-14 工具箱面板

(a)原长方形   (b)调整边的形状   (c)调整角的位置

图 6-15 利用选取工具变形

(2)部分选取工具。"部分选取工具"用来选择和编辑对象轮廓上的锚点。单击可选中锚点,拖拽锚点可改变其位置从而改变对象形状,如图 6-16(b)所示。此外,单击锚点时会出现一个切向量手柄,拖拽手柄可以改变曲线的弧度,如图6-16(c)所示。

(a)单击出现锚点　　　(b)改变锚点位置　　　(c)改变曲线形状

图 6-16　部分选取工具的锚点操作

(3)任意变形工具组。"任意变形工具组"包含"任意变形" 和"渐变变形" 两个工具。"任意变形"用于对象的旋转、缩放、倾斜、扭曲等变形操作,如图6-17所示。使用"任意变形"工具选中对象后,对象周围出现8个控制点,鼠标指向不同的控制点位置,可实现不同的变形操作。

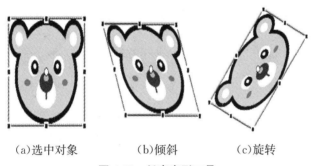

(a)选中对象　　　(b)倾斜　　　(c)旋转

图 6-17　任意变形工具

"渐变变形"用于对填充渐变色的对象设置渐变填充的颜色范围、渐变方向和角度等。使用"渐变变形"工具选中渐变填充的对象后,对象上将出现3个操作柄,如图 6-18 所示。其中, 操作柄用于调整色彩的填充方向, 操作柄用于缩放填充色彩的范围, 操作柄用于调整填充色的间距。当光标移至对象中心的圆圈上时,光标变成十字交叉箭头,此时拖拽鼠标可改变渐变填充中心位置。

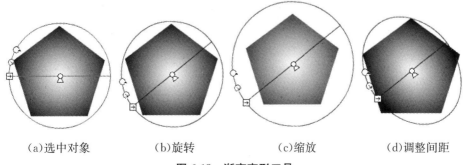

(a)选中对象　　　(b)旋转　　　(c)缩放　　　(d)调整间距

图 6-18　渐变变形工具

（4）套索工具。"套索工具"用于选择图形中的不规则区域和颜色相同的区域。选中套索工具后，在图形对象上拖拽鼠标，形成的闭合区域即为所选区域，如图 6-19（a）所示。当使用套索工具时，选项工具区中有三个按钮，分别是"魔术棒" ![icon] 、"魔术棒设置" ![icon] 和"多边形模式" ![icon] 。选择"魔术棒"工具，然后在图形上单击，则单击位置周围颜色相同的区域均会被选中，如图 6-19（b）所示。"魔术棒设置"工具可打开对话框设置阈值和选取颜色的方式，其中"阈值"是指颜色的容差值；"平滑"是指选取颜色的方式。"多边形模式"用来选择图形对象的多边形区域，单击该按钮，在图形对象上单击设置起始点，然后依次单击确定多边形区域的点，最后在结束位置双击鼠标即可完成选区，如图 6-19（c）所示。特别需要注意的是，使用索套工具选取的只能是形状对象，其他类型的对象必须先分离为形状对象才能被选中。

(a)不规则选区　　　　　(b)魔术棒选择　　　　　(c)多边形选区

图 6-19　套索工具

（5）钢笔工具。"钢笔工具"组中包含"钢笔工具" ![icon] 、"添加锚点工具" ![icon] 、"删除锚点工具" ![icon] 和"转换锚点工具" ![icon] ，用于绘制复杂而精确的曲线。具体的使用方法与 Photoshop 中的钢笔工具类似，这里就不再赘述了。

（6）文本工具。"文本工具"可创建三种类型的文本字段：静态文本、动态文本和输入文本。静态文本是默认的文本创建格式，在动画播放过程中保持不变；动态文本显示动态更新的文本，可随着动画的播放而自动更新内容；输入文本用于播放交互的文本，例如表单中的输入文本等。打开文本的属性面板，如图 6-20 所示，在"文本类型"下拉列表中选择"静态文本""动态文本"或"输入文本"，可创建不同类型的文本。

图 6-20　文本工具

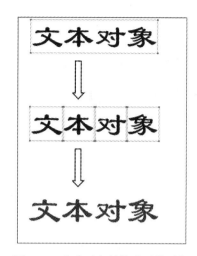

图 6-21　文本对象转换为形状对象

接下来,以静态文本为例说明文本工具的使用方法。在文本属性面板的"字符"属性中,可以设置字符的字体、样式、大小、间距、颜色、消除锯齿的方式、字符的上下标等;在"段落"属性里,可设置段落的对齐方式、间距、边距以及文字方向等。在"字符"选项的最下方有个"可选"按钮 ,此按钮决定了文档发布后用户是否可复制其中的静态文本。若要为选中的文本添加超级链接,可在属性面板的"选项"中输入要链接的 URL 地址。若要对文本对象设置更加复杂的文字效果,则须通过"修改|分离"操作将文本对象转换为图形对象,从而使其具有笔触和填充等形状属性,再做进一步的形状属性设置。值得注意的是,"分离"操作只能使单个文本转换为形状,多个文字需事先"分离"为单个文字,才可进一步转换为形状,如图 6-21 所示。

(7)线条工具。"线条工具"用于绘制矢量线条。可在属性面板中设置线条的各种属性:"笔触颜色"用于设置线条颜色;"笔触"用于设置线条粗细;"样式"用于设置线条的虚实,有实线、虚线、点状线、锯齿线等样式供选择;"缩放"用于限制笔触在Flash 播放器中的缩放;"端点"用于设置线条端点的样式,有无端点、圆角端点和方形端点三种;"接合"用于定义两条线段接合处的样式,有尖角、圆角和斜角三种。

(8)椭圆工具组。"椭圆工具组"包含"矩形工具""基本矩形工具""椭圆工具""基本椭圆工具"和"多角星形工具",用于绘制各种形状对象。选中"矩形工具"或"椭圆工具"后,需先在属性面板中设置相应属性参数再绘制。"基本矩形工具"和"基本椭圆工具"用于绘制图元对象,在属性面板中可随时对已绘制的图元对象属性进行修改。属性面板中"填充和笔触"选项卡的相关参数与"线条工具"中相应的功能基本一致,而"矩形选项"卡的参数用于设置矩形的四个直角的半径,其中正值半径与负值半径的区别如图 6-22(a)(b)所示。按图 6-22(c)中数据设置椭圆参数,可得到如图 6-22(d)所示的椭圆形状。

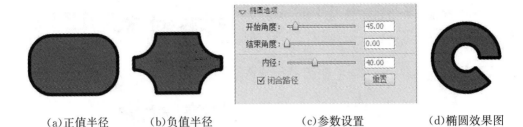

(a)正值半径　　　　(b)负值半径　　　　　　(c)参数设置　　　　(d)椭圆效果图

图 6-22　矩形与椭圆设置

"多角星形工具"用于绘制多边形或多角星形。选中该工具后,在其属性面板的"工具设置"中单击"选项"按钮,在弹出的对话框中可以选择"多边形"或"星形",可在"边数"中给定一个数值(3～32)来确定图形边数,在"星形顶点大小"中输入一个数值(0～1)来确定星形的锐化度数,数值越小锐化程度越深,但该项只对"星形"起作用。

(9)铅笔工具。"铅笔工具"用于绘制任意线条,其选项区的"铅笔模式"中包括"伸直""平滑"和"墨水"3 种模式。"伸直"模式绘制的线条会尽可能地规整为几何图形,"平滑"模式绘制的线条相对平滑,而"墨水"模式绘制的线条更接近手写的效果。"铅笔工具"属性面板中的相关参数设置与"线条工具"基本一致,这里不再赘述。

(10)刷子工具组。"刷子工具组"包括"刷子工具"和"喷涂刷工具"。"刷子工具"用于绘制特殊效果的笔触,例如书法效果等。选中"刷子工具"后,选项区(图 6-23(a))的"刷子模式"按钮可用来选择 5 种不同的模式(图 6-23(b))。其中,"标准绘画"模式可对线条和填充涂色,绘制的图形会覆盖已有的线条和填充,如图 6-24(a)所示。"颜料填充"模式仅对填充涂色,不影响已存在的线条,如图 6-24(b)所示。"后面绘画"模式可在空白区域涂色,不影响已存在的线条和填充,如图 6-24(c)所示。"颜料选择"模式仅对已经选择的区域内部进行填充,如图 6-24(d)所示,矩形的左侧为选中区域,因此刷子仅能在矩形的左侧留下痕迹。"内部绘画"模式与刷子的起笔位置有关。若起笔在已有图形的内部,则只对图形内部进行涂色;若起笔在图形的外部,则只对图形的外部涂色,效果如图 6-24(e)所示,其中圆圈标识的是刷子的起笔位置。

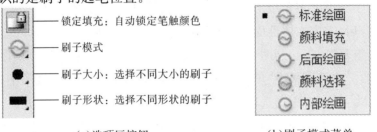

锁定填充:自动锁定笔触颜色
刷子模式
刷子大小:选择不同大小的刷子
刷子形状:选择不同形状的刷子

标准绘画
颜料填充
后面绘画
颜料选择
内部绘画

(a)选项区按钮　　　　　(b)刷子模式菜单

图 6-23　刷子工具选项区

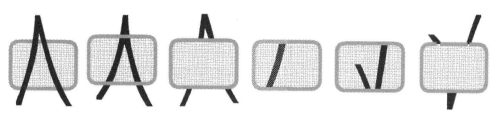

(a)标准模式　(b)颜色填充　(c)后面绘画　(d)颜料选择　(e)内部绘画

图6-24　刷子模式

"喷涂刷工具"用于将形状图案喷涂到舞台上。选中喷涂刷工具后,可在其属性面板中设置喷涂颜色、喷涂内容、大小等参数。

(11)DECO工具。"DECO工具"可以为舞台、元件或任意封闭图形创建特殊效果。如图6-25所示为可选择的绘制效果菜单,选中某种绘制效果后,还可在属性面板中设置颜色或选择某个已有的元件来替换填充中的某一部分。

图6-25　DECO工具绘制效果下拉菜单

(12)颜料桶工具组。"颜料桶工具组"包含两个工具,分别是"颜料桶工具"和"墨水瓶工具"。"颜料桶工具"用于填充图形的内部颜色。可使用"颜色面板"设置填充颜色,具体方法见"颜色面板"部分。在"颜料桶工具"的选项区有一个"空隙大小"按钮 ⬭ ,点击后可打开如图6-26所示的菜单。其中,"不封闭空隙"可填充完全闭合的区域;"封闭小空隙"可填充存在小空隙的区域;"封闭中等空隙"可填充存在中等空隙的区域;而"封闭大空隙"可填充存在大空隙的区域。

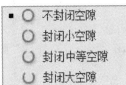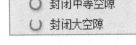

图 6-26 "空隙大小"选项菜单　　图 6-27 墨水瓶工具的属性面板

"墨水瓶工具"用于添加或改变对象的笔触颜色、宽度和样式。选中"墨水瓶工具"后可在其属性面板中设置笔触的相关参数,如图 6-27 所示。

(13)滴管工具。"滴管工具"用于从一个已有的对象上复制笔触或填充的属性,然后应用到其他对象上。若复制的是笔触属性,即用"滴管工具"单击图形的笔触部分,则须用"墨水瓶"工具应用属性;若复制的是填充属性,即用"滴管工具"单击图形的填充部分,则须用"颜料桶"工具应用该滴管工具复制的属性。

(14)橡皮擦工具。"橡皮擦工具"用于擦除对象。"橡皮擦"对应的选项区有 3 个按钮,如图 6-28(a)所示,分别是"橡皮擦模式""水龙头"和"橡皮擦形状"。其中,"橡皮擦模式"菜单下有 5 种不同的模式,如图 6-28(b)所示。"水龙头"用于快速擦除笔触段和填充区域,即用单击的方式擦除整段的笔触或成片的填充。"橡皮擦形状"提供了不同大小和形状的橡皮擦,便于精确擦除操作。若要擦除舞台上所有的内容,则可直接双击"橡皮擦"工具。

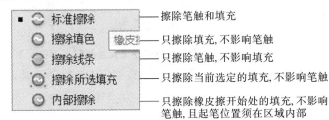

(a)选项按钮　　　　　　　　(b)橡皮擦模式菜单

图 6-28 橡皮擦工具选项

(15)其他工具。"手形工具"与"缩放工具"可调整舞台的位置和视图大小。"笔触颜色工具"与"填充颜色工具"按钮则用于设置笔触和填充的颜色。"黑白工具"可直接将舞台的前景色设置为黑色,将背景色设置为白色。"交换颜色工具"可快速调换舞台的前景色和背景色。"3D 旋转工具"和"骨骼工具组"适用于特定的动画需求,暂不展开叙述。

4. 颜色面板

颜色面板用于设置笔触或填充的颜色,如图 6-29(a)所示,其中"填充类型"下拉菜单(如图 6-29(b)所示)可设置不同的填充类型。如图 6-29(c)所示为四种不同填充类型的填充效果。

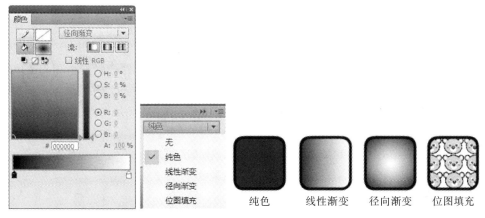

(a)颜色面板　　　　(b)填充类型下拉菜单　　　　　　(c)填充效果

图 6-29　颜色设置

"H""S""B"和"R""G""B"属性可以用精确数值来设定颜色。"A"属性用于设定颜色的不透明度,数值范围为 0～100%。

若选择渐变填充类型,无论是线性渐变还是径向渐变,均可将光标放置在滑动色带上。当光标变为左下角带"+"号时,在色带上单击鼠标可增加颜色控制点,在颜色控制点上双击鼠标可设定颜色。如要删除多余的颜色控制点,只需将颜色控制点拖拽出色带区域。

5. 对齐面板

对齐面板如图 6-30 所示,分为"对齐"选项组、"分布"选项组、"匹配大小"选项组和"间隔"选项组以及"与舞台对齐"复选项。

图 6-30　对齐面板

若勾选"与舞台对齐"复选项,则对齐面板中所有的设置都是以整个舞台的位置和大小为基准的;反之,若该复选项未被勾选,则对齐面板设置的是多个对象的相对位置和大小关系。例如,舞台上有如图 6-31(a)所示的 3 个卡通图像,选中 3 个对象后使用垂直中齐选项后效果如图 6-31(b)所示,使用匹配高度选项后,效果如图 6-31(c)所示。若勾选"与舞台对齐"复选项后设置垂直中齐和匹配高度,则效果如图 6-31(d)所示。

   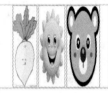

(a)原始对象　　　(b)垂直中齐效果　　　(c)匹配高度效果　　　(d)"与舞台对齐"

图 6-31　对齐效果示例

6. 变形面板

变形面板如图 6-32(a)所示,可用于设置对象的宽度、高度、旋转、倾斜等参数。点击其中的"约束"按钮 后,改变图形宽度和高度时图形可按照原始纵横比缩放。"重制选区和变形"按钮 用于复制图形并将变形设置应用于新复制的图形。例如,可利用这一按钮的功能将一个小太阳复制旋转为如图 6-32(b)所示的图案。

 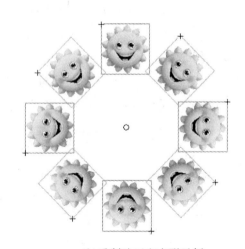

(a)变形面板　　　　　　　　　　　　(b)重制选区和变形示例

图 6-32　变形面板相关

7. 库面板

库面板用于存放元件对象和外部导入的图形、影片等素材对象,如图 6-33 所示。库面板的最上方是选中对象的名称。名称下方的显示预览区域可用于观察选定对象的效果。若选定的是影片对象,则可用预览区域右上方的播放按

钮 ▶ 和停止按钮 ■ 控制影片。预览区域的下方显示当前"库"中对象的数量。库面板的左下角有一排按钮，依次是"新建元件""新建文件夹""属性"和"删除"按钮。单击"新建元件"按钮会弹出"创建新元件"对话框，可以通过设置创建新的元件；单击"新建文件夹"按钮可以创建文件夹以方便文件管理；单击"属性"按钮可在弹出的"元件属性"对话框中转换元件类型；单击"删除"按钮可以删除库面板中选中的对象。

图 6-33　库面板

以上是 Flash 软件各种面板中最常用的一小部分，还有部分面板我们将在后续的内容中介绍。

8. 元件的创建与使用

Flash 中有三种类型的元件：图形元件、按钮元件和影片剪辑元件。图形元件一般用于创建静态图像或可重复使用的、与主时间轴关联的动画。按钮元件用于创建响应鼠标单击、滑过、按下、弹起动作的交互式按钮。影片剪辑元件用于创建可重复使用的影片剪辑片段。影片剪辑元件的时间轴是独立的，不受其实例在主场景时间轴的控制。此外，在影片剪辑元件中可以使用矢量图、图像、声音、影片剪辑元件、图形组件和按钮组件等，且能在动作脚本中引用影片剪辑元件。

（1）创建与编辑元件。选择菜单"插入|新建元件"命令，可弹出"创建新元件"对话框，如图 6-34 所示，在"名称"选项的文本框中输入自定义的元件名称；在"类型"选项的下拉列表中选择"图形""按钮"或"影片剪辑"，可创建不同类型的元件。在"文件夹"选项中可选择元件的保存位置，默认的元件保存位置是"库根目录"。最后，单击"确定"按钮可进入元件编辑模式。在元件编辑模式下，工作区的标题栏会出现该元件的标题选项卡，如图 6-35 所示，工作区中心的小"十"字表示元件的注册点。

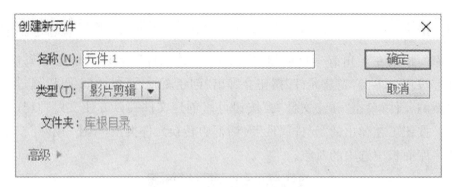

图 6-34 "创建新元件"对话框

图 6-35 元件的编辑模式

若是创建按钮元件,则进入元件编辑模式时,"时间轴"面板中显示 4 个状态帧,分别是"弹起""指针""按下""点击"。其中,"弹起"帧用于设置鼠标指针不在按钮上时按钮的外观,"指针"帧用于设置鼠标指针放在按钮上时按钮的外观,"按下"帧用于设置按钮被单击时的外观,"点击"帧用于设置响应鼠标事件的区域,此区域不影响按钮的外观。

此外,还可以将舞台中已有的元素选中,使用"修改|转换为元件"菜单命令,打开"转换为元件"对话框,设置元件名称、类型、保存位置以及注册点的位置等参数。舞台中已有的元素既可以是使用绘图工具绘制的图形,也可以是执行菜单"文件|导入"命令导入的外部对象。

对于库中已有的元件,可以在"库"面板中双击该对象进入元件编辑模式。

(2)创建与编辑实例。创建元件之后,可以在文档中任何地方创建该元件的实例。将"库"面板中的元件拖动至舞台即可完成该元件的一个实例的创建。按钮元件的实例可以响应按钮事件触发相应的事件过程;影片剪辑元件的实例可以添加滤镜效果且可以在 AS 脚本中被引用。

每个元件的实例都有独立于该元件的属性。可以在属性面板中改变实例的色调、透明度和亮度等属性,重新定义实例的行为,例如把图形改变为影片剪辑。

这些改变并不会影响该实例的元件。但是,若修改元件的相关属性,则会影响由该元件创建的每一个实例。若将某个实例分离为图形对象,则该实例不再受元件修改的影响。

6.4.3 逐帧动画

逐帧动画是在时间轴上将每一帧的画面组织好,然后逐帧播放,利用人眼视觉暂留的原理,连续播放静态图片以形成运动的效果。逐帧动画展现的是动画制作的基本原理。若要制作逐帧动画,应将每一帧都定义为关键帧,然后在每一关键帧上创建不同内容。

下面以小鸟飞行动画为例,介绍 Flash 中逐帧动画的制作方法。

①新建 Flash 文档,将所需的小鸟图片导入库,如图 6-36(a)所示。

②在"图层 1"的第 1 帧处,将库中"bird1.bmp"拖拽至舞台。此时,时间轴上的第 1 帧从空白关键帧变成关键帧。

③在时间轴的第 2 帧到第 7 帧依次插入空白关键帧,并将库中的"bird2.bmp"图像拖至第 2 帧对应的画面。依此类推,将库中所有图像依次拖至相应帧画面中,如图 6-36(b)所示。需要注意的是,若希望动画中的小鸟在原地飞行,则可在创建第 1 帧画面时记录下属性面板中当前图片的位置和大小的参数值,以便创建后续帧画面时依样在属性面板中设置图片的位置和大小参数;或者使用对齐面板将所有帧中的图形对象对齐。

④测试影片。执行"控制 | 播放"或"控制 | 测试影片 | 测试"菜单命令,或使用快捷键"Ctrl+Enter"查看动画效果。若希望改变动画的速度,可调整舞台属性面板中的"帧频"选项值。帧频越大,动画速度越快;帧频越小,动画速度越慢。

(a)导入库中的图像文件　　　　　　　(b)时间轴上的关键帧

图 6-36　逐帧动画示例

6.4.4 过渡动画

Flash 可自动在两个关键帧之间生成补间,用于在两个关键帧中的不同对象属性之间产生过渡效果,从而形成过渡动画。因此,过渡动画也被称为补间动画。

可生成补间的对象属性有位置、旋转、倾斜、缩放、颜色效果以及滤镜等。3D 动画要求对象仅限于影片剪辑且 FLA 文件在发布设置中面向 ActionScript 3.0 和 Flash Player 10。颜色效果补间包括 Alpha 透明度、亮度、色调和高级颜色设置，但颜色效果补间仅能在元件上实现，若要在形状对象或文本对象上实现颜色效果补间，须先把该对象转换为元件。

1. 形状补间

形状补间是将两个关键帧上属性不同的形状对象，从一种状态逐渐变化为另一种状态。Flash 将自动在两个关键帧之间插入过渡效果，对形状对象的位置、颜色、透明度以及旋转角度等进行形状补间。若要对组、元件的实例或文本对象应用形状补间，则需要先将这些对象分离为形状对象。

下面以红色的五角星逐渐变成蓝色的五边形为例，介绍创建形状补间动画的步骤。

①在初始关键帧绘制一个五角星，填充红色，笔触为无色。

②在第 30 帧处插入空白关键帧，然后绘制一个五边形，填充蓝色，笔触为无色。

③在时间轴上选择两个关键帧之间的任意一帧，右击，从快捷菜单中选择"创建补间形状"命令。

④若要修改形状补间的变形速度，可向补间添加"缓动"参数。选择补间帧中的任意一帧，在属性面板中输入"缓动"参数（−100～100）。该值若为负数，则补间动画由慢变快；该值若为正值，则补间动画由快变慢。

⑤使用形状提示可控制形状变化。形状提示可标示起始形状和结束形状中的对应关键点。具体的做法是：在补间形状的起始关键帧上执行"修改|形状|添加形状提示"命令，添加带有字母的黄色圆圈，即"开始形状提示"（反复执行以上命令可添加多个形状提示）。将已添加的形状提示拖动到形状上需要标记的关键点，然后选择形状补间的最后一个关键帧。此时，该关键帧的形状上出现同样数量带有字母的绿色圆圈，即"结束形状提示"。最后，将对应的"结束形状提示"拖动到相应位置即可完成设置。如图 6-37 所示，若希望将开始关键帧中五角星的一个角通过形状补间动画变化到结束关键帧中的五边形的某个顶点，则可在开始关键帧中为该角添加标记为"a"的"开始形状提示"，然后在结束关键帧上将标记为"a"的"结束形状提示"拖动到目标顶点位置。

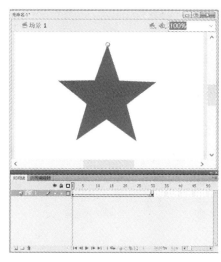 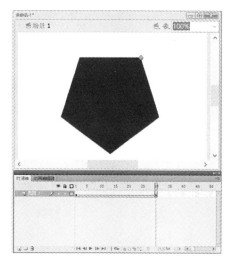

(a)起始帧　　　　　　　　　　　　(b)结束帧

图 6-37　形状补间动画示例

2. 传统补间动画

传统补间动画要求对象应是元件的实例、组合、文字或导入的素材对象。利用这种动画，可以实现上述对象的大小、位置、旋转、颜色及透明度等变化效果。其创建方法与形状补间动画类似，只是动画类型选择传统补间动画。

6.4.5　层与高级动画

图层类似于叠在一起的透明纸，下面图层中的内容可以从上面图层中不包含内容的区域透过来。除普通图层，还有两种特殊类型的图层——引导层和遮罩层。利用特殊图层可为动画设计作品增光添彩。

1. 引导层动画

引导层动画是为传统补间动画的对象添加运动路径的一种方式。下面以一个小象爬坡的例子来解释引导层动画的制作过程。

①制作传统补间动画。将小象的素材图片导入库形成元件 1，再将元件 1 拖入舞台制作一个 50 帧的传统补间动画，实现小象从舞台左边到右边的位移，并将该动画所在图层命名为"小象"，如图 6-38(a)所示。

②绘制山坡形状。在"小象"图层下方添加一个普通图层，并在该图层上绘制一个山坡，将图层命名为"山坡"，如图 6-38(b)所示。

③给"小象"图层添加引导层。在"小象"图层上单击鼠标右键，然后在弹出的快捷菜单中选择"添加传统运动引导层"。此时，在"小象"图层上方会出现一个"引导层"，同时"小象"图层的名称会以缩进方式显示在"引导层"下方，表明"小象"图层已与引导层关联，如图 6-38(c)所示。

④绘制路径。在引导层中绘制一条与山坡形状契合的曲线,如图 6-38(d)所示。

注意: 曲线是形状对象。

⑤使运动对象与路径对齐。在起始关键帧处拖动小象,使其贴紧引导线的起点,并旋转小象使其与引导线平行;然后在结束关键帧,将小象拖至引导线的末端,同时旋转小象使其保持与引导线平行。选中"小象"图层,单击补间中的任何一帧,在属性面板中勾选"贴紧""调整到路径"和"缩放",如图 6-38(e)所示。经过上述调整,小象的运动基线更符合运动路径的变化规律,最终效果如图 6-38(f)所示。需要注意的是,影片播放时引导层中的引导线是不可见的。

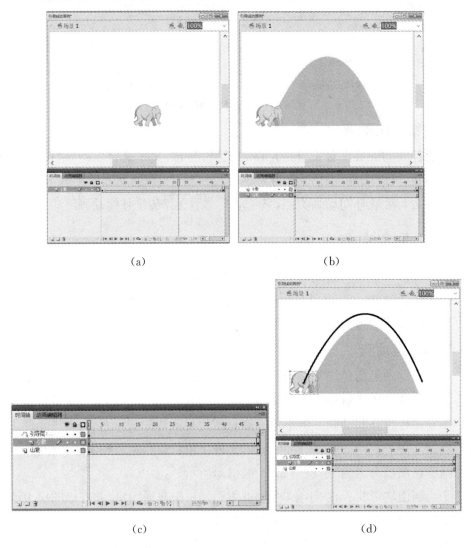

(a)

(b)

(c)

(d)

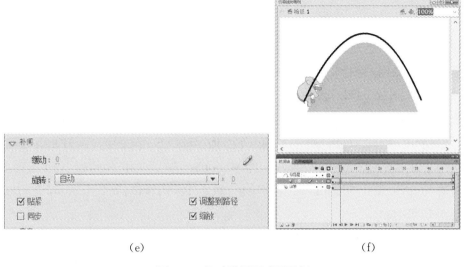

(e)   (f)

图 6-38 运动引导层动画示例

2. 遮罩层动画

遮罩层就像一块不透明的板,如果想要看到它下方图层的内容,需要在这块"板"上挖"洞",而遮罩层中有对象的地方就可以看成"洞"。透过这个"洞",下方被遮罩图层中的对象会显现出来。遮罩层中的对象可以是填充的形状、文字、元件的实例等。例如,在图层 1 中导入一幅图片,并在图层 2 中绘制一个椭圆,如图 6-39(a)所示。在图层 2 上单击右键,在弹出的快捷菜单中选择"遮罩层"命令,遮罩层与被遮罩层采用缩进的方式显示,遮罩效果如图 6-39(b)所示。可以在遮罩层或者被遮罩层上创建补间动画,以形成遮罩动画效果。值得注意的是,设置遮罩效果后,遮罩层与被遮罩层均被锁定,如果需要进一步编辑遮罩层或被遮罩层,就必须将层面板中的锁定按钮关闭。

(a)   (b)

图 6-39 遮罩动画示例

6.4.6 交互式动画

交互式动画是指在播放动画作品时支持事件响应和交互功能的一种动画，其播放过程受用户控制。在 Flash 中，要想实现一些复杂的交互式动画需要使用动作脚本。ActionScript 就是 Flash 中使用的动作脚本语言，它依照自己的语法规则，保留关键字，提供运算符，并允许使用变量存储和获取信息。在 Flash 中可以使用"动作"面板、"脚本"窗口等添加 ActionScript 的内容。Flash 中可以使用两个版本的 ActionScript 语言，即 ActionScript 2.0 和 ActionScript 3.0。本节将着力介绍 ActionScript 2.0 版本的一些基本知识，包括术语、基本语法以及常用语句等内容。

1. ActionScript 的常用术语

（1）对象。对象是指在动画作品中出现的实体，如按钮、影片剪辑、图形、文字等。对象有自己的名字，且具有属性和方法。

（2）事件。事件是指用户对这些对象的某种设定或交互。动画的帧事件就一个，即当动画播放时，动作脚本立即被执行。而对象的事件比较多，常用的有press 事件、release 事件、roll over 事件、drag over 事件、key press（p）事件、MouseDown 事件等。

事件函数是指在特定对象上触发某个事件时执行的函数过程。

On（release）{事件过程}：发生在按钮单击释放事件上的事件函数。

OnClipEvent（load）{事件过程}：发生在影片剪辑载入事件上的事件函数。

（3）函数。函数是可以被传送参数并返回值的可重复使用代码块。Flash 中有许多系统函数，可以直接被引用，完成特定的函数功能。常见的函数如下：

play（）：播放影片剪辑对象或时间轴动画。

stop（）：停止播放影片剪辑对象或时间轴动画。

gotoAndPlay（"场景名"，n）：跳转并播放指定场景从第 n 帧开始的动画。

gotoAndStop（"场景名"，n）：跳转并停止在指定场景的第 n 帧。

setProperty（目标，属性，值）：设定目标对象的属性。其中，"目标"参数是待设定属性的影片剪辑对象的名称；"属性"参数是需要设定的具体属性，例如_x（横坐标），_y（纵坐标），_alpha（透明度），_rotation（旋转角度）等；"值"参数是待设定属性的取值。

duplicateMovieClip（目标，新名字，深度）：复制一个新的影片剪辑。其中，"目标"设置要复制的影片剪辑；"新名字"为复制出来的影片剪辑设定一个新的名字；"深度"为新的影片剪辑所处的层次；若深度设为"0"，则复制的新影片剪辑将替换原影片剪辑。

startDrag(对象名,布尔型数据,left/right/top/bottom:Number):使对象可以拖动。其中,"对象名"是待拖动对象实例的名称;中间的"布尔型数据"的取值决定是将影片锁定在鼠标中间(true)还是锁定到鼠标点击开始的位置(false);后面参数是影片剪辑的坐标。

stopDrag():停止当前的拖动操作。

Loadmovie(url,目标):在目标影片剪辑中载入对象。其中,"url"是载入对象的存储路径;"目标"是用于载入对象的影片剪辑实例的名称。

Math. random():产生一个 0 到 1 的随机数。

(4)数据类型。数据类型描述了动作脚本的变量或元素可以包含的信息类型。动作脚本有两种数据类型,即原始数据类型和引用数据类型。原始数据类型包括 String(字符串)、Number(数字)和 Boolean(布尔值),拥有固定类型的值。因此可以设置它们所代表元素的实际值。引用数据类型是指影片剪辑和对象,它们的值的类型是不固定的,因此包含对该元素实际值的引用。

2. ActionScript 的基本语法

ActionScript 具有自己的语法规则,这些规则可以用来确定字符和单词可以产生的含义,并确定它们的书写顺序。

(1)点运算符。在动作脚本中,点"."用于表示与对象相关的属性和方法。点运算符以对象的名称开始,中间为点"."运算符,最后是要指定的元素。

例如:将影片剪辑实例对象命名为"myMovie",若要设置该对象的透明度为80%,可表达为"myMovie. _alpha=80%";若要停止播放,则可表达为"myMovie. stop()"。

(2)界定符。

①大括号:用于分割代码段。括号内的内容为相对独立的一部分,可以用来完成特定的功能。例如:

on(release) {

myMovie. stop();

}

②分号:作为动作脚本语句的结束标记,即每条语句都由一个分号结尾。

③圆括号:所有函数名后面都跟有一对圆括号,所有参数包含在圆括号中。

(3)注释。注释行用于解释代码的操作以增加代码的易读性,也可以用于暂时停用不想删除的代码。代码注释是代码中被 ActionScript 编译器忽略的部分。注释语句以双斜线"//"开始,斜线及之后的语句显示为灰色,注释内容可以不考虑长度和语法,注释语句不会影响 Flash 动画输出时的文件量。

3. ActionScript 的编程环境

ActionScript 的编程环境有两种,分别是"动作"面板和"脚本"窗口。

(1)动作面板。动作面板(如图 6-40 所示)左上为"动作工具箱",左下为"脚本导航器",右边为"脚本窗口"。"动作工具箱"里面包含了脚本语言的各种元素;要将这些元素插入"脚本窗口",可以双击该元素,或直接拖拽过去。"脚本导航器"用来显示包含脚本的 Flash 元素列表。若单击脚本导航器中的某一项目,则与该项目关联的脚本将显示在"脚本窗口"中,并且动作标记将移到时间轴上的相应位置。右边的"脚本窗口"用于输入代码,可以使用"常规"或"助手"两种方式输入。

图 6-40 "动作"面板

(2)脚本窗口。执行菜单"文件|新建"命令,在打开的"新建文档"对话框中选择"ActionScript 文件",单击"确定"按钮打开"脚本"窗口,创建脚本文件,如图 6-41 所示。

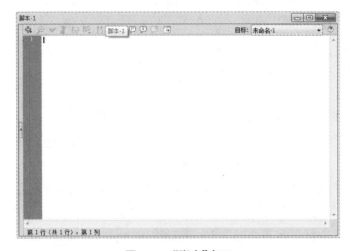

图 6-41 "脚本"窗口

6.4.7　声音及视频在动画中的应用

在 Flash 中,用户可将音频或视频素材导入影片。Flash 提供了多种使用音频和视频的方式。

1. 音频

执行"文件|导入"命令,在导入对话框中,选择 WAV 或 MP3 格式的声音文件,将其导入库中。如果想获得较好的音效,可导入 22 kHz、16 位立体声格式的声音文件;如果想提高动画文件的传输速度,可导入 8 kHz、8 位单声道格式的声音文件。

声音必须添加在关键帧上,使用声音时,可从库面板中将声音文件拖到舞台上,或在帧面板中添加声音。

在打开的帧属性面板上可看到声音文件,可对此声音文件进行声音调换、音效设置、同步模式设置及重复次数设置。

声音的模式有四种:事件模式、开始模式、停止模式、数据流模式。

①事件模式:系统默认的选项,控制播放方式是当动画运动到引入声音帧时,声音被打开,并且不受时间轴的限制,继续播放,直到播放完毕。

②开始模式:用于声音的起始开关,和事件模式相似。但是,如果在播放过程中遇到另一个声音帧,将继续播放该声音而不播放另一个声音,而事件模式会同时播放 2 个声音。

③停止模式:用于结束声音播放的按钮。

④数据流模式:根据播放的周期控制声音的播放,即动画开始时引入声音并播放,动画结束时声音也随之终止。

2. 视频

执行"文件|导入|导入视频"菜单命令,在弹出的"导入视频"对话框中选择需导入的视频文件路径,单击"下一步"按钮,在"您希望如何嵌入视频"下方的"符号类型"中有三个选项,分别是"嵌入的视频""影片剪辑"和"图形"。

①"嵌入的视频":视频被导入后集成到时间轴。如果要使用在时间轴上线性回放的视频剪辑,则最好选择此项。

②"影片剪辑":视频被导入一个影片剪辑元件中,可以更灵活地控制这个视频对象。

③"图形":视频被导入一个图形元件中,将无法使用 ActionScript 与这个视频进行交互,因此该项很少使用。

如果不勾选"将实例放置在舞台上"复选框,则表示将视频放入库中。

6.4.8　测试与发布

在动画制作中,经常要测试当前编辑的动画,以便了解作品是否达到预期的效果。

1. 测试影片

动画制作完成后,对动画整体进行测试,可执行"控制|测试"命令,或使用"Ctrl＋Enter"组合键。此时,动画会自动生成一个 SWF 文件,在 Flash Player 中播放。

2. 测试场景

Flash 也可以对单个元件进行测试,以便清楚地观看单个元件的效果。在舞台窗口中双击需要测试的元件,进入该元件的编辑模式,执行"控制|场景测试"命令,或使用"Ctrl＋Alt＋Enter"组合键,就可以对指定的元件进行测试。

3. 发布影片

通过发布 Flash 动画操作,可以将制作好的动画发布为不同格式影片并预览发布效果,同时应用在其他文档中,以实现动画的制作目的或价值。

执行"文件|发布设置"命令,弹出"发布设置"对话框,如图 6-42(a)所示。用户可以在发布动画前设置想要发布的格式。默认情况下,"发布"命令会创建一个 SWF 文件和一个 HTML 文档。

①"配置文件"选项:显示当前要使用的配置文件,单击"配置文件"选项右侧的"配置文件选项"按钮,弹出配置菜单项,如图 6-42(b)所示。

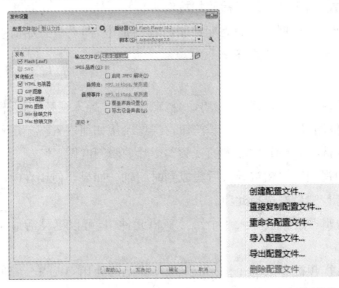

(a)"发布设置"对话框　　　　　(b)"配置文件"菜单项

图 6-42　发布影片相关设置

②"播放器"选项:用于设置当前文件的目标播放器,单击后面的小三角可以

在下拉列表中选择相应的目标播放器。

③"脚本"选项：用于显示当前文档所使用的脚本。

④"发布"选项：用于选择文件发布的格式。

⑤"高级"选项：该选项会随着选择发布格式的不同而改变，可针对相应的发布格式进行设置。

习题 6

一、单选题

1.计算机动画是技术与艺术相结合的产物，是在传统动画的基础上借助于_____实现的动画。

    A. 电气技术　　　B. 计算机技术　　　　C. 电子技术　　　　D. 自动化技术

2.计算机动画按照生成方式可以分为_____。

    A. 中间帧动画和关键帧动画　　　　B. 中间帧动画和算法动画

    C. 关键帧动画和算法动画　　　　　D. 二维动画和三维动画

3.在飞鸟类动物动画设计过程中，一般来说_____。

    A. 鸟越大动作越快，鸟越小动作越慢

    B. 鸟越大动作越慢，鸟越小动作越快

    C. 鸟越小动作越慢，鸟越大动作越慢

    D. 鸟越小动作越快，鸟越大动作越快

4.动画不仅可以表现为运动过程，还可以表现为_____。

    A. 光强变化　　　B. 相对运动　　　　C. 色彩变化　　　　D. 变化过程

5.Flash 中绘制形状时绘制的是_____。

    A. 图像　　　　　B. 位图　　　　　　C. 图片　　　　　　D. 矢量图形

6.在 Flash CS 5.5 版本中，默认的动画帧率是_____。

    A. 10FPS　　　　B. 12FPS　　　　　C. 24FPS　　　　　D. 30FPS

7.在 Flash 中制作遮罩动画时，遮罩层必须在被遮罩层的_____。

    A. 上面　　　　　B. 下面　　　　　　C. 同一图层　　　　D. 任意位置

8.下列关于逐帧动画和过渡动画的说法，正确的是_____。

    A. 两种动画模式下，Flash 都必须记录完整的各帧信息

    B. 前者必须记录各帧的完整记录，而后者不用

    C. 前者不必记录各帧的完整记录，而后者必须记录完整的各帧记录

D. 以上说法都不对

9. Flash 中的_____是制作补间动画时由系统自动生成的。

  A. 静止帧　　　　B. 过渡帧　　　　C. 空白关键帧　　　D. 关键帧

10. Flash 的声音同步处理中,_____选项可以采用流式控制,当动画停止播放时,声音也会停止播放。

  A. 开始　　　　　B. 停止　　　　　C. 数据流　　　　　D. 事件

二、多选题

1. 计算机动画可应用于_____。

  A. 飞行模拟　　　B. 电视广告　　　C. 卡通片　　　　D. 电影特技

2. Flash 动画发布或导出影片时可以选择的动画格式包括_____。

  A. GIF　　　　　B. SWF　　　　　C. EXE　　　　　D. AVI

3. Flash 中可以导入的视频文件格式包括_____。

  A. MOV　　　　　B. AVI　　　　　C. MP4　　　　　D. FLV

4. Flash 中常见的动画类型有_____。

  A. 逐帧动画　　　B. 补间动画　　　C. 行为动画　　　D. 路径动画

5. 在 Flash 中进行分离操作对被分离的对象造成的改变包括_____。

  A. 切断元件的实例和元件之间的关系

  B. 如果分离的是动画元件,则只保留当前帧

  C. 将位图图像转换为矢量图形对象

  D. 将矢量图形转换为位图图像

三、填空题

1. 动画效果的产生是利用了人眼的_____效应。

2. Flash 动画的基本对象有四种,其中形状对象的特点在于被选中时会有_____覆盖。

3. Flash 默认保存动画文件的扩展名是_____。

4. Flash 中墨水瓶工具是用_____色来给对象的轮廓线着色。

5. 在 Flash 中,针对文本或元件,可以设置其"色彩效果"中_____的值控制其透明度,实现上下图层的透明叠加,用于制作对象的淡入、淡出效果。

第 7 章 数字音频处理技术

在过去 75 年里,每 10 年就有一次人机交互的重大革新。人类对机器的操作,从物理手柄按键,到物理键盘鼠标,再到触摸屏,而现在语音成为了重要的交互方式。语音正在被重塑,成为人机交互的新范式。

——玛丽·米克尔

互联网女皇

声音是人们最熟悉和最方便的传递信息的媒体。在多媒体系统中,声音是指人耳能识别的音频信息,有喃喃细说的人声,有悦耳动听的旋律,也有震撼人心的音效。声音元素的创意运用往往会为整个作品添姿增色。多媒体技术的发展已使计算机处理音频信息达到较为成熟的阶段。

本章首先介绍音频信号的特点,继而分析对数字音频信号的处理方式和文件格式,然后具体介绍了一款音频处理软件的使用,最后简单探讨了语音合成、识别技术及应用。

7.1 音频信号

7.1.1 声音特征

声音的本质是一种波,其传播速度与介质的种类、温度有关。一般来说,介质的密度越高,温度越高,传播的速度越快。例如,声音在空气中的传播速度为 340 m/s,而在海水中其传播速度可以达到 1500 m/s。声音特征体现在物理特征和认知属性两个方面,如表 7-1 所示。

表 7-1　声音特征

物理特征	认知属性
强度	响度
谱形状	音色
开始/结束时间	定时
相位差	位置

人耳对声音的分辨只有在强度适中时才最灵敏。人的听觉响应与强度成对数关系。常用音量或响度来描述声音的强度,以分贝(dB)为单位。一般人只能觉察出 3 dB 的音强变化,再细分则没有太多意义。表 7-2 列出了人对不同强度声音的感受。

表 7-2　人对不同强度声音的感受

声音强度	感受
0 dB	刚刚引起听觉,甚至感觉不到
10 dB	风吹落叶沙沙声,很静
20 dB	轻声耳语,安静
30 dB	卧室中,较安静
40 dB	图书馆、阅览室,无人声
50 dB	办公室,一般交流
60 dB	大声说话,不安静
70 dB	吵闹,感觉厌烦
80 dB	一般车辆行驶,噪音
90 dB	很嘈杂的马路,有损神经细胞
100 dB	拖拉机开动
110 dB	电锯工具
120 dB	球磨机工作,听力受损
130 dB	螺旋桨飞机起飞,难以忍受
140 dB	喷气式飞机起飞
150 dB	火箭、导弹发射导致重度耳聋
180 dB	火山爆发
300 dB 以上	20 km 以内的人不可修复性耳聋

就音量而言,我们听觉听到的声音并不是实际听到的声音。对人类来说,音量是一种感知,而音量的感知依赖于声音的频率。当频率很低时,为了能达到和高频声音相同的音量,需要更大的功率。与其说我们听到了声音,还不如说是在感觉声音。当声音频率高于 20000 Hz 或低于 20 Hz 时,人耳就感觉不到了。声音信号的频率范围越大,就意味着这种信号音质越好。以最常见的四种声音信号为例,其声音频率范围分别为:

200 Hz～3.2 kHz(语音)

50 Hz～7 kHz(AM 调幅广播)

20 Hz～15 kHz(FM 调频广播)

10 Hz～22 kHz(CD-DA 高保真音乐)

周期性复合音中除了基音以外的其他分音称为泛音。音色是由混入基音的泛音所决定的,高次谐波越丰富,音色就越有明亮感和穿透力。不同的谐波具有不同的幅值和相位偏移,因此具有不同的音色效果。

7.1.2 声音质量

信噪比是有用信号与噪声功率之比的简称,是衡量声音质量的一种指标。噪声可分为环境噪声和设备噪声。信噪比越大,声音质量越好。信噪比可表示为:

$$SNR = \frac{\text{有用信号的平均功率}}{\text{噪声的平均功率}}$$

声音的清晰度、可懂性等是衡量声音质量的另一些指标。但这些指标与感觉上的、主观上的测试关系密切。

多媒体产品中使用的大多数声音都是数字音频或者乐器数字接口(Musical Instrument Digital Interface,MIDI)音乐,现实生活中的声音信号都是模拟信号。将模拟声音信号转变为数字声音信号称为声音信号的数字化。

7.2 数字音频技术基础

7.2.1 数字音频

模拟声音信号是连续信号,无法被数字设备识别,需要转换为离散信号。数字化的声音就是对模拟声源进行采样、量化后的声音。每隔 $\frac{1}{n}$ s 采样一次,每个样本点用一定的二进制位来量化,区分级别,编码为二进制表示的数字信息,数模转换过程如图 7-1 所示。数字化声音的质量取决于声音采样的间隔(也称采样频率,一般以千赫兹为单位,即每秒获得多少千个样本点)和量化位数(或称为采样深度,每个样本点值用多少个数字表示)。采样频率越高,量化位数越高,分辨率就越高,数字化的声音在播放时质量就越好。由于数字音频质量只与录音的质量有关,而与终端用户播放音频时采用的设备无关,因此数字音频质量与设备无关。

模拟音频电信号 ⟶ 采样 ⟶ 量化 ⟶ 二进制序列

图 7-1 数模转换过程图

数字音频的技术指标主要有以下三种。

1. 采样频率

采样频率是指 1 s 内采样的次数。采样频率的选择应该遵循奈奎斯特采样理论:如果对某一模拟信号进行采样,则采样后可还原的最高信号频率只有采样频率的一半。也就是说,只要采样频率高于输入信号最高频率的两倍,就能根据采样信号序列重构原始信号。

根据奈奎斯特采样理论,CD-DA 音质的数字音频采样频率为 44.1 kHz,可还原的最高频率为 22.05 kHz,与人类所能感觉到的声音相差无几。因此,CD-DA 音质也被称为高保真音质。

2. 量化位数

量化位数是对模拟音频信号的幅度进行数字化所采用的位数,可以理解为音量大小的级别。量化位数越高,级别越丰富,等级越细,信号的动态范围越大,数字化后的音频信号越接近原始信号。由于计算机以字节为基本单位进行运算,一般的量化位数为 8 位或 16 位。8 位的量化位数能提供 256 个均匀分布的单位,每个单位用于描述所采集声音片段的动态范围或幅值,也就是某一个样本点声音的大小。而 16 位的量化位数可以提供 65536 个均匀分布的单位来描述声音的动态范围。

3. 声道数

在硬件中,一路数字音频信号需要独占一条线路,需要有多路数字音频信号就需要占用多条线路,因而数字音频有单声道、双声道和多声道等不同声道数。

表 7-3 列出了一些常用的采样频率、量化位数以及最终的文件尺寸。

表 7-3　不同声音的采样频率、采样精度、声道数

声音质量	采样频率(kHz)	采样精度(bit)	单声道/双声道	数据量(MB/min)
电话音质	8	8	1	0.46
AM 音质	11.025	8	1	0.63
FM 音质	22.05	16	2	5.05
CD 音质	44.1	16	2	10.09
DAT 音质	48	16	2	10.99

数字音频文件大小的计算公式是:

$$数据量(B/s) = \frac{采样频率(Hz) \times 量化位数(bit) \times 声道数}{8}$$

由于量化位数的单位是二进制位,计算机文件大小的基本单位是字节,而 1 个字节包含 8 个二进制位,因此最后需要除以 8,再根据需要转换为对应的 KB、MB 等。如上表中 1 分钟的 CD 音质文件大小的计算为:

$$44100 \times 16 \times 2 \times 60 / 8 = 10584000 \text{ B} = 10.09 \text{ MB}$$

CD 音质是目前公认质量最高的音频标准,但是在计算机上进行播放时用户往往对声音的期望值没有那么高,那是不是就不需要高标准进行数字音频采样了呢? 事实上,由于外存储器容量越来越大,人们往往会采用比目标播放设备所使用的参数更高的标准进行数字音频采样。保存这些声音是为了随着播放技术和带宽的不断改进,在未来升级设备时能得到更高质量的播放效果。

7.2.2 MIDI 音乐

以前,如果提起音乐和计算机,你会认为这是两个完全不相干的领域,但是随着计算机技术的飞速发展及其应用领域的不断扩展,音乐与计算机神奇地走到了一起。现在可以很方便地使电子乐器和多媒体计算机相互结合,给人们提供快捷、独特的制作方式。这种制作方式更加强调音色的非常规化、电子化、空间感和对比度。

在前文中讲述的数字音频文件,包含对声音信号进行采样、量化得到的各采样点的数值序列。这种形式的文件数据量大,要想从中分离出某个音符十分困难,而且这种记录音乐的方式不符合人演奏各种乐器的自然过程,所以,要让作曲家们接受这种形式其难度可想而知。

这时,人们开始设想一种新的声音数据的表现形式,其原则是能够让乐器与计算机直接连接,使作曲家作曲的过程与他们惯用的方式一致。于是,MIDI诞生了。

MIDI 是乐器与计算机结合的产物,是一种计算机与 MIDI 设备连接的硬件,同时也是一种数字音乐标准。其特点是其文件内部记录的不是声音信号,而是演奏乐器的全部过程,比如音色、音符、延时、音量、力度等信息,所以其数据量相当小。由此可见,MIDI 不属于数字音响的范畴。如果我们把数字音响比作录了某个人小提琴独奏的磁带,那么 MIDI 就是该独奏的乐谱。尽管乐谱本身并不产生任何实际声音,但它却定义了演奏的速度、音符及该独奏声音的大小。如图 7-2所示即为一段 MIDI 音乐,它以乐谱的形式展示出来,而乐谱实际上就是描述演奏过程的命令序列。

图 7-2 MIDI 音乐

为了使数字乐器与计算机之间形成良好地默契,各个厂商需要将每种音色、每个音符、节拍、力度等各项属性数字化,即编号。比如,将音色 Acoustic Piano 设置为 00,将音符 C3 设置为 00,将八分音符设置为 60。因此,一个原声钢琴八分音符的 C3 音,在 MIDI 文件中对应"000060"。细心的读者可能会发现:如果各个厂商对各个动作及属性的设置不一样,那么一个厂商的设备制作出来的音乐可能无法在另一个厂商的设备上演奏。针对这个问题,20 世纪 80 年代,几家电子乐器厂商共同制定了一个 MIDI 接口标准,即我们常说的"GM(General MIDI)标准"。这个标准主要由两部分组成:一是规定了与设备相连的硬件标准,包括乐器间的物理连接方式和连接两个乐器所使用的 MIDI 缆线;二是规定了 MIDI 数据的格式,主要包括硬件上传输信息的编码方式。无论各厂商如何开发自己的产品,其基本设计必须参照这套 MIDI 标准。

7.2.3 数字音频格式

在制作多媒体时,常常要处理文本、声音、图像、动画或数字视频剪辑等各种文件,涉及各种格式的转换。声音文件的格式仅仅是一种识别方法,用于将数字化声音的数据组织到媒体文件中。显然,文件的结构必须是已知的,才能保存数据,以后才能导入计算机,以进行编辑和播放。下面列举多媒体的一些常用的声音格式。

(1)PCM 格式。把上述模数转换过程得到离散的电平值用二进制数表示出来并把二进制数直接记录下来,形成多媒体声音文件的过程称为脉冲编码调制(PCM)编码。也就是说,PCM 是一种将模拟音频信号变换为数字信号的编码方式。模数转换主要经过 3 个过程:抽样、量化和编码。抽样过程将连续时间模拟信号变为离散时间、连续幅度的抽样信号,量化过程将抽样信号变为离散时间、离散幅度的数字信号,编码过程将量化后的信号编码成为一个二进制码组输出。PCM 编码最大的优点是音质好,最大的缺点是体积大。我们常见的 Audio CD 就采用了 PCM 编码,一张光盘的容量只能容纳 72 分钟的音乐信息。

(2)WAV 格式。WAV 是微软公司开发的一种声音文件格式,也叫波形声音文件,是最早的数字音频格式。由于 Windows 本身的影响力,WAV 格式已经成为了事实上的通用音频格式。WAV 格式符合资源交换文件格式(Resource Interchange File Format,RIFF)规范。所有的 WAV 都有一个文件头,这个文件头包含音频流的编码参数。WAV 对音频流的编码没有硬性规定,除了 PCM 之外,还有几乎所有支持 RIFF 规范的编码都可以为 WAV 的音频流进行编码。WAV 格式支持许多压缩算法,支持多种音频位数、采样频率和声道,采用 44.1 kHz 的采样频率、16 位量化位数;但与 CD 一样,对存储空间需求太大,不便于交流和传播。在 Windows 平台上,所有音频软件都能完美支持基于 PCM 编码的 WAV,且可以达到较高的音质要求,所以,WAV 也是音乐编辑创作的首选格式,适合保存音乐素材。因此,基于 PCM 编码的 WAV 常常使用在其他编码的相互转换之中。例如,要将 MP3 转换成 WMA,可以先将 MP3 转换成 WAV,再将 WAV 转换成 WMA。

(3)MP3 格式。MP3 是 MPEG Audio Layer-3 的简称,是 MPEG1 的衍生编码方案,1993 年由德国 Fraunhofer IIS 研究院和法国 Thomson 公司合作开发成功。MP3 可以做到 1∶12 的惊人压缩比并保持基本可听的音质,是因为它利用了知觉音频编码技术,也就是利用了人耳的特性,削减音乐中人耳听不到的成分,同时尝试尽可能地维持原来的声音质量。

(4)WMA 格式。WMA 是 Windows Media Audio 编码后的文件格式。WMA 格式是以减少数据量但保持音质的方法来达到更高的压缩率的目的,其压缩率一般可以达到 1∶18。WMA 支持防复制功能,通过 Windows Media Rights Manager 加入保护,可以限制播放时间和播放次数,甚至播放的机器。WMA 同样也可以支持网络流媒体播放。

(5)ASF 格式。ASF(Audio Steaming Format,音频流格式)是一种依靠多种协议在多种网络环境中传输数据的标准。它支持音频、视频及其他多媒体类型,而 WMA 只包含音频的 ASF 文件。ASF 格式在录制时可以对音质进行调节,同一格式,音质好的可与 CD 媲美,压缩比较高的可用于网络广播。

(6)MIDI 格式。这是记录 MIDI 音乐的文件格式。与波形文件相比较,它记录的不是实际声音信号采样、量化后的数值,而是演奏乐器的动作过程及属性,因此,数据量很小。这种声音文件可以利用 Windows 提供的"媒体播放器"进行播放。

(7)MOD 格式。Module(简称 MOD)是数码音乐文件,由一组 samples(乐器的声音采样)、曲谱和时序信息组成,告诉一个 MOD 播放器何时以何种音高去演奏在某条音轨的某个样本,附带演奏一些效果比如颤音等。MOD 起源于 Amiga 计算机。为了区分具体的类型和整个结构体系,通常使用 MOD 来表示整个 Module 格式体系。

(8)AIFF 格式。AIFF 格式是 Macintosh 平台上的标准音频格式,属于 QuickTime 技术的一部分。这一格式的特点就是格式本身与数据的意义无关。AIFF 虽然是一种很优秀的文件格式,但由于它是 Macintosh 平台上的格式,因此在 PC 平台上并没有得到很大的流行。后来,微软借鉴 AIFF 开发出了 WAV 格式。

7.3　音频处理软件 Samplitude

Samplitude 是德国 Magix 公司设计生产的一款专业级音频工作站,其涉及范围从电脑录音、多轨混音,到音视频同步,甚至包含了简单的 MIDI 制作功能,可以同时处理多达 128 路音频信号,并且可以对每一路音频信号单独进行编辑处理,加入不同的音效、特效,如压缩、扩展、回响、回声、失真、延迟、放大等。它不但能处理多种声音文件的格式,还能直接从 CD 或 VCD 中翻录声音,处理后的声音还可以以各种各样的格式输出。总之,它是一款非常强大且全面的数字音频处理软件,如图 7-3 所示,本节以 Samplitude Pro X 简体中文版为例简要介绍其功能。

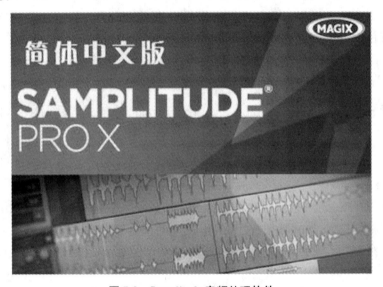

图 7-3　Samplitude 音频处理软件

7.3.1　安装系统与设置

Samplitude Pro X 提供支持 Windows 平台下 32 位和 64 位的不同系统,可以根据自己的系统进行安装选择,系统所需硬件要求如下:

- Windows Vista/Windows 7 32 位,至少 1 GB 内存
- Windows Vista/Windows 7/8/10 64 位,至少 4 GB 内存
- 硬盘最小安装可用空间:500 MB
- 显卡分辨率最小要求:1024×768
- 支持 ASIO 或者 WDM 声卡设备
- 扩展:CD/DVD 刻录机,MIDI 接口

Samplitude 安装非常简单,根据提示一直选择下一步就可以完成安装。由于

Samplitude 支持 VSTi(Virtual Studio Technology Instrument，虚拟乐器插件)，所以在安装时会询问本机存放 VSTi 的目录位置，可根据实际情况填写，一般 VSTi 默认存放在 Program Files/Steinberg/VST Plugins 目录下。

第一次打开 Samplitude，会首先进入向导窗口，通过向导窗口可以快速进入不同的工作状态，如图 7-4 所示。Samplitude 是通过项目进行文件管理的。通常的项目并不是由单一的文件组成，而是很多相关的文件集合，便于将资源素材，编译器和目标文件都关联在一起，方便对复杂任务的管理。因此，需要注意其与单一文件的差异性。

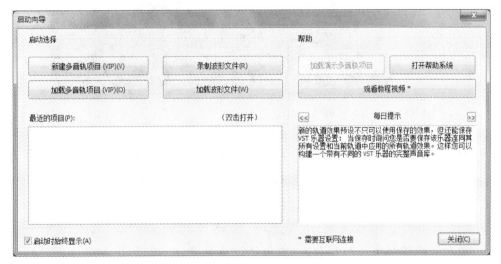

图 7-4　启动向导

Samplitude 的易用性表现在快捷键多、右键菜单多和自定义程度高等方面，而且都符合 Windows 习惯。例如，打开录音窗口用快捷键 R，载入波形文件用快捷键 W，调音台可以使用推子，可以输入数字，也可以通过键盘 PageDown 或 PageUp 按键进行提高和减小，而这些都可以通过系统设置来完成。

7.3.2　工作界面

新建一个 Samplitude 项目后，软件会默认打开多轨道编辑窗口，可以在不同的音轨导入音频文件，进行混音处理，如图 7-5 所示。

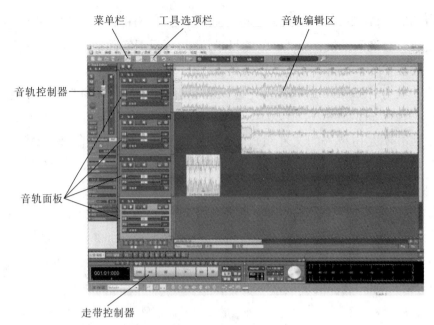

图 7-5　编辑窗口界面

Samplitude 的菜单命令和按钮种类非常多。作为初学者,一般从以下四个方面进行软件的学习,在学习过程中要熟悉 Samplitude 的基本操作。

①进行录音,获得原始音频素材,或者导入外部音频素材。

②编辑音频素材,如复制、粘贴、删除、分割、连接等。

③对人声或音乐进行音效处理,包括调整音量、降噪、美化人声、闪避、修正声场等。

④合并音轨,导出音频文件。

7.3.3　音频基本编辑方法

1.录音

Samplitude 可以录入多种音源,如话筒、录音机、CD 播放机等。将这些设备与声卡连接好,就可以准备录音了。录音的步骤如下:

①将话筒插入电脑声卡的麦克风插孔,开启话筒电源。

②启动 Samplitude 后,选择一个音轨,单击音轨面板的录音按钮,使该音轨处于待录音状态(此时录音按钮应该呈红色),如图 7-6 所示。

图 7-6　录音音轨面板

③执行菜单"播放|录音|录音"命令,或者点击下方的走带控制器的录音按钮
"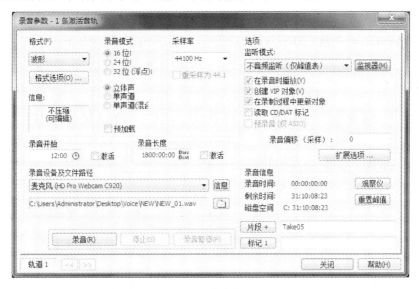",开始录音。可以通过"监听"命令打开监听功能,也可以在录音前设置录
音选项,选择适当的采样率、声道数、采样精度,如图 7-7 所示。

图 7-7　录音参数设置

④录音结束后,单击走带控制器的"　　"按钮就可以停止录音,此时软件会
提示是否保存刚刚录制的音轨。

2. 加载音频文件

Samplitude 提供了将 WAV 文件、MP3 文件,以及其他支持类别的音频文件
加载到编辑窗口中的功能,需要明确的是在一个 Samplitude 的虚拟项目文件中,
素材文件都是通过导入命令而不是打开命令进行处理的。具体操作步骤:执行菜
单"文件|导入|加载音频文件"命令,在打开的对话框中选择文件。如果素材文件

的采样率与虚拟项目的采样率不一致,则会打开采样率对话框,需要对文件进行重新采样才能加载成功,如图 7-8 所示。

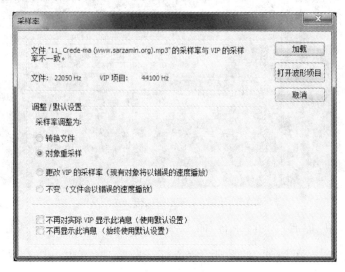

图 7-8　音频(重采样)

3. 导入 CD 音轨

Samplitude 可以从 CD 或 VCD 中翻录声音。由于 CD 唱片中的音频数据采用全数字方式,因此声音质量会很高,便于后期的进一步处理。现以 CD 为例,导入步骤如下:

①将 CD 放入光驱中,执行菜单"文件|导入|导入音频 CD 音轨"命令。

②在打开的 CD 音轨列表中选择一个或多个音轨,按下"复制已选的音轨(Y)…",如图 7-9 所示,对音轨进行复制,保存为新的波形文件,在音轨编辑区就会出现一个或多个音频素材。

③也可以通过对已选音轨的定位,抓取 CD 音轨的一部分音频素材进行处理。

图 7-9　导入 CD 音轨

4. 编辑波形文件

对音轨上的整体文件进行其他的操作，如剪切、复制、粘贴等，和一般的应用软件很相似，一般在音轨波形文件上点击右键选择对应的快捷菜单。若要分割或者调整波形文件，可使用鼠标点击上标尺获取时间点，或者拖动鼠标获取时间范围。分割音频和获取部分波形内容在编辑时较为常用，如图 7-10 所示。

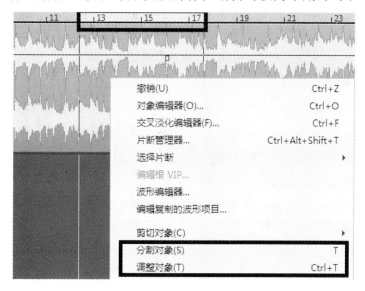

图 **7-10** 编辑音频

7.3.4 音频效果处理

1. 音量和声相调整

Samplitude 可以在保证不出现声音失真的前提下，对声音音量进行调整。可以通过音轨控制器上专门的推子"▩▩"调整音量，也可以通过执行菜单"效果 | 振幅"命令调整音量进行。

声相可简单理解为左右声道，可以在音轨控制器中直接修改。可以通过 L 和 R 的不同取值来调整左右声道的大小，也可以通过声相的包络编辑来控制声音在左右声道中比例的变化。

2. 淡入淡出

通过控制音量的淡入淡出，可以使声音从无到有或从有到无（音量渐变）进行过渡。淡入淡出功能可以实现音频的自然连接，避免出现高振幅下声音的转换显得突兀的现象。淡入淡出操作可通过鼠标拖动音频中线来实现，如图 7-11 所示。

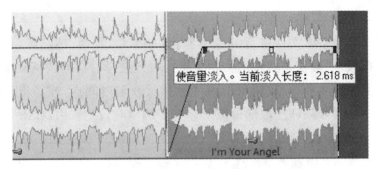

图 7-11　淡入淡出设置

3. 降低噪声

降低噪声就是降低或消除设备噪声、环境噪声、喷音和爆音等杂音。

录进计算机里的声音一定会存在或多或少的噪声。背景噪声问题是一般个人计算机录音最大的问题。声卡的杂音、计算机的风扇、硬盘、音箱、空调和电话等都是噪声源。对不同的噪声有不同的解决办法，常用的有 FFT 采样降噪、使用噪声门和调整均衡等方法。采样降噪是目前比较科学的一种消除噪声的方式：首先获取一段纯噪声的频率特性，然后在掺杂噪声的音乐波形中，将符合该频率特性的噪声去除。

操作步骤如下：

①录音前可以单独录制一段跟正式录音环境一致的纯环境噪声，也可以在正式录音前空录几十秒纯环境噪声。设置采样率为 11.025 kHz，量化位数为 8 bit，声道为单声道；再单击录音按钮开始录制环境噪声，并将录制结果保存为噪音样本的波形文件。为采集到足够多的环境噪声，可以适当延长录音时间，比如 10 秒。

②在新的轨道中开始正式录音，录音结束点击右键选择波形编辑器，打开该音频的编辑窗口。

③点击右键执行快捷菜单"效果(离线)|恢复|降噪器"命令，打开降噪器对话框。

④通过文件选项选择之前保存的噪音样本文件，加载后可以对噪音进行消除，如图 7-12 所示。

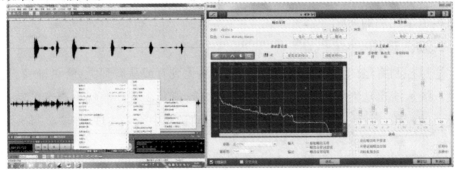

图 7-12　降噪设置

注意:消除噪声对原声会有不同程度的损耗,所以要多听多试,选择合适的方案,在去除背景噪声的同时,确保声音没有过分"变形"。

4. 混响延迟

"混响"简单说就是声音余韵,是音源在空间反射出来的声音。适当设置混响效果,可以使声音更真实、更有现场感,也可以起到修饰、美化的作用。"延迟"即增加音源的延续。它不同于混响,是原声音的直接反复,而非余韵音,也不同于合唱。合唱是单纯的声音重叠,而延迟给人一种错位、延绵的感觉。一般来说,当反射声超过50 ms时,反射声的听感为回声,即声音的延迟;当反射声小于50 ms时,听感即为混响。

在Samplitude中,各种音频效果都是通过效果器插件来完成的。混响延迟效果可以通过点击音频控制器的插件下拉列表进行选择[图7-13(a)],也可以通过菜单命令完成,操作步骤如下。

①打开待处理的音频文件。

②执行菜单命令"效果|延时/混响|延迟…",在弹出的"回声/延迟/混响"对话框中设置各项参数即可,如图7-13(b)所示。

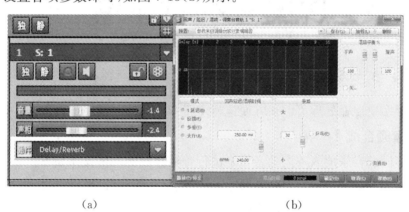

(a)　　　　　　　　　　　　　　　(b)

图7-13　混响延迟设置

5. 闪避

"闪避"是指当人声和背景音乐同时出现在一个音频文件中,人声出现和结束时,背景音乐的音量大小可以自动调整,不影响人声。在Samplitude中,可以利用旁链的功能使背景音乐的电平在人声出现时自动降低,将音乐声音压至一个预先设置好的电平;而当人声停止时,压缩器就会停止压缩,使音乐声的电平又自动回复到原先的大小。

操作步骤如下:

①将音乐和人声分别排列到两条轨道上,并在音乐轨道上点击右键执行快捷菜单"效果|动态|高级动态"命令,打开高级动态效果器。

②将高级动态效果器的阈值降低到适当的电平值,将压缩比提高到较大值,并将启动时间和释放时间都延长(避免每个词之间都有抽吸效应,只让每一段话之间有音乐的起伏),然后将"算法"设为"压限",修改包络和压缩 1 的数值如图 7-14 所示。

③打开旁链,并选择人声音轨 01,关闭效果器后查看最终效果。如果有必要,可适当修改压缩器参数。

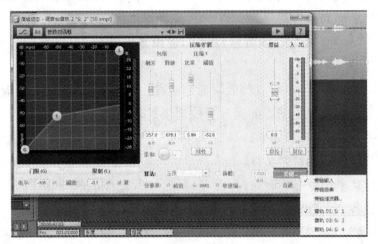

图 7-14　闪避设置

7.3.5　多轨混音处理与导出

通过多轨混音处理可以很方便地将多路音频合成一首完整曲目。

1. 音频合成

将不同的音乐放入不同的音轨中进行音频合成的具体操作如下。

①导入音频文件到第一个音轨中,进行编辑操作或者增加效果。

②用同样的方法在其他的音轨中放入其他合适的音乐。

③通过音轨编辑器的独奏按钮、静音按钮、锁定按钮等功能进行多音频的混音设置。

2. 音频导出

完成处理后,可以通过执行菜单"文件|导出"命令,选择需要导出的音频文件格式,保存音频文件。需要注意的是,音频文件的保存与虚拟项目的保存是有差别的。虚拟项目可以进行再次编辑,而导出的音频文件不可重新编辑。

7.4 语音合成与识别技术

电话咨询时,我们经常能听到语音提示。使用智能语音机器人来代替人工座席接听用户来电,提高接听效率,已是大势所趋。要进一步探讨这个问题,必须认识到人机语音交互过程的三个基本处理类型。

①语音识别:用计算机来识别人们所说的话。

②自然语言理解:用计算机对人类自然语言传达的信息进行合理的解释。

③语音合成:用计算机制造出语音。

人机语音交互要求计算机首先必须识别出自然语言,而自然语言的语法不规则性和二义性给这项工作带来了巨大的挑战。

7.4.1 语言处理

1. 语音识别

在交谈的过程中,如果你不理解别人在讲什么,可能需要重复某些语句。并不是说你不理解别人说话的含义,只是因为不知道别人说的是什么。发生这种情况主要有以下几种原因。

①发音。我们每个人的嘴巴、舌头、喉咙和鼻腔的结构不同,影响了我们发音的语调和共振。因此,我们可以说"识别"出了某人的声音,就是从他的发音方式认出了他。此外,不同地区的人对指定词语的发音也不同,方言大大复杂化了识别词语。另外,口吃、音量和发声者的健康状况也进一步复杂化了这个问题。②语速。人们是以连贯流畅的方式讲话,通过连接词语构成了语句。有时,我们说得太快,会出现吞字的现象。人的大脑具有把一系列的语句分割成词语的能力,但是如果讲话的人说得太快,我们可能会听不明白。③同音字词。如"攻击"和"公鸡","摇动"和"窑洞"的发音完全一样却不是相同的词语。人们通常可以根据语句的上下文自行理解,但是,对计算而言,这种处理需要对自然语言有更深的理解。

人都偶尔会遇到不能理解他人语言的问题,让计算机识别语音就更难了。现代的语音识别系统仍然难以处理连续的交谈。最成功的系统识别的是不连贯的语音,其中的每个词语都被明确地分割了出来。当训练语音识别系统来识别特定的人声和词语库后,语音识别技术取得了更大的进展。语音可以被录制为声波信号,反映了讲特定词语时声音频率的变化。训练语音识别系统后,将用所讲的词语与记录的声波信号进行比对,以确定这个词语是什么。没有经过特定声音和词语训练的语音识别系统将与通用的声波信号对比以识别词语。虽然精确性差了一点,但使用通用声波信号可以避免耗时的训练过程,而且可以使任何人都可以使用语音识别系统。

2. 自然语言理解

即使计算机能够识别人们所讲的词语,要理解这些词语的意思也是另一个非常大的难题。这也是自然语言处理中最具挑战性的部分。自然语言的二义性是指同样的语法结构可能有多种有效的解释。产生这种二义性的原因有下面几种。

一是一个词语可能有多种定义,甚至可以表示语言的多个部分。如:词语"干事"既可以表示一种职业,也可以是动宾词;要理解短语"海上画画画上海"中"画"的意义更是需要断字明确;"校长说,校服上除了校徽别别别的,让你别别别的你非得别别的。"这样的语句更是直接让人崩溃。因此,计算机要给语句附加含义,必须要确定如何使用其中的词语。

二是自然语言的句子也有句法的二义性。如:"以前喜欢一个人,现在喜欢一个人。"这种句子必须结合上下文来选择符合逻辑的解释,判断出这里的"一个人"是指自己还是他人。"手机碰到了镜子,但是它却没有坏。"什么没有坏,手机还是镜子? 这里可以假设"它"是前一小句的主语手机,但这未必是正确的解释。事实上,在没有其他信息的情况下,即使是我们人类自己也未必能判断得出"它"指代的是什么。

自然语言理解的研究领域很广,远远超过了本书所能涵盖的范围。不过,理解为什么这一领域极具挑战性是相当重要的。

3. 语音合成

语音合成是以语音为媒介的语音输出技术,实现的是文字到语音的转换。比如会说话的钟表、玩具以及一些报警器。现在的语音合成技术已发展得很好,能够根据提供的文本正确地发出声音来,但是其中仍存在着一个很大的问题:声音不够自然。语音合成中,如何更好地表达感情色彩、情绪,需要进一步去研究。而这一任务首先要解决的就是必须先对一句话进行理解。只有充分理解语句的含义,才能够知道如何把韵律加进去,如何表达感情和情绪。目前,很多书籍社区或读书软件可以支持智能化的读书功能,听书时允许选择语音音色。

7.4.2　语音合成技术

语音合成技术(Text To Speech,TTS),也叫文语转换技术,是利用计算机按人们预定的程序和指令,人为地产生出音素、音节、词和句子的技术。它涉及声学、语言学、数学信号处理技术、多媒体技术等多学科技术,是中文信息处理领域的一项前沿技术,主要用于将文字信息转化为语音信息。目前,一些智能仪器仪表当中已广泛使用语音合成技术,可以实现动态的、及时的语音朗读、提醒等功能。

语音合成技术经历了一个逐步发展的过程,是一个从参数合成到拼接合成,再到两者逐步结合的过程。但是,实用意义上的近代语音合成技术是随着计算机技术和数字信号处理技术的发展而发展起来的。在语音合成技术的发展过程中，早期的研究主要是采用参数合成方法。Holmes 的并联共振峰合成器和 Klatt 的串/并联共振峰合成器，通过调整参数，都能合成出非常自然的语音。20 世纪 80年代末期至今，语言合成技术有了新的进展。基音同步叠加（PSOLA）方法的提出使基于时域波形拼接方法合成的语音的音色和自然度大大提高。90 年代初，基于 PSOLA 技术的法语、德语、英语、日语等语种的文语转换系统都已经研制成功。基于 PSOLA 方法的合成器结构简单、易于实现，有很大的商用前景。近年来，一种新的基于数据库的语音合成方法正在快速发展。在这个方法中，由计算机从包含各种语音单元的数据库中挑选出所需的单元组成语句，以实现语音合成。这种方法的特点是效果真实，因为语音单元真人发音。但是，由于要维护一个语音数据库，所以需要较大的存储空间。目前，常用的语音合成技术主要有共振峰合成、LPC 合成、PSOLA 拼接合成和 LMA 声道模型技术。

　　语音合成步骤通常由文本分析和语音合成构成。文本分析对输入文本进行词法分析、语法分析，甚至语义分析，从文本中抽取音素和韵律等发音信息；语音合成根据文本分析部分得到的信息去控制合成单元的频谱特征，以此控制语音音色；通过控制韵律特征来控制语音的基频、时长和幅度；最后，这些特征传入声音合成器，发出语音。语音合成步骤如图 7-15 所示。语音合成技术的目的主要是让计算机能够产生高清晰度、高自然度的连续语音。目前，各种语音合成方法的研究重点都是如何让计算机产生高自然度的连续语音。无论用哪种合成方法，韵律规则的总结（特别是连续语音的韵律规则总结，应尽可能将定性的规则描述定量化）对自然度始终有最重要的影响，前端文本处理对合成语音的自然度也具有举足轻重的影响。但是，如果要完整全面地解决这些问题，还需要自然语言理解的突破。

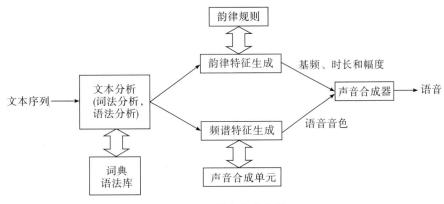

图 7-15　语音合成步骤

7.4.3 语音识别技术

1. 发展历史

语音识别的历史可以追溯到 20 世纪 50 年代。而计算机语音识别的正式兴起始于 1960 年 Denes 等人共同研究成功的第一个计算机语音识别系统。从 20 世纪 70 年代后期开始,语音识别技术开始沿着三个不同方向来扩展研究领域:特定人向非特定人扩展;孤立词向连接词扩展;小词汇量向大词汇量扩展。特别是隐马尔可夫模型(HMM)在语音识别领域的应用,大大推动了语音识别技术的发展。这是因为 HMM 既可描述语音的瞬态特性,又可描述语音的动态转移特性,合理地反映了语音的统计特征。

近年来,人工神经网络因其自适应性和自学习能力对改善语音识别系统的健壮性和容错性有很大促进,逐渐受到重视。这方面研究工作集中在寻求能反映语音瞬态特性、动态特性和多变特性的神经网络。Carnegie Mellon 大学的 A. Waibel 在 1989 年提出的时间延时神经网络就是一个成功的范例。

人对语音识别的能力是任何机器都难以比拟的,特别是在信噪比极低的情况下,机器识别率很差,而人耳仍能保持较高的识别率。因此,在听觉机理的生理、心理研究基础上,科学家们提出了各种听觉模型,将听觉模型提取的参数用于语音识别,抗噪能力明显地增强。语音识别进入大词汇、连续语音识别时,先识别声学信息,再利用语言学的知识,诸如词法、句法、语义、对话背景等知识,来帮助机器提高识别率和理解能力,从已识别的语音中挑选出正确的词句。因此,听觉模型的研究将是不可割舍的部分。

目前常用的听觉模型有两种:一种是基于知识规则的方法建立模型,需要有庞大的专家知识库,语义分析规则十分复杂、繁琐;另一种是从大量的语言资料中统计出词搭配的概率,构成听觉统计模型,利用概率分布来缩小语音识别的搜索范围和纠正误识。听觉统计模型不但可以将建立听觉模型的巨大人工工作量由计算机负担,而且与识别模型的连接更为直接和简单,现已为越来越多的语音识别系统所使用。

未来语音技术的发展方向将由连续语音进入自然话语识别与理解,并着手解决语音识别中的一系列问题。有人说语音将成为下一代操作系统和应用程序的用户界面,也有人说语音识别技术的发展将迎来继互联网革命之后的又一次革命。到底怎么样?我们拭目以待。

汉语语音识别研究工作始于 1958 年。当时,中国科学院声学研究所用电子管设备识别 10 个元音。1972 年起,该所开始用计算机识别语音。截至今日,汉语语音识别的研究工作基本跟上了国际语音识别的步伐,同时结合汉语的特点有些地方还有所独创。汉语全音节实时识别系统和某些语音/文本输入系统正在向实用化迈进。连续语音的识别和理解正在起步,其中连续数字串识别较为成功,强噪音下汉语有限命令的语音识别也取得了可喜的进展。

2. 语音识别的工作原理

语言是人与人之间进行交流的一种最简单、最直接、最方便的工具。人们迫切地希望计算机能够对语言进行识别。通常,每个语种的发音都具有一些各自的特征,但进行语音识别的基本原理是类似的,如图 7-16 所示。

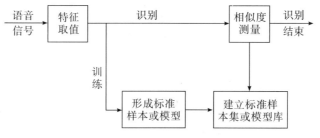

图 7-16 语音识别原理

语音识别分为训练和识别两个阶段。训练阶段是在机器中建立被识别语音的样本集或模型库,或者对已存在机器中的样板或模型做特定发音人的适用性修整。在识别阶段,将被识别的语音特征参量提取出来进行模式匹配,相似度最大者即为被识别语音。在大词汇、连续语音识别和口语理解的情况下,使用语言模型对提高识别速度和正确率会起到很大作用。在汉语语音识别中,需要考虑以下几点:汉语是以音节为基础的语言,属于元音结尾或元音加鼻韵结尾的开音节结构;汉语协同发音和音变不如英语严重;汉语是有调语言,调起辨意作用等。这些特点在汉语识别中都得到了充分利用。

3. 语音识别系统的分类

语音系统有多种分类方法。

①按照识别对象可分为孤立词识别、连接词识别和连续语言识别与理解三种。

②按照使用者的适应程度可分为认人识别和不认人识别两种。

③按发音人可分为特定人、限定人和非特定人语音识别三种。例如有男声、女生、童声之分。

④按照词汇量大小,可分为小词汇量(100 个词以下)、中词汇量(100~1000 个词)和大词汇量(1000 个词以上)三种。中、小词汇量识别可使用整词作为识别单元。由于大词汇量会大大增加混淆程度,所以只能使用子词作为识别单元(音素、双音素、音节等),且识别难度很大。

4. 语音合成方法

①动态语音合成法。采用动态语音生成法生成语音输出,计算机要分析构成

词语的字母,生成这些词语对应的声音序列以试图发声。人类的语音可以被划分成特定的声音单元——音素。选中合适的音素后,计算机将根据使用这个音素的上下文修改它的音调。此外还要确定每个音素的持续时间。最后,计算机要把所有音素组合在一起形成独立的词语。声音本身是通过电子方式生成的。模拟了人类声带的发声方式。这种方法的难点在于不同人的发声方式不同,而且控制字符在每个词语的发音中所占的分量的规则也不一致。动态语音生成系统生成的语音虽然每个单词都可以听懂,但是通常听起来都很机械、不自然。

②人声录音合成法。语句是由词语按照适当的顺序排列得到的。有时,常用的短语或一组总是一起使用的单词会被录制为一个实体。电话语音邮件系统通常采用这种方式。

值得注意的是,每个词语都需要单独录制。此外,由于词语在不同的上下文中发音不同,所以有些词语要录制多次。例如,问句结尾的词语比用在陈述句中时音调高。对灵活性的要求越高,录制语音解决方案的难度就越大。

虽然动态语音合成技术一般不能生成真实的人声,但是它能发出每个词语的声音。人声录音合成技术提供的语音更真实,因为它使用的是真正的人声,不过它的词汇量仅限于预先录制好的词语,因此必须拥有存储所有词语的内容容量。通常在使用的词汇量较小时使用录音回放功能,如目前常见的导航软件中的个性化声音导航,都是通过录音回放来实现的。

5. 语音识别软件

在国外早已出现了非连续语音识别技术,即要求使用者进行语音录入时在词汇间留有一定的停顿,使计算机能够逐词地进行识别。但中文语音识别又有其特殊性和一定的难度。汉语句子中词和字的界限不分明,字在句子中有时作为独立的单字词,有时又作为词的语素,这使得计算机的词汇库很难应付这么多变化。更何况谁也不能强迫人们在句子中的每个词间加上生硬的停顿。所以非连续语音识别技术对汉语而言并不实用,汉语识别只有采用连续语音识别技术才行得通。

针对中文同音字多、有声调、词界不明、新词不断出现的特点,IBM 在 20 世纪90 年代之后率先推出 ViaVoice,给中文连续语音识别技术的推广注入了催化剂,也标志着大词汇量、非特定人和连续语音识别技术趋于成熟,使计算机向人性化迈出了重要的一步,是中文信息处理技术发展的一个重要里程碑。

国内知名企业科大讯飞一直致力于语音识别技术的研发,特别是中文语音的识别。近年来,讯飞输入法在输入效率和智能化方面取得了长足的进步。2018年,讯飞输入法对通用语音的识别率达到 98%。按照微软方面的标准,98% 的识别率已处于世界前茅。

随着经济、文化的全球化以及区域经济的迅速发展,主流语言或通用语言更加强势,弱势语言的交际功能不断衰弱,甚至濒临消亡。目前,世界上的语言大约有 6000~10000 种。据语言学家预测,大部分语言将于本世纪末消失。因此,濒危语言保护已经成为了一项极重要且迫切的工作。语音合成和识别技术可以为人类在语言能力上赋能,加强全人类的语言互动,共建命运共同体。

习题 7

一、单选题

1. 人类听觉的声音频率范围为_____。

    A. 20 Hz～20 kHz   B. 300 Hz～3 kHz

    C. 200 Hz～3.4 kHz   D. 10 Hz～40 kHz

2. 将模拟声音信号转变为数字音频信号的声音数字化过程是_____。

    A. 编码→采样→量化   B. 采样→量化→编码

    C. 采样→编码→量化   D. 量化→编码→采样

3. 调幅广播的频率范围是_____。

    A. 200～3400 Hz   B. 20～15000 Hz

    C. 50～7000 Hz   D. 10～20000 Hz

4. MIDI 是一种_____,是数字音频领域的国际通信标准。

    A. 语音模拟接口   B. 乐器模拟接口

    C. 乐器数字接口   D. 语音数字接口

5. 声音数字化的三要素是_____。

    A. 采样频率、量化位数、声道数   B. 采样位数、颜色位数、声道数

    C. 采样位数、量化频率、声道   D. 采样频率、量化位数、声道

6. 下列各组参数中,选择_____时采集的声音质量最好。

    A. 22.05 kHz 采样频率、16 位量化、双声道

    B. 44.1 kHz 采样频率、16 位量化、双声道

    C. 22.05 kHz 采样频率、8 位量化、单声道

    D. 44.1 kHz 采样频率、8 位量化、单声道

7. 两分钟双声道、16 bit 量化位数、22.05 kHz 采样频率的声音数据量大致是_____。

    A. 10.58 MB   B. 88.20 KB

    C. 80.75 MB   D. 10.09 MB

8. MP3 文件的压缩比可达到_____。

    A. 4∶1   B. 11∶1   C. 2∶1   D. 200∶1

9. 多轨编辑模式下,每个轨道的控制区上按钮"S"表示_____。

    A. 录音   B. 独奏   C. 静音   D. 输入

10. _____效果是指音频选区的起始音量很小甚至无声,而最终音量相对较大。

    A. 延迟   B. 淡出   C. 回音   D. 淡入

二、多选题

1. 美化声音的具体手段有_____。

    A. 提高优美曲调   B. 提高清晰度

    C. 降低噪音   D. 选择声音特质

2. 录音时噪音的来源可能有_____。

    A. 声卡的杂音   B. 硬盘的转动声

    C. 周围环境的声音   D. 计算机风扇声

3. 以下选项中,常用的声音文件格式有_____。

    A. JPEG   B. WAV   C. MIDI   D. MP3

4. 下列情况中,需要使用 MIDI 的有_____。

    A. 没有足够的硬盘存储波形文件时

    B. 用音乐伴音,对音乐质量要求不很高时

    C. 想连续播放音乐时

    D. 想音乐质量更好时

5. 关于音频处理软件,下列说法正确的是_____。

    A. 能够录制声音,但是只能存储为 MP3 格式

    B. 可以对声音进行剪辑

    C. 能去除噪音,让声音变得更清晰

    D. 可以添加回声效果,让声音更浑厚

三、填空题

1. 规则音频信号是带有语音、_____和音效的有规律的音频信号,承载了一定的信息。

2. 采样是对模拟音频信号在时间上的离散化,而量化则是在_____上的离散化。

3. 音频信号的心理学特征包括了音调、_____和响度。

4. 在多轨编辑状态下,声相的_____编辑可以控制声音在左右声道中比例的变化。

5. 语音_____就是让计算机能够听懂人说话。

第8章　数字视频处理技术

> 今天99.99%的数码相机,包括智能手机、摄像头、数字摄像机,都采用了布莱斯·拜耳的滤色器技术。没有他就不会衍生出整个数字影像产业。
>
> ——《纽约时报》

说起柯达这个名字,大家都不会陌生。在胶片时代,不少电影的片尾都会有柯达的商标。世界上第一台数码相机也是柯达公司发明的。柯达公司的科学家布莱斯·拜耳发明了拜耳滤色器。目前,几乎所有的数码相机、摄像机和手机摄像头都在采用这一技术,拜耳因此被誉为"数字图像之父"。柯达在影像发展领域功不可没,然而随着数字影像技术的发展和普及,柯达公司却故步自封,沉醉于胶卷行业的利润,最后只能破产清算。在数字化社会中,不顺应时代终究会被淘汰。

本章首先介绍了数字视频的相关概念和数字化方法,然后分析了数字视频的性能指标和各种视频文件的差异,最后重点讲解了视频编辑软件 Premiere 的应用。

8.1　数字视频基础

视频往往是真实世界的再现,是把我们带到近似于真实世界的最强有力的工具。视频是信息量最丰富、最生动、最直观的一种信息载体。在多媒体技术中,视频信息的获取及处理占有举足轻重的地位。视频处理技术在目前乃至将来都是多媒体应用的核心技术。

8.1.1　视频概述

1.视频的概念

视频(Video)是随时间连续变化的一组图像,也称为活动的图像或运动的图像。视频与图像有着密切的关系。人们在观看电影或电视时,感觉画面是连续的、自然的,实际上这些连续的画面是由一幅幅静止的图像组成的。当这些图像以一定的速率播放时,就形成了运动的视觉效果。这种现象是由人眼的视觉暂留特性造成的。视频中的一幅图像称作一帧。尽管视频与图像的关系密切,但两者的生成有所不同:图像大多由数码设备拍摄、扫描仪扫描,或通过图像处理软件绘制等方式生成;而视频一般由摄像机、摄像头等视频录制设备摄制,或通过视频编辑软件合成等方式生成。

2. 视频的特点

视频作为展现具体事物或抽象过程的最佳手段,与其他媒体相比,具有如下特点。

①信息容量大。视频信息在存储和传输时的容量均比其他媒体所需的空间大,通过视频媒体所获取的信息量通常比通过其他媒体形式获取的更加丰富。

②声画并茂。视频信息一般都同步关联音频信息,声画并茂,富有感染力。

③生动、直观。由于视频是运动图像,因此具有生动、直观和形象等特点。

在日常的社会文化生活中,视频媒体无处不在。之前的章节提及过人类接受的信息约有 83% 来自于视觉,可见视频媒体的重要性。

3. 视频的应用

目前,视频的主要应用领域有电视、电影、多媒体通信领域等。例如,利用计算机网络的 VOD 点播,可以允许用户在线观看电影和电视节目;利用视频会议和可视电话,可以使用户实现远程交互和控制。总之,随着计算机技术和多媒体通信技术的发展,视频技术将越来越重要。

8.1.2　模拟电视信号与制式

早期的模拟视频是以模拟电信号的形式来记录动态图像和声音,依靠模拟调幅的手段在空间传播这些电信号,通常采用磁性介质存储。例如,盒式磁带录像机将视频作为模拟信号存放在磁带上。

模拟视频具有成本低、图像还原好、易于携带等优点。但其缺点也显而易见:在传播过程中,随着时间的推移,电信号强度将衰减,导致图像质量下降、色彩失真;此外,模拟视频传输效率低,不适合网络传输。目前,模拟视频正在全面地转变为数字视频。

电视信号的标准简称制式,可以理解为实现电视图像或声音信号所采用的一种标准。各个国家根据自身发展选择不同的制式进行电视信号传播。目前,世界流行的彩色电视制式有三种。

(1)NTSC(National Television System Committee)制,即正交平衡调幅制。采用这种制式的国家主要有美国、加拿大和日本等。这种制式的频率为 29.97 fps(近似 30 fps),每帧 525 行、262 线,标准分辨率为 720×480。

(2)PAL(Phase Alternative Line)制,即正交平衡调幅逐行倒相制。采用这种制式的国家有中国、德国、英国和其他一些西北欧国家。这种制式的帧率为 25 fps,每帧 625 行、312 线,标准分辨率为 720×576。

(3)SECAM(Sequential Color And Memery)制,即顺序传送彩色与存储制。采用这种制式的有法国、前苏联和东欧一些国家。这种制式的帧率为 25 fps,每帧 625 行、312 线,标准分辨率为 720×576。

8.1.3 视频的数字化

视频按照处理方式的不同可以分为模拟和数字两种形式。模拟信号是实时获取的自然景物的真实图像信号,使用连续的物理量来表示信息。早期电视电影都属于模拟视频的范畴。数字信号是基于数字处理技术的动态图像信号,使用离散的物理量来表示信息。目前,数字电视、视频会议等都是数字视频的应用。

要使计算机能够对视频进行处理,必须把来自电视机、模拟摄像机、录像机和影碟机等设备的模拟视频信号转换成计算机要求的数字形式,并存放在磁盘上。这个过程称为视频的数字化过程。与之前的图像数字化和音频数字化一样,视频数字化也需要对模拟信号进行采样、量化和编码。这些过程一般由专门的视频卡来完成。动态视频信号的采样需要很大的存储空间和数据传输速度,播放过程中需要对编码后的视频文件进行解码,因此必须对图像进行压缩、解码处理。为了更快地处理,一般利用视频卡进行硬件解压缩。与声卡一样,视频卡也能实现模数转换和数模转换。

需要注意的是,视频数字化概念的提出是在模拟信号占主导地位的时期。目前,通过数字设备获取的视频信号本身已是数字信号,不需要再从磁带上进行转换。

数字视频克服了模拟视频的局限性,具有以下优点。

①传输速率高,可以采用成本低、容量大的光存储介质,大大降低数据传输和存储费用。

②保存时间长,可以不失真地进行多次复制,在网络环境下可长距离传输而无信号衰减问题,抗干扰能力强,再现性好。

③可利用计算机创造性地编辑与合成,增加交互性,或制作特殊效果,如三维动画、变形动画等。

8.2 数字视频的存储及文件格式

在视频网站中、蓝光光盘封面上以及电视机说明书里经常能看到 720P、1080I、1080P 等字样。这些数字和字母到底代表什么含义呢?而打开某个视频文件,有时会出现"播放器无法识别或解码该文件",又该怎么解决呢?本节会从数字视频的存储和文件格式方面带大家来了解视频的图像质量和文件描述。

8.2.1　视频图像质量

1. 数字视频的技术参数

在多媒体数字视频中,有5个重要的技术参数将最终影响视频图像的质量,它们分别为帧速、分辨率、颜色数、压缩比和关键帧。

①帧速:常用的有25 fps(PAL)、30 fps(NTSC)。帧速越高,数据量越大,质量越好。

②分辨率:视频分辨率越大,数据量越大,质量越好。这里要注意区分图像分辨率和设备分辨率(显示的像素点数)。

③颜色数:指视频中最多能使用的颜色数。颜色数越多,色彩越逼真,数据量也越大。

④压缩比:压缩比较小时对图像质量不会有太大影响,而超过一定倍数后,将会明显看出图像质量下降。压缩比越大,在回放时花费在解压缩的时间越长。

⑤关键帧:视频数据具有很强的帧间相关性,动态视频压缩正是利用帧间相关性的特点,通过前后两个关键帧动态合成中间的视频帧。因此,对于含有频繁运动的视频图像序列,关键帧数减少会出现图像不稳定的现象。

其中,视频分辨率是最常使用的衡量视频图像质量的技术参数,可用文字描述(标清、高清、超高清),也可用数字描述(720P、1080I、1080P等)。视频分辨率指的是视频的清晰程度,这种清晰程度取决于视频文件自身的图像分辨率和显示视频的物理分辨率。

2. 图像分辨率

视频的本质是动态图像,也就是多幅图像在一定的帧速下连续播放。图像画面质量通过像素点描述:720意为画面分辨率是1280×720(水平方向1280个像素,垂直方向720个像素),1080意为画面分辨率是1920×1080(水平方向1920个像素,垂直方向1080个像素)。数字反映的是影片的垂直分辨率。

720P约为90万像素,1080P约为200万像素。显然单位面积内的像素点越多,即像素点越小,画面也就越清晰。但是,这里的像素点到底多大呢?单纯根据画面是不能确定像素点大小的,这个大小和显示设备的分辨率密切相关。

3. 设备分辨率

设备分辨率也称物理分辨率、显示分辨率,是显示设备实际存在的像素行数乘以列数的数学表达方式,显示设备固有的参数,不能调节,也指显示设备最高可显示的像素数。高分辨率的视频信号必须在高分辨的设备中播放才能展现最佳效果。

由于显示模式不同,视频显示时可以分为隔行扫描和逐行扫描。1080I中的I

是 Interlace,代表隔行扫描;720P 中的 P 是 Progressive,代表逐行扫描。以 1080I 和 1080P 两种格式为例,虽然分辨率都是 1920×1080,但 1080I 在显示画面时采用隔行显示方式,先扫描显示奇数行的 1920×540 分辨率画面,再扫描显示偶数行的 1920×540 分辨率画面,两帧画面的间隔为 1/60 秒或 1/50 秒(以 NTSC 与 PAC 制为例),利用人眼的视觉暂留原理,最后人眼看到的依然是一幅完整的 1920×1080 高清分辨率画面;而 1080P 格式在显示画面时采用逐行显示方式,即每一帧画面直接显示完整的 1920×1080 高清分辨率画面,省去了交替显示、利用人眼错觉合成的过程。也就是说,同样显示一帧 1920×1080 高清分辨率画面,1080I 格式需要耗费两帧画面时间,而 1080P 则只需要一帧画面。显然,P 模式比 I 模式更清晰、稳定。

高清是在广播电视领域首先被提出的,最早由美国电影电视工程师协会(SMPTE)等权威机构制定相关标准。视频监控领域同样也广泛沿用了广播电视的标准。SMPTE 将"高清"定义为 720P、1080I 与 1080P 三种标准形式,同时规定视频的宽高比为 16∶9。

8.2.2 常见视频文件格式

目前,常见的视频格式非常多。需要注意的是,不同格式的视频要安装相应的视频解码器才能进行播放,如 WMV 格式的影片需使用 Windows Media Player 播放,RM 格式的影片需使用 Real Player 播放,MOV 格式的视频需使用 Quick Time Player 播放等。

1. AVI 格式

AVI(Audio Video Interleave)于 1992 年由 Microsoft 公司推出,是一种音频视频交错编码的数字视频文件格式。它允许音频和视频交错在一起同步播放,支持 256 色和 RLE 压缩,图像质量好,可以跨多个平台使用。其缺点是体积过于庞大,更为明显的不足是未限定压缩标准,即不同压缩算法生成的 AVI 文件需要用相应的解压缩算法解压缩才能播放。因此,经常会出现高版本的 Windows Media Player 播放不了采用早期编码方法编辑的 AVI 格式视频,而低版本的 Windows Media Player 又播放不了采用最新编码方法编辑的 AVI 格式视频的情况。

2. WMV 格式

WMV(Windows Media Video)是 Microsoft 公司推出的一种采用独立编码方式且可以实现网络实时观看视频节目的文件压缩格式。WMV 格式具有本地或网络回放、可扩充和可伸缩的媒体类型、支持部件下载、流的优先级化、多语言支持、环境独立性、丰富的流间关系以及扩展性等优点。

3. MPEG 格式

MPEG 是动态图像压缩算法的国际标准,VCD、DVD 就是这种格式。MPEG 的平均压缩比为 1∶50,最高可达 1∶200,压缩后图像和声音的质量也非常好,且在计算机上有统一标准,兼容性相当好,现在几乎能被所有的计算机平台支持。

MPEG 标准包括 MPEG 音频、MPEG 视频和 MPEG 系统(音频、视频同步)三个部分。MP3 音频文件是 MPEG 音频的一个典型应用,而 VCD、DVD 则是全面采用 MPEG 技术所产生出来的消费类电子产品。

4. FLV 格式

FLV(Flash Video)是 Macromedia 公司开发的一种流媒体视频格式,是目前增长最快、使用最为广泛的视频传播格式,具有占有率低、视频质量良好、体积小等优点。FLV 格式不仅可以轻松地导入 Flash,同时也可以通过 RTMP 协议从 Flash. com 服务器上流式播出,速度极快。Microsoft 和 RealNetworks 的产品能够很好地支持 FLV,并且可以不通过本地的 MediaPlayer 或者 RealPlayer 播放器进行播放。FLV 的出现有效地解决了视频文件导入 Flash 后,使导出的 SWF 文件体积庞大,不能在网络上很好地使用等缺点。FLV 不区分版本,任何版本的 Flash 插件均可播放 FLV 格式的视频。

5. RM 格式

RM 格式是 RealNetworks 公司开发的一种流媒体视频格式,是视频压缩规范 RealMedia 中的一种。它可以根据网络数据传输速率的不同而采用不同的压缩比,从而确保低速率的网络上影像数据的实时传送和播放。

6. RMVB 格式

RMVB 格式是一种由 RM 视频格式升级延伸出的新视频格式,VB 是 VBR(Variable Bit Rate)的缩写。它的先进之处在于 RMVB 视频格式打破了原先 RM 格式平均压缩采样的方式,在保证平均压缩比的基础上,合理利用比特率资源:静止和动作场面少的场景采用较低的编码速率,以留出更多的带宽空间,用于快速运动的场景。因此,RMVB 格式在保证静止画面质量的前提下,大幅地提高了运动图像的画面质量,使图像质量和文件大小之间达到了微妙的平衡。

7. MOV 格式

MOV 是 Apple 公司开发的一种视频格式,其默认的播放器是 Quick Time Player,具有较高的压缩率和较完美的视频清晰度,最大的特点是跨平台性,被 Mac OS、Windows 7 及更高版本的操作系统支持。MOV 格式支持 25 位彩色,支持领先的集成压缩技术,支持 150 多种视频效果。目前,MOV 格式已得到业界的广泛认可,成为数字媒体软件技术领域事实上的工业标准。

8. ASF 格式

ASF(Advanced Streaming Format)是 Microsoft 公司为了与 RealMedia 和 Quick Time 竞争而推出的一种视频格式,是一个在 Internet 上实时传播流媒体的技术标准。用户可以直接使用 Windows 自带的播放器进行播放。ASF 格式的主要优点包括本地或网络回放、可扩充的媒体类型、部件下载及扩展性等。由于它使用了 MPEG-4 的压缩算法,因此压缩率和图像质量都比较理想。与大多数视频格式一样,ASF 的画面质量同文件大小成正比。在制作 ASF 文件时,推荐采用 320×240 的分辨率和 30 帧/秒的帧速,可以兼顾清晰度和文件大小。

8.2.3　常用视频编辑软件

常用的视频处理软件有以下几种。

1. Premiere

Premiere 是由 Adobe 公司推出的一款常用的视频编辑软件,编辑画面质量较高,有较好的兼容性,且可以与 Adobe 公司的其他软件相互协作。

2. Movie Maker

Movie Maker 是 Windows 自带的视频制作工具,可以组合镜头和声音,加入镜头切换等特效,只要将镜头片段拖入即可,简单易学。用户可以在个人计算机上创建、编辑和分享自己制作的视频。

3. Camtasia Studio

Camtasia Studio 是 TechSmith 旗下的一套专业屏幕录像和视频编辑软件,同时包含 Camtasia 录像器、Camtasia Studio 编辑器、Camtasia 菜单制作器、Camtasia 剧场、Camtasia 播放器和 Screencast 等内置功能。用户可以方便地进行屏幕操作录制和配音、视频剪辑和过场动画制作、说明字幕和水印添加、视频封面制作和菜单、视频压缩和播放等。

4. Corel VideoStudio

Corel VideoStudio 是一套操作简单的影片剪辑软件,可以对图像、音频和视频文件进行编辑处理,添加文字、音乐、转场和进行滤镜处理,叠加音、视频素材,最终创建成视频文件或刻录成 VCD、DVD 等光盘。其中文名称为会声电影。会声电影不仅完全符合家庭或个人影片剪辑的需求,甚至可以挑战专业级的影片剪辑软件。其成批转换功能以及对捕获格式的完美支持,让影片剪辑更快捷、更有效。

8.3　视频编辑软件 Premiere

　　Premiere 是 Adobe 公司出品的一款基于非线性编辑设备的音视频编辑软件,可以在各种平台和硬件的配合下使用,被广泛地应用于电视节目编辑、广告制作、电影剪辑等领域,是 PC 和 Mac 平台上应用最为广泛的视频编辑软件。Premiere 具有编辑功能强大、管理方便、特效丰富、采集素材方便、可制作网络作品等众多优点,其主要功能有:

　　①编辑和剪接各种视频素材。

　　②综合处理各种素材,并提供强大的视频特技效果,包括切换、叠加、过滤、运动及变形等。

　　③提供多个音频和视频编辑轨道,可以方便地对音频和视频进行连接、复合等处理。

　　④提供强大的字幕功能,其字幕编辑器集成了各种排版控制功能。

　　⑤能将普通色彩转换成为 NTSC 或 PAL 制的兼容色彩,以便将数字视频信号转换为模拟视频信号。

8.3.1　Premiere 的工作界面

　　打开 Premiere CS4 时,首先进入如图 8-1 所示的启动界面,在启动界面中可以打开一个已有的项目或者新建一个项目。Premiere 是以项目为单位组织影视节目的。要制作的影视节目称为一个项目,集中管理所用到的原始音视频片段、各片段的有序组合、各片段间的叠加与转换效果等,并生成最终的影视节目。

　　点击如图 8-1 所示对话框中的"新建项目"按钮后,弹出如图 8-2 所示的"新建序列"对话框,其中的"序列预置"选项卡中列出了一些常用的视频编辑预置模式。用户可以直接选择这些有效预置模式,或者选择"常规"选项卡进行个性化的设置,例如对视频格式、帧速率、压缩、预演等属性进行修改,且可将这些个性化的设置保存起来以备下次使用。

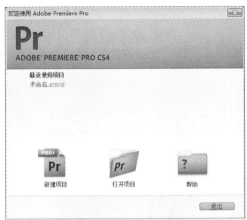

图 8-1　Premiere 启动界面

图 8-2　"新建序列"对话框

进入项目后,主窗口如图 8-3 所示,主要由菜单栏、特效控制台、项目面板、效果面板、监视器面板、时间线面板和工具箱面板组成。

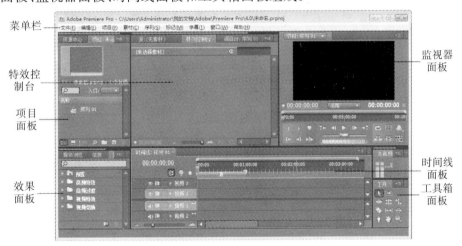

图 8-3　Premiere 主窗口

需要说明的是,图 8-3 中所有面板都是活动的,可任意拖动到窗口其他位置,如想还原默认窗口样式,则可以选择菜单"窗口|工作区|重置当前工作区"选项进行重置。

1. 菜单栏

Premiere 的菜单栏由文件、编辑、项目、素材、序列、标记、字幕、窗口和帮助等 9 个菜单组成。"文件"菜单用于执行项目的新建、打开和保存,素材的采集和输入,以及视频的输出等操作;"编辑"菜单主要执行撤销、复制、粘贴等常规的编辑操作;"项目"菜单主要用于对项目文件进行管理,包括项目属性设置、项目中的素材管理及对项目本身的管理;"素材"菜单主要用于对素材片段进行设置和管理;"序列"菜单用于对视频序列进行预览和渲染等操作;"标记"菜单用于标记的管理;"字幕"菜单用于字幕的设计和管理;"窗口"菜单用于显示或隐藏各种面板;"帮助"菜单用于提供软件版本、版权等帮助信息。

2. 项目面板

项目面板的主要功能是素材的导入和整理。选中不同的素材后,可对其进行预览和播放。

3. 时间线面板

时间线面板是 Premiere 中最重要的面板之一,与 Flash 中的时间轴类似,用于装入及编辑素材,可从左到右以电影播放的顺序显示出所有拖入时间线的素材。音频和视频素材的大部分编辑或合成特技效果都可以在时间线面板中完成。

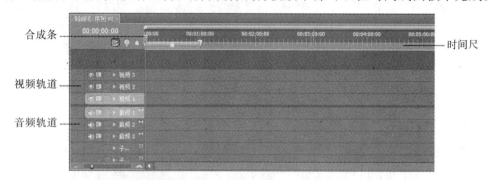

图 8-4　时间线面板

时间线面板如图 8-4 所示,由以下几个部分组成。

①时间尺:用于表示一部电影的时间长度,其中数字标志的含义是小时:分钟:秒:帧,如 00:00:02:15 是指 2 秒 15 帧的时间点。帧的进位规则取决于制式。

②合成条:在时间尺上方的两端带有滑块的蓝色条带,它标示了工作区的长度。可以拖动滑块来改变工作区的长度。

③视频轨道:是时间线面板的主要部分,位于时间尺下方,主要用来放置静态图像和视频等素材。

④音频轨道:主要用来放置音频素材。

默认状态下,视频轨道和音频轨道分别有三条,但用户可以根据实际需要进行添加和删除。在轨道区单击鼠标右键,执行"添加轨道"或者"删除轨道"命令即可。在 Premiere 中最多可以允许有 99 条视频轨道和 99 条音频轨道。各个轨道的层叠关系具有和图层一样的意义,即上层轨道中的素材会遮挡下层轨道中的素材,因此用户要注意放置在不同轨道上素材之间的关系。

4. 监视器面板

监视器面板与时间线面板相关联,可以在其中直接预览时间线上素材的播放效果。

5. 工具箱面板

工具箱面板可提供各种剪辑、编辑和预览素材的工具,如图 8-5 所示。

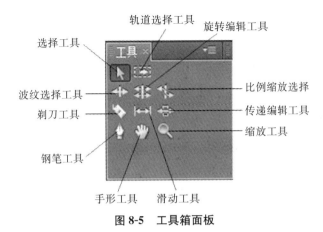

图 8-5　工具箱面板

各工具的具体功能如下。

(1)选择工具。使用该工具可选择并移动时间线上的素材,也可以对素材进行剪辑。选择该工具,然后选中时间线上的素材,如果需要选中多个素材则在按住 Shift 键的同时单击素材。使用该工具并放在素材边缘时,光标变成横向箭头,此时可以对素材进行剪辑。

(2)波纹编辑工具。使用该工具对时间线上的某一素材编辑时,该素材在增加或减小长度时,后面的所有素材会跟随移动,避免空隙和重叠,整个素材的长度即持续时间会产生变化。

(3)剃刀工具。使用该工具在素材上单击,可以将一个素材一分为二。

(4)钢笔工具。在进行内部动画设置时,钢笔工具可用来调整关键帧的位置和关键帧的值。

注意:此操作必须在扩张轨道上进行,并且还需要勾选"显示关键帧"选项。

(5)轨道选择工具。在轨道上单击,即可选择该轨道上从单击处向右的素材。若需选择多条轨道,可在按住 Shift 键的同时单击轨道。

(6)旋转编辑工具。与波纹编辑工具功能不同的是,使用旋转编辑工具对一个素材进行剪辑时,在增加或减小的同时,素材不会跟随移动,相邻的一个素材会被剪辑,避免空隙和重叠,保持整个素材的长度不变。

(7)比例缩放工具。在保持素材内容不变的情况下,改变素材的播放速度。

(8)滑动工具。使用该工具在素材上拖动,可以改变前面素材的出点和后面素材的入点,该素材本身的位置、内容和长度都不会发生变化。

(9)传递编辑工具。使用该工具可以在时间轨道上移动素材,但整个素材的持续时间不变。

(10)手形工具。使用该工具可左右移动时间线窗口内的素材,使素材中被遮挡的部分显示出来。

(11)缩放工具。使用该工具可放大时间线面板的时间单位,使素材在视图显示上变长。若需要缩小,则在按住 Alt 键的同时单击。

6. 特效控制台面板

特效控制台面板用于对素材进行大小、位置和透明度等参数的设置,可以对添加特效的素材进行相应参数的设置,且可以添加关键帧。

7. 效果面板

效果面板存放 Premiere 自带的各种音频特效、视频特效、视频切换效果以及预置的效果。用户可以为时间线面板中的各种素材片断添加特效。

8.3.2　素材的编辑与使用

视频编辑包括素材采集、素材导入、素材剪辑、特效添加、字幕添加和打包输出等。

1. 素材采集

素材采集是将模拟音频和视频信号转换成数字信号存储到计算机中,或者将外部设备的数字视频存储到计算机磁盘中,成为可以处理的素材。视频采集需要配备视频采集卡等硬件设备。执行菜单"文件|采集"命令可以打开采集对话框,对素材进行采集。

2. 素材导入

素材导入的方法有两种:一是执行菜单"文件|导入"命令;二是双击项目面板的空白处。这两种方法都可以打开"导入"对话框,选择需要导入的素材文件,然后确定即可。如果需要一次导入多个素材,按住 Ctrl 键可以选中位置不连续的多个素材;按住 Shift 可以选中位置连续的多个素材。

导入的素材会显示在项目面板中,双击其中某个素材,就可以在上方预览区看到该素材的播放效果,如图 8-6 所示。

图 8-6　项目面板中的素材

3. 素材剪辑

在制作视频时，我们可能只需要某些素材中的一小部分，这就需要对其进行剪辑。音频和视频的剪辑操作都在监视器面板中完成，监视器面板如图8-7所示。

图 8-7　监视器面板

①素材的截取。入点和出点是截取素材最常用的两个工具。在项目面板上双击素材，即可在监视器面板打开该素材。找到素材所要的准确起始时间点，单击"入点"按钮；找到所要终止的时间点，单击"出点"按钮，即可完成素材的截取。单击"播放入点到出点"按钮，可以播放刚刚截取出来的内容。

②添加截取后的素材。单击"覆盖"或"插入"按钮，就会将截取后的素材自动增加到当前时间线的视频或音频轨道上指针所指的位置。

③素材的精准剪辑。借助键盘上的左右箭头可以精确到逐帧进行调整。

8.3.3　视频、音频特效的应用

1. 视频转场特效

转场又称切换。一段视频播放结束，另一视频马上开始，这就是电影的镜头切换。为了使切换衔接自然或更加生动，可以使用各种转场特效。Premiere 提供了 74 种切换效果供用户选择。举例说明操作步骤如下：

①打开效果面板，选择"视频切换|划像|星形划像"。

②将该特效前面的图标拖动到时间线面板中视频 1 轨道上两张图像连接的中间位置，即可在两张图像的连接处看到转场标志，如图 8-8 所示。

图 8-8　添加转场特效

③按 Enter 键进行预览。

④生成预览电影后,在监视器面板即可看到转场效果。此时,在时间线面板中选中"星形划像"图标,然后打开特效控制台面板,可对星形划像效果进行更进一步的参数设置。其中,A 表示素材 1,B 表示素材 2,A 上面的数字代表特效起始时间,B 上面的数字代表特效终止时间,持续时间表示从 A 按指定的方式逐渐完全过渡到 B 的时间,如图 8-9 所示。

图 8-9　特效控制

2. 视频特效

在 Premiere 中能够使用各种视频和音频特效,以增强影片的美感和表现力。举例说明操作步骤如下:

①单击特效面板,选择"视频特效|透视|斜角边"选项。

②将视频特效前面的图标拖动到时间线面板的视频 1 轨道中的素材上。

③打开特效控制台面板,点击"斜角边"选项,根据需要调整"边缘厚度""照明角度"等参数,如图 8-10 所示。

④设置完成后,按 Enter 键进行预览。

值得注意的是,如果在对特效的参数设置过程中,出现了偏差或不正确的现象,可以单击"复位按钮",将特效参数恢复到默认状态,如图 8-10 所示。

　　　　　"复位"按钮

图 8-10　特效控制台与特效效果

另外,在 Premiere 中可以对一个视频添加多个特效,相互之间不会产生影响。

3. 音频过渡

与视频切换类似,音频过渡用于两段音频转换时的效果设置。选中效果面板里"音频过渡"选项中的某个效果,将其拖入时间线面板中的两段音频之间,所选的效果即可被添加。例如,使用"交叉渐隐|恒定增益",可以达到音量渐强或渐弱的效果。

4. 音频特效

Premiere 内置了大量的音频特效,分别放在 5.1 声道、立体声、单声道三个文件夹中。这些文件夹下的特效只对相应轨道的音频起作用,即立体声文件夹下的特效只对立体声音频起作用,而不能添加给单声道音频或 5.1 环绕声音频。每个音频特效包含一个旁路选项,可以通过关键帧加以控制。

5. 关键帧技术的使用

关键帧的作用是定义素材在某一时刻所必须具有的属性。Premiere 中常运用关键帧技术控制特效变化。

(1)通过特效控制台面板添加关键帧。选中某素材,然后打开特效控制台面板,选中某特效,例如"旋转"特效。将编辑线放在要添加关键帧的位置上,单击"切换动画"按钮,此时在编辑线所在的位置处建立第一个关键帧,将旋转角度设为 0°,移动编辑线,再单击"添加|移除关键帧"按钮,添加第二个关键帧,将旋转角度设为 180°,如图 8-11 所示。完成后可以点击"播放"按钮观看效果。

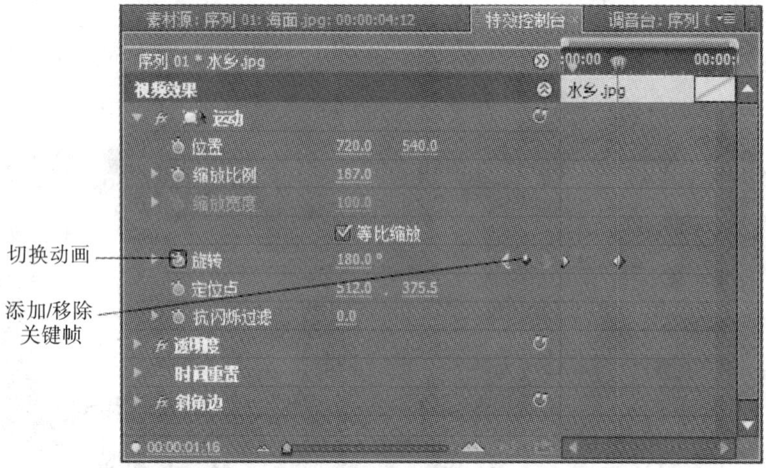

图 8-11　在特效控制台面板中添加关键帧

（2）在时间线的轨道上添加关键帧。如图 8-12 所示,在时间线面板中选择素材,打开轨道扩展部分,单击"添加|移除关键帧"按钮,然后移动编辑线,添加第二个关键帧,然后拖动素材上的黄色线条以修改透明度参数。

图 8-12　在时间线的轨道上添加关键帧

8.3.4　添加字幕

在 Premiere 中,字幕文件属于一种剪辑文件,扩展名为". prtl",与其他类型的剪辑一样可以导入时间线面板中进行剪辑。在 Premiere 中,用户可以方便地添加静态字幕和滚动字幕。

（1）静态字幕。在素材面板中单击右键,选择"新建分项|字幕",进入字幕编辑器,如图 8-13 所示。

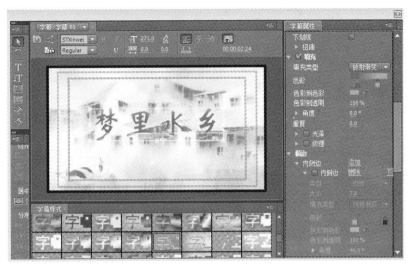

图 8-13　字幕编辑器

在字幕编辑器中选择"文字工具",输入文字后,在编辑器窗口右侧的字幕属性面板及窗口下方字幕样式面板中可以修改文字的边框、填充等各种属性。

关闭字幕编辑器,字幕文件自动保存至材库中。将该字幕拖动到时间线轨道中,按 Enter 键即可预览电影。

(2)滚动字幕。与静态字幕的制作类似,不同的是,需要打开字幕编辑器中的"滚动/游动选项"按钮进行编辑。

值得说明的是,在字幕编辑器窗口的工具面板中还有添加图形等多个工具。用户可以通过这些工具绘制各种形状,这些形状可以作为图形素材使用。此外,也可以在特效控制台面板中针对"位置"选项添加多个关键帧来调整静态字幕的显示位置,从而达到滚动字幕的效果。

8.3.5　文件保存及输出影片

上述制作过程保存的是 Premiere 源文件,扩展名为". prproj",可保存当前节目编辑状态的全部信息。在预览时,按 Enter 键可生成预览电影,但不能脱离 Premiere 编译环境。要生成可以独立播放的影片文件,必须将时间轴面板中的素材导出。

执行菜单"文件|导出|媒体"命令,弹出"导出设置"对话框。在其中选择影片的存储位置、格式等参数,单击"确定"按钮即可。

Premiere 在支持视频格式方面进行了较大的改进,增加了 MPEG-2、Windows Media 等编码格式的多项高清输出选项。用户在"导出设置"对话框中可以自由地选择所需影片文件的格式。

习题 8

一、单选题

1. 在视频中,以 30 fps 播放的电视制式是_____。

   A. HDTV   B. PAL   C. SECAM   D. NTSC

2. 视频数字化的过程是_____。

   A. 扫描、采样、编码、量化   B. 扫描、采样、排序、编码

   C. 扫描、采样、量化、编码   D. 量化、采样、扫描、编码

3. 下面_____选项不包括在 Premiere 的音频效果中。

   A. 单声道   B. 环绕声   C. 立体声   D. 5.1 声道

4. 视频之所以能压缩,是因为视频中存在大量的_____。

   A. 冗余   B. 相似性   C. 平滑性   D. 边缘性

5. 下面关于数字视频质量、数据量、压缩比关系的论述中,_____是不恰当的。

   A. 数字视频质量越高,数据量越大

   B. 随着压缩比的增大,解压后数字视频质量开始下降

   C. 对同一文件,压缩比越大数据量越小

   D. 数据量与压缩比是一对矛盾

6. AVI 文件与 MPEG 文件的差别是_____。

   A. AVI 将音频与视频媒体同时压缩;MPEG 将音频与视频交错录制,同步播放

   B. AVI 将音频与视频媒体同时压缩,数据量较小;MPEG 将音频与视频交错录制,同步播放,但数据量很大

   C. MPEG 将音频与视频媒体同时压缩,数据量较小;AVI 将音频与视频交错录制,同步播放,但数据量很大

   D. AVI 将音频与视频媒体同时压缩,数据量很大;MPEG 将音频与视频交错录制,同步播放,数据量较小

7. 下列关于在 Premiere 中设置关键帧的方式的描述中,正确的是_____。

   A. 不但可以在时间线面板或效果控制面板为素材设置关键帧,还可以在监视器面板设置

   B. 仅可以在效果控制面板为素材设置关键帧

   C. 仅可以在时间线面板为素材设置关键帧

   D. 仅可以在时间线面板和效果控制面板为素材设置关键帧

8. 在 Premiere 中，改变素材的_____可以实现同一时段上多个素材的叠加显示。

    A. 颜色　　　　　B. 比例　　　　　C. 透明度　　　　D. 亮度

9. 在 Premiere 中，_____视频特效可以使叶子发生形变并制作成形变动画。

    A. 扭曲　　　　　B. 滚动　　　　　C. 透视　　　　　D. 边角固定

10. Premiere 中编辑的最小单位是_____。

    A. 帧　　　　　　B. 秒　　　　　　C. 毫秒　　　　　D. 分钟

二、多选题

1. 相对于模拟视频而言，数字视频的主要优点有_____。

    A. 便于处理　　B. 实时交互性　　C. 再现性好　　　D. 便于网络共享

2. 视频的采集或获取途径主要有_____。

    A. 从数字设备中获取　　　　　　B. 从影视光盘中截取视频数据

    C. 从模拟设备中采集　　　　　　D. 从唱盘或录音带中转录

3. 下列扩展名中，_____是视频文件格式。

    A. .mpg　　　　B. .avi　　　　　C. .tga　　　　　D. .mov

4. Premiere 中可以导入的素材格式包括_____。

    A. EXE 命令文件　　　　　　　　B. MP3 声音文件

    C. AVI 视频文件　　　　　　　　D. PSD 图像文件

5. 下列在 Premiere 中对素材片段施加转场特效的描述中，正确的是_____。

    A. 欲施加转场特效的素材片段可以是位于两个相邻的轨道上的、有重叠部分的两个素材片段

    B. 欲施加转场特效的素材片段可以是位于同一轨道上的两个相邻的素材片段

    C. 只能为两个素材片段施加转场特效

    D. 可以单独为一个素材片段施加转场特效

三、填空题

1. 一分钟 PAL 制式(352×288 分辨率、24 位色彩、25 帧/秒)数字视频的无压缩的数据量是_____。

2. 目前，我国采用的彩色电视制式是_____制，帧速率为_____。

3. MPEG 编码标准包括_____、MPEG 音频、视频音频同步三大部分。

4. Premiere 中的_____相当于一个视频片段，有自己独立的视频轨道和音频轨道，可以嵌套使用。

5. 在 Premiere 的_____面板中可以设置运动效果的关键帧参数。

第9章　多媒体网络技术

我们正步入一个数据或许比软件更重要的新时代。

——蒂姆·奥莱利

Web 2.0 之父

互联网时代的流媒体播放颠覆了观众的收看习惯，不管是在自家客厅一天两集的追剧，还是在电影院不能回看的观影，都可以在网络平台上实现，且可以重复观看，流媒体正在肆无忌惮地抢占电视的生存空间，也在明目张胆地威胁传统影院的娱乐属性。未来就是流媒体的天下，人们对于互联网生活越发依赖，定会更加喜欢网络流媒体自由自在的点播方式。

本章结合多媒体网络的发展和技术理论，对超媒体和流媒体的组成、传输以及应用进行了系统介绍。

9.1　多媒体网络系统

随着多媒体技术与网络技术、通信技术的日益融合，多媒体通信网络技术在多媒体技术中占据着十分重要的位置。多媒体网络技术主要包括多媒体网络构建技术和多媒体网络通信技术，典型的多媒体网络通信技术包括视频会议系统、视频点播、交互式电视系统和即时通信系统等。多媒体网络技术将网络的分布性和多媒体信息的综合交互性有机地融合为一体，提供了全新的信息服务手段，广泛地应用于视频服务、信息检索和远程教育等领域。

9.1.1　多媒体通信概述

多媒体通信利用文字、图形、图像、动画、音频和视频来表示信息，把各种媒体的信息综合成一个有机的整体，互相协调同步，实时地表现出各种信息及其变化，通信的双方还可以交流沟通。

1. 多媒体通信的主要特征

（1）集成性。集成性是指多媒体通信系统能够对至少两种媒体数据进行处理，并且可以直接输出至少两种媒体数据。媒体数据包括文字数据、声音数据、图像数据、视频数据等。

（2）交互性。交互性是指多媒体通信系统中用户与系统之间的相互控制能力，它包括两个方面：一是人与终端之间的交互，具体地说就是用户在使用多媒体通信终端时,终端向用户提供的操作界面;二是终端和系统之间的交互。

(3)同步性。同步性是指多媒体通信终端在显示多媒体数据时,必须以同步方式进行,从而构成一个完整的信息显示在用户面前。同步性是多媒体通信系统最根本的特征。

除此之外还有实时性,这些特性共同构成多媒体通信系统的基础特征。

2. 多媒体通信的传输特性

多媒体信息具有以下几个特点。

(1)数据量大。数据量大主要表现在信息的存储量以及传输量上。一张 650 MB 的 CD-ROM 光盘只能够存储 74 分钟经 MPEG-1 标准压缩后的数字视频信号。经 MPEG-2 标准压缩后的一部纪录片(约两个小时左右)在平均码率为 3 Mbps 时,需要约为 3 GB 的存储空间。当传送高清晰度电视(High Definition Television,HDTV)的原始信号时,则传输速率高达 1 Gbps。由此可见,多媒体通信系统要求存储量大的数据库和高传输速率通信网络的支持。

(2)类型多。多媒体信息的形式多种多样,同一种信息类型在速率、延时以及误码等方面也可能有不同的要求。因此,在多媒体通信系统中,需要采用多种形式的编码器、多种传输媒体接口以及多种显示方式,以保证与多种存储媒体的信息交换。

(3)数据速率可变。多种信息传输要求具有多种传输速率。例如,在低速数据的传输中,码率仅为每秒几百比特,而活动图像的传输码率高达每秒几十兆比特。因此,多媒体通信系统必须提供可变的传输速率。各种信息媒体所需的传输码率如表 9-1 所示。

表 9-1 媒体信息传输码率

媒体	传输码率(bps)	压缩后码率(bps)	突发性峰值/平均峰值
数据、文本、静止图像	155~1.2 G	<1.2 G	3~1000
语音、音频	64 K~1.536 M	16 K~384 K	1~3
视频、动态图像	3~166 M	56 K~35 M	1~10
高清晰度电视	1 G	20 M	—

(4)时延可变。对于压缩后的语音信号来说,其处理时延较小;而对于压缩后的图像信号,则会产生较大的处理时延。由此产生的不同时延将带来多媒体通信中不同类型媒体间的同步问题。

(5)连续性和突发性。在多媒体通信系统中,各种媒体信息数据具有不同的特性。一般来说,数据信息的传输具有突发性、离散性、非实时性;而活动图像的传输数据率较高,具有突发性、连续性和实时性;语音信号的传输数据率较低,具有非突发性和实时性。

3. 多媒体网络通信的技术指标

衡量多媒体网络信息传输的技术指标主要有传输延迟、传输误码率、信号失真和服务质量。

(1)传输延迟。传输延迟是指从信息发送端发出的一组数据到达信息的接收端所需要的时间,它包含了信号在传输介质中的传输时间、数据在发送端和接收端的处理时间及信号在通信子网中的转发延迟,即用户端到用户端的延迟。对于网络中实时传输的音视频,要求单程的传输延迟小于 500 ms,通常在 150 ms 左右。在交互式的多媒体应用系统中,系统对用户指令信息的响应时间要求为 1~2 s。

(2)传输误码率。误码率指单位时间内从发送端到接收端传输错误的码元与所传递的总码元的比值,是衡量传输介质性能的重要指标。不同的传输介质误码率不同:光纤的误码率小于 10^{-10},双绞线的误码率小于 10^{-8}。

通常情况下,对于电话系统中的语音,误码率要求小于 10^{-2};而未经压缩的 CD 音乐则要求误码率小于 10^{-3};压缩视频要求误码率小于 10^{-9}。可见,媒体在不同的系统中的要求不同。

(3)信号失真。信号失真是由信号在传输时,传输延迟变化不定而引起的,有时称为延迟抖动。在音频应用系统中,信号失真可能产生刺耳的怪响声。而人眼对视频信号失真相对而言不是很敏感。为了减少信号失真,应注意避免传输系统的抖动、噪声的互相干扰和流量控制节点拥塞等现象。

(4)服务质量。服务质量是衡量网络性能的重要指标。不同的信息在服务质量方面的要求也不同,传统的数据传输服务与多媒体信息传输就存在明显的差别。例如,在传统的数据传输服务中,文件传输服务(FTP)和邮件传输服务(SMTP)在服务质量上要求确保内容的正确性和完整性,而对时间不做要求。多媒体信息在某种程度上则刚刚相反,如果音视频信息不能在指定的时间内到达,就可能会失去传输的意义。

9.1.2 多媒体通信网络

多媒体通信网络的主要功能是传输大量数字化的多媒体信息,实现多媒体信息的处理、交换和通信,以达到共享的目的。宽带通信技术经历了三次通信革命,形成了电信网、有线电视网和计算机网三种网络融合和交叉的多媒体通信网络。

1. 基于电信网的多媒体信息传输

典型的电信网有综合业务数字网(Integrated Service Digital Network,ISDN)和非对称数字用户线(Asymmetric Digital Subscriber Line,ADSL)两种。

(1)ISDN。ISDN 俗称一线通。它实现了电信部门和用户之间仅采用一对铜线也能够做到数字化。除了拨打电话外,ISDN 还可以提供诸如可视电话、数据通信、会议电视等多种业务,从而将电话、传真、数据、图像等多种业务综合在一个统一的数字网络中进行传输和处理。ISDN 只需一个入网接口,使用一个统一的号码就能从网络获得所需的各种业务,性价比较高。

(2)ADSL。DSL(数字用户线)是以铜质电话线为传输介质的传输技术,它专门用于为用户提供访问 Internet 服务的数字化接入方案。根据信号传输速度和距离的不同及上下行速率对称性的不同,可以将 DSL 技术分为 HDSL(高比特率数字用户线)、SDSL 对称数字用户线路(对称数字用户线)、VDSL(甚高比特率数字用户线)、ADSL 和 RADSL(速率自适应数字用户线)等。

HDSL、SDSL 支持对称的速率传输。其中,HDSL 采用 2~4 对铜质双绞线,传输距离为 3~4 km;SDSL 采用 1 对铜线,传输距离为 3 km。对称 DSL 技术适用于企业点对点的连接应用,例如文件传输、视频会议等,因为在这些应用中,数据的上传和下载都是非常频繁的。

对于一般用户而言,下载的信息远远多于上传的信息,因此通常采用非对称 DSL 技术,如 ADSL。ADSL 采用 1 对铜线,可在 3~4 km 的距离内实现640 Kbps~1 Mbps的上行速率和 1~8 Mbps 的下行速率。

2. 基于计算机网的多媒体信息传输

(1)FDDI。光纤分布式数据接口(Fiber Distributed Data Interface,FDDI)是为了满足用户对网络高速和高可靠性传输的需求而制定的网络标准。它使用光纤作为传输介质,使用令牌传递作为介质访问控制方法,实现了 100 Mbps 的可靠网络传输速度,在传输速率普遍为 10 Mbps 的时期被广泛应用于 LAN 的主干部分。

(2)以太网。以太网(Ethernet)是当今局域网采用的最通用的通信协议标准,通常由传输媒体(例如双绞线、同轴电缆)、多端口集线器、网桥和交换机构成。计算机、打印机和工作站通过电缆、网络通信设备相互连接。以太网中所有的设备依次使用传输媒体,包含有目标地址的数据帧被发送到所有节点,每个节点的媒体访问控制层中网络接口卡都采用全球唯一的 MAC 地址标识,只有目标节点才会接收到数据。为了防止多节点同时发送数据,以太网采用了载波监听多路访问/冲突检测方法。

(3)ATM。异步传输方式(Asynchronous Transfer Mode,ATM)技术是在电路交换方式和高速分组交换方式基础上发展起来的一种新技术。它继承了电路交换方式中速率的独立性和高速分组方式对任意速率的适应性,并针对两者的缺点采取有效的对策,以实现高速传输综合业务信息的能力。ATM 是一种高速分组传送模式,可将各种媒体的数据分解成每组长度固定为 53 字节的数据块,并添加地址、优先级等信头信息构成信元,通过硬件进行交换处理以达到高速化。因此,ATM 不仅可用于通常的数据通信传送(正文和图形),而且可用于传输声音、动画和活动图像，能满足实时通信的需要，非常适合多媒体通信。

（4）宽带 IP 网。为了在互联网上实现多媒体通信，新一代宽带 IP 网络在现有网络技术的基础上通过 IP 相关技术实现。宽带 IP 网具有传输距离远、速度快、延迟低、实时性好、误码率低、接入方便灵活、可靠性高等优点，具有可管理性和可扩充性，支持高速上网、宽带租用、虚拟专用网（VPN）、窄带拨号接入、视频、话音等各种多媒体业务。

宽带 IP 网的网络结构主要由核心层、汇聚层和接入层组成。其中，核心层和汇聚层的设计至关重要。因为核心层网络负责实施数据的高速转发，汇聚层负责扩大核心层节点的业务覆盖范围，为核心层组织资源、管理资源，以实现 IP 多媒体业务的应用。宽带 IP 网络接入层的主要功能是通过其网络节点将不同地理分布的用户快速有效地接入骨干网。通过 LAN、xDSL、HFC 等高速接入技术，使得宽带 IP 多媒体通信网络可以成功地服务于分布式多媒体的应用。

3. 基于有线电视网的多媒体信息传输

（1）HFC。由于光纤到户和光纤到路边的成本很高，早期难以广泛普及。AT&T 公司于 1994 年年初提出混合光纤/同轴电缆网络（HFC），首先瞄准有线电视（CATV）市场。与传统的 CATV 网相比，HFC 的优点是可以在同一媒介中同时传输多种业务，包括模拟电话业务、广播模拟电视、广播数字电视、视频点播和高速数字数据等。HFC 电缆链路的理论容量极大，可用带宽达 1 GHz。HFC 把总带宽分为下行和上行两部分。下行又称为正向通道，主要应用于模拟有线电视、电话和数据下行、数字电视、VOD 点播下行、个人通信及新业务，每种应用占用不同的频带。上行又称为反向通道。使用这样的技术，HFC 能够同时传送数以百计的广播、VOD 信号、电话及频带很宽的双向数字链路。

HFC 的每一台光网络单元可以为几百套住宅提供服务。接入 Internet 时，一个典型的 HFC 系统能为连接同一子系统的多个用户提供共享的 10～25 Mbps 的带宽。HFC 传输的是模拟信号，适用于提供分配性视像服务，而光纤到户传输的是数字信号，适用于交互式和数字型业务。

（2）Cable Modem。电缆调制解调器又称线缆调制解调器（Cable Modem，CM），是近几年随着网络应用的扩大而发展起来的，主要用于有线电视网进行数据传输。Cable Modem 技术可以比标准的 V. 90 电话 Modem 技术快 100 倍以上的速度接入 Internet。

Cable Modem 与以往的 Modem 在原理上都是将数据调制后，在电缆的一个频率范围内传输，接收时进行解调。传输机制与普通 Modem 的不同之处在于，它是通过 CATV 的某个传输频带进行调制解调的。而普通 Modem 的传输介质在用户与交换机之间是独立的，即用户独享通信介质。Cable Modem 属于共享介质系统,其他空闲频段仍然可用于有线电视信号的传输。Cable Modem 彻底解决了声音图像传输引起的阻塞,其上行速率已达 10 Mbps,下行速率则更高。

9.1.3　多媒体网络系统的应用

多媒体通信系统的应用非常广泛,且业务繁多,是未来通信业务发展的主流。目前,较具代表性的应用有视频点播系统、网络电视、视频会议系统、远程教育系统、远程医疗系统、多媒体监控与报警系统等。

1. 视频点播系统

视频点播(VOD)也称为交互式电视点播,即根据用户的需要播放相应的视频节目。它从根本上改变了用户只能被动看电视的不足。当用户打开电视,可以不看广告,不为某个节目赶时间,随时直接点播希望收看的内容。用户不仅可以自由选择节目,还可以对节目进行编辑和处理,获得与节目相关的详细信息。系统甚至可以向用户推荐节目,通过多媒体网络将视频节目按照个人的意愿输送到千家万户。VOD 向用户提供的服务远远不止这些,它还可以实现网络漫游、收发电子邮件、家庭购物、旅游指南、股票交易等其他功能。可以这样说,这一技术的出现使用户可以按照自己的要求来安排工作和娱乐时间,极大地提高了人们的生活质量和工作效率。

VOD 起源于 20 世纪 90 年代末,是一项随着娱乐业的发展而兴起的技术。它是一种综合了计算机、通信、电视等技术,利用网络和视频技术的优势,为用户提供不受时空限制地浏览和播放多媒体信息的人机交互应用系统。

VOD 技术不仅可以应用在电信宽带网络中,也可以应用在小区局域网、有线电视的宽带网络、企业内部信息网、互联网中。在如今的智能小区建设过程中,计算机网络布线已成为必不可少的环节,小区用户可以通过计算机、电视机＋机顶盒(STB)等方式实现 VOD 应用。

(1)VOD 系统的组成。图 9-1 所示为 VOD 系统结构图。通常,VOD 系统主要由三部分组成:服务端系统、网络系统和客户端系统。其中,网络系统分为骨干网和宽带接入网,客户端也称终端。

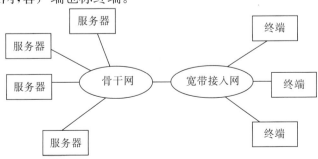

图 9-1　VOD 系统结构图

①服务端系统。服务端系统主要由视频服务器、档案管理服务器、内部通信子系统和网络接口组成。视频服务器主要由存储设备、调整缓存和控制管理单元组成,主要负责媒体数据的压缩和存储,以及按照请求进行媒体信息的检索和传输。档案管理服务器主要承担用户信息管理、计费、影视材料的整理和安全保密等工作。内部通信子系统主要负责服务器间信息的传输、后台影视材料和数据的交换。网络接口主要实现与外部网络的数据交换并提供用户访问的接口。

对于交互式的 VOD 系统而言,服务端系统还需要实现对用户实时请求的处理、访问许可控制、盒式录像机(Video Cassette Recorder,VCR)功能(如快进、暂停、快退等)的模拟。现在很多综艺节目常说的"VCR"其实泛指各种类型的视频短片,而非其本意(模拟录像设备)了。

②网络系统。网络系统包括具有交换功能的骨干网络和宽带接入网络两部分,VOD 业务接入点的设备将这两部分连接起来。业务接入点主要完成按用户的指令建立一条从视频服务器到用户的宽带通道。网络系统负责视频信息流的传输,所以是影响连续媒体网络服务系统性能的极为关键的部分。同时,媒体服务系统的网络部分投资巨大,因此在设计时不仅要考虑当前的媒体应用对高带宽的要求,还要考虑将来发展的需要和向后的兼容性。目前,可用于建立这种服务系统的网络物理介质主要有双绞线、有线电视的同轴电缆、光纤,采用的网络技术主要有快速以太网、光纤分布式数据接口网络和异步传输方式技术。

③客户端系统。只有利用终端系统,用户才能与某种服务进行交互操作。VOD 的客户端可以有多种:在计算机系统中,VOD 的客户端系统由带有显示设备的 PC+CM 实现;在电视系统中,则由 TV+STB 实现。

(2)VOD 的分类。根据应用场景和功能需求,VOD 可分为 3 类:准点播电视(NVOD)、真实点播电视(TVOD)和交互式点播电视(IVOD)。

①NVOD。NVOD 是多个视频流依次间隔一定的时间启动,发送相同的内容。例如,12 个视频流每隔 10 分钟启动一个,发送同样的两小时的电视节目。如果用户想看这个节目可能需要等待,但最长不会超过 10 分钟,他们会选择距他们最近的某个时间起点收看。在这种方式下,一个视频流可能被多个用户共享。

②TVOD。TVOD 真正支持即点即放。当用户提出请求时,视频服务器会立即传送用户所需的视频内容。如果有另一个用户提出同样的请求,视频服务器会立即为他再启动另一个传输同样内容的视频流。不过,一旦视频流开始播放,就要连续不断的播放下去,直到结束。在这种方式下,每个视频流只为一个用户服务,费用十分昂贵。

③IVOD。IVOD相比前两种方式有很大的改进。它不仅可以支持即点即放,而且还可以让用户对视频流进行交互式的控制,如实现节目的播放、暂停、快进、快退等。

(3)VOD的服务方式。为了利用有限的节目通道以满足更多用户的需求,视频点播设计了3种服务方式。

①单点播放方式。在这种方式下,用户独占一个节目通道,并对节目具有完全的控制。由于通道数是有限的,用户必须先申请这种服务。在用户获得允许后,系统分配通道,这样,用户就可以在节目清单中选择节目并播放了。在播放过程中,用户独占节目通道且可以进行快进、快退、暂停等交互式操作。这种服务方式具有快速响应、交互性好的特点,服务质量良好,但费用较高。

②多点播放方式。这种方式是几个用户共享一个节目通道,但节目只能线性播放,即从头播放到尾,用户不能进行控制。这种方式相当于预约播放方式。VOD系统拥有者可决定播放的时间表,如半小时播放一次,用户可在某个时间段内预约某个节目,系统会在规定时间内给予答复。响应时间取决于用户感觉及预约效率(即尽量满足多个用户的需求)。

用户预约时,先在已经预约的节目单中选择,不满意时再在总节目单中选择。系统根据现有的通道数、用户预约数及时间段统一安排,给予用户答复。当不能满足用户要求时,还可给予用户建议,建议用户更改预约时间段。当节目播放时,预约并得到允许的用户可以看到完整的节目,但只能在特定的时间内从头看到尾,在节目播放过程中不能进行交互式控制。这种服务方式具有预约节目的特点,属简单的交互电视,能够提供中等的服务质量,有较多的用户且收费中等。

③广播方式。这种方式下,节目通道相当于一个有线电视频道,由VOD系统所有者安排节目及时间,所有装有机顶盒设备的用户都可接收节目,在节目播放期间不能进行控制。为使用户看到完整的节目,每个节目可循环播放。这种服务方式类似于广播,不具有交互性,提供的服务质量较差,但有最多的用户,且收费较低。

(4)视频服务器。视频服务器是VOD系统中的重要单元,它是一个存储信息和检索资料的服务系统。其主要功能如下。

①大容量视频存储。

②节目检索和服务。服务器接收所有用户的全部信号以便对服务器进行控制,其控制处理能力要根据应用的不同进行设计:对于交互较少的影片点播,只需较少的控制处理能力;而对交互较多的交互式学习、交互式购物、交互式视频游戏等,就需要高性能的计算平台。

③快速的传送通道。服务器有一个高速、宽带的下行通道与编码路由器相连,将服务数据传送给各个用户。同时,服务器还接收来自用户的访问请求。

④提供对信源、音乐、交互式游戏和其他软件的随机即时访问。

⑤提供顺序、批量的对在线媒介的访问。

⑥将资料分布到适当的存储设备、存储器或物理介质上，以扩大观众数量，获得最大收益。

⑦提供扩展冗余。当某些部件发生故障时，不必使网络停机，就能使服务器恢复正常运行状态。

视频服务器和普通服务器有很大的差异。普通服务器面向计算，研究的主要问题集中在调整计算性能和数据可靠性等方面。视频服务器则是面向资源，其主要技术问题是资源问题，即有效地提供大量的实时数据，涉及对视频服务器外存储容量、内存储容量、存储设备 I/O、网络 I/O、CPU 运算等多种资源的合理调度和设计。

(5)用户点播终端。VOD 系统中用户点播终端可以是计算机，也可以是电视机＋机顶盒。在 ADSL 和 HFC 传输方式下，用户终端通常是电视机＋机顶盒。机顶盒是接在电视机上的一个装置，其基本功能是接收 ADSL 或 HFC 的下行数据，经解调、纠错、解压缩等操作后将其恢复为 AV 信号，并将用户点播要求的上行信号传送到播控服务器。目前，机顶盒的功能已经从一个多频率的调谐器和解码器演变成为一个可以访问和接收大量多媒体信息（包括新闻、电影等）的控制终端。

机顶盒的发展趋势是逐步集成电视和计算机的功能，成为一个多功能服务的工作平台。届时，用户通过机顶盒即可实现 VOD、数字电视广播、因特网访问、远程教学、电子商务等丰富的多媒体信息服务。

交互式电视中的机顶盒既是用户选择节目的选择器，也是保障用户终端正常运行的控制器。按照这个要求，机顶盒应具有以下功能：

①能按照用户室内设备、CATV 网络、节目资源的状态，利用用户电视屏幕显示服务公司和信息提供者发出的消息和菜单；

②将用户的选择信息传送到服务中心或信息提供者；

③能向用户提供基本的终端控制功能，如暂停、快进、开关、选择 VOD 或标准电视等；

④具有双向通信能力，能实现电视购物、远程教学和 VOD 等；

⑤能与家庭中的计算机相连；

⑥能进行信号传送、调制和解调，能处理 ATM 协议；

⑦能监控公用设备，进行信号传输性能的遥测和反馈。

2. 互联网电视

互联网电视（IPTV）指利用电信宽带网或广电有线网，通过采用互联网协议向用户提供多种交互式数字媒体服务的电视。用户在家里就可以通过计算机、电视机或手机接收各种网络电视节目。IPTV 集通信技术、多媒体技术、互联网技术等多种技术于一体,突破电信网和有线电视网终端的瓶颈,是电信部门和广电部门都欲大力发展的业务增长点。

IPTV 可以提供的视频发送方式有三种:现场直播、定时广播和视频点播。IPTV 采用更为高效的视频压缩编码技术,支持实时传输的标准协议,如实时传输协议(RTP)、实时传输控制协议(RTCP)、实时流协议等。其主要特点有:

①用户可以得到高质量(接近 DVD)的数字媒体服务;

②用户有着极为广泛的自由度,可自由地选择宽带 IP 网上各网站提供的视频节目;

③实现媒体提供者和媒体消费者的实质性互动。IPTV 采用的播放平台是新一代家庭数字媒体终端的典型代表,它能根据用户的选择配置多种多媒体服务功能,如数字电视节目、可视 IP 电话、DVD 播放、电子邮件、电子商务等功能;

④为网络运营商和节目提供商提供了广阔的市场。

如图 9-2 所示,组成 IPTV 的平台在结构上分为四层:用户接入层、业务承载层、业务应用层、运营支撑层。

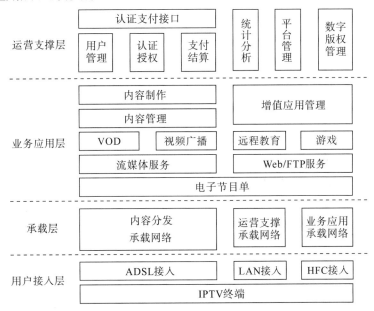

图 9-2 IPTV 平台总体结构

用户接入层通过终端设备完成用户向 IP 业务的接入,可以采用如 ADSL、HFC LAN 等接入方式。承载层涉及运营和业务的承载网络,还有内容分发的承载网络。IPTV 对承载网络有很高的要求,承载网络可以是 IP 网、有线电视网或移动网。业务应用层可使用户通过节目清单享受多种多媒体服务,涉及多种网络增值业务。运营支撑层负责运营商对业务和用户的管理,如接入认证授权、计费结算、平台管理和数字版权的管理等。

IPTV 的发展与视频编解码技术、通信技术、流媒体技术、用户授权认证和管理技术、数字版权技术等息息相关。

视频编解码技术是网络电视发展的基本条件。高效的视频压缩是在互联网环境下传输视频信息的基本保证。IPTV 主要采用的视频编解码标准是 MPEG-4、H.264 以及音视频编码标准 AVS。

流媒体技术采用流式传输方式使音视频等信息在互联网上传输。与单纯的下载相比，流媒体的使用不仅使播放时的启动延时大大缩短，而且降低了对缓存容量的要求。流媒体技术使用户可以在互联网上获得类似广播电视的视频效果，是 IPTV 中的关键技术。流媒体系统由前端的视频编码器和发布服务器以及客户端的播放器组成。目前，在网络上使用流媒体技术的产品有 Real Networks 公司的 Real Media、Microsoft 公司的 ASF、Apple 公司的 Quick Time。

内容分发网络（CDN）技术可以降低对服务器和带宽资源的无谓消耗，提高视频的服务品质。内容分发技术使互联网具有广播电视网的特征，为 IPTV 的发展开辟了道路。CDN 借助建立多播、索引、缓存、流分裂等技术，将要传送的多媒体内容发送到距离用户最近的远程服务点。CDN 的内容路由技术是整体网络的负载均衡技术，该技术通过内容路由的重定向机制，可以在多个远程服务点上均衡用户对业务的请求，使用户获得最近内容源的最快反应。CDN 的内容交换技术可以根据服务内容的可用性、服务器的可用性和用户的背景，在远程服务点的缓存服务器上智能地平衡负载流量。CDN 的性能管理技术通过内部和外部的监控系统以获得网络各个部分的运行状况信息，从而保证运行网络处于最佳运行状态。

数字版权管理（DRM）技术也是网络电视内容管理的重要方面。数字版权管理类似于授权和认证技术，用户只有获得必要的权限才可以使用相关的出版物。这项技术可以防止视频内容未经授权而被播放或复制。DRM 采用的主要保护技术有数据加密、版权保护、数字水印和签名等。数据加密通过对原始数据的加密处理来保证只有获得授权的用户才可以使用授权内容。版权保护通过将合法使用作品的相关条款编码并嵌入保护文件中，只有当所需条件满足时才允许用户使用作品。数字水印技术是目前使用广泛的一种方法，它通过将著作权拥有人和发行商的特定信息及作品使用条款加入数据中，从而防止作品的非法传播。

3. 视频会议系统

视频会议早期也称为视讯会议或电视会议，是一种能够将文本、图像、音频、视频等集成信息从一个地方通过网络传送到另一个地方的通信系统。视频会议的参与者通过这种方式可以听到其他会场与会者的声音，也可以看到其他会场和与会者的视频图像,还可以通过传真等及时传送文件,使与会者有身临其境的感觉,在效果上可以代替现场会议。视频会议极大地节省了时间、费用,提高了工作效率。

多媒体视频会议是一种将计算机技术的交互性、网络的分布性、多媒体信息的综合性融为一体的高新技术,它利用各种网络进行实时传输并能让用户进行友好的信息交流。视频会议是一种以视觉为主的通信业务,其基本特征是可以在多个地区的用户之间实现双向全双工音频、视频实时通信,使各方与会人员如同面对面开会。为了保证视频会议的顺利实施,要求视频会议系统具备以下条件。

①高质量的音频信息。

②高质量的实时视频编/解码图像。

③友好的人机交互界面。

④多种网络接口(ISDN、PSTN、DDN、Internet、卫星等接口)。

根据参与方式和规模划分,视频会议可以分为会议室会议系统、桌面会议系统。根据参与会议的节点数目划分,视频会议可以分为点对点会议系统和多点会议系统。根据使用的通信网络划分,视频会议可以分为 ISDN 会议、局域网会议、电话网会议、互联网会议。

在视频会议发展初期,网络环境相对简单,各通信设备生产厂商单纯追求一流的编/解码技术,它们拥有各自的专利算法,技术上垄断,产品间无法互通,且设备价格昂贵,视频会议市场的发展受到很大限制。但随着各种技术的不断发展和一系列国际标准的出台,视频会议技术及设备由少数厂商一统天下的垄断局面被打破,逐步发展成为多家大企业共享视频会议市场的竞争局面。此外,高速 IP 网络和 Internet 的迅猛发展,各种数字数据网、分组交换网、ISDN 和 ATM 的逐步建设和投入使用,使视频会议的发展和应用进入了一个新的时期。

(1)视频会议系统的关键技术。视频会议技术实际上并不是一个完全崭新的技术,也不是一个界限十分明确的技术领域,它是随着通信技术、计算机技术、芯片技术、信息处理技术的发展而逐步推进的。视频会议系统的关键技术可以概括为以下几种。

①多媒体信息处理技术。多媒体信息处理技术是视频会议系统中的关键技术,主要是针对各种媒体信息进行压缩和处理。可以这样说,视频会议的发展过程也反映了信息处理技术特别是视频压缩技术的发展历程。尤其是早期的视频会议产品,各厂商都以编/解码算法作为竞争的法宝。目前,编/解码算法已经由早期经典的熵编码、变换编码、混合编码等发展为新一代的模型基编码、分形编码等。另外,图形图像识别、理解技术、计算机视觉等内容也被引入压缩编码算法中。这些新的理论、算法不断推进多媒体信息处理技术的进步,进而推动着视频

会议技术的发展。特别是在现有网络带宽的条件下,多媒体信息处理技术已成为视频会议最关键的问题之一。

②宽带网络技术。影响视频会议发展的另一个重要因素是网络带宽。多媒体信息的最大特点就是数据量大。即使通过各种压缩技术,要想获得高质量的视频图像,仍然需要较大的带宽。如384 Kbps的ISDN提供会议中的头肩图像较清晰的视频,但不足以提供电视质量的视频。要达到广播级的视频传输质量,带宽应至少达到1.5 Mbps。作为一种新的通信网络,B-ISDN网的ATM带宽非常适合多媒体数据的传输,能够灵活地传输和交换不同类型(如声音、图像、文本)、不同速率、不同性质(如突发性、连续性、离散性)、不同性能需求(如时延、误码、抖动)、不同连接方式的信息。过去,ATM由于成熟度不足且交换设备价格昂贵难以推广应用。但经过多年的努力,ITU-T和ATM论坛已经完善了许多标准,各大通信公司生产、安装了大量的ATM设备;同时,ATM接入网也逐步扩充,越来越多的应用已经在2 Mbps的速率上运行。

除此之外,目前通信中的接入问题一直是多媒体信息到用户端的瓶颈。全光网、无源光网络、光纤到户被公认为理想的接入方式。但就全世界来说,目前仍处于一个过渡时期。因此,数字用户线技术、混合光纤同轴、交互式数字视频系统仍然是当前高速多媒体接入网络的发展方向。

正在迅速发展的IP网络是面向非连接的网络,不适合传输实时的多媒体信息,但TCP/IP协议对多媒体数据的传输并没有根本性的限制。目前,各个主要的标准化组织、产业联盟、各大公司都在对IP网络上的传输协议进行改进,并已初步取得成效,如RTP/RTCP、RSVP、IPv6等协议,为在IP网络上大力发展诸如视频会议之类的多媒体业务打下了良好的基础。据预测,在不远的将来,IP网上的视频会议业务将会大大超过电路交换网上的视频会议业务。

③分布式处理技术。视频会议不单是点对点通信,更主要的是一点对多点、多点对多点的实时同步通信。视频会议系统要求不同媒体、不同位置的终端收发同步协调,多点控制单元(MCU)统一控制,使与会终端数据共享,共享工作对象、工作结果、数据资料,有效协调各种媒体的同步,使系统更具有接近人类的信息交流和处理方式。

④芯片技术。视频会议系统对终端设备的要求较高。要求接收来自于麦克风的音频输入、来自于摄像机的视频输入、来自于网络的信息流数据等,同时进行数据处理、音频编/解码、视频编/解码等,并将各种媒体信息合成信息流,传输到其他终端。在此过程中,要求能与用户进行友好的交流,实现同步控制。目前,视频会议终端有基于PC的软件编/解码解决方案、基于媒体处理器的解决方案和基于专用芯片组的解决方案三种。不管采用何种方案,高性能的芯片是实现这些

视频会议方案所必需的基础。

（2）视频会议的发展趋势。视频会议作为交互式多媒体通信的先驱,顺应了三网合一的发展趋势。经过多年的努力,视频会议行业的发展已取得了长足的进步。跨平台应用、低廉的价格、良好的视频成像和语音功能等特点都将使视频会议系统的市场规模得以进一步扩大。随着新技术的逐步深入和应用,视频会议出现了一些新的发展趋势。

①基于软交换思想的媒体和信令分离技术。在传统交换网络中,数据信息和控制信令一起传送,由交换机集中处理。而下一代通信网络的核心构件是软交换,其思想是采用数据信息与信令分离的架构。数据信息由分布于各地的媒体网关处理,而信令则由软交换集中处理。相应地,传统的 MCU 也被分离为完成信令处理的 MC 和进行数据信息处理的 MP 两部分。MC 处于网络中心,可以采用 H. 248 协议远程控制 MP。MP 则根据各地的带宽、业务流量分布等信息合理地分配数据信息的流向,从而实现无人值守的视频会议系统,减少会议系统的维护成本和维护复杂度。

②分布式组网技术。分布式组网技术与信令分离技术相关。在典型的多级视频会议系统中,最常见的是采用 MCU 进行级联。这种方式的优点是简单易行,缺点是如果某个下层网络的 MCU 出现故障,则整个下层网络均无法参加会议。但是,如果将信令和数据信息分离,那么对于数据量小且对可靠性要求高的信令,可以由最高级中心进行集中处理;而对数据量大但对可靠性要求低的数据信息,则可以交给各低级中心进行分布处理。这样,既可以提高可靠性,又能降低对带宽的要求,实现对资源的优化利用。

③新型视频压缩技术 H. 264/AVC。H. 264/AVC 具有高精度、多模式的运动估计和分层编码等优点。在相同的图像质量下,采用 H. 264/AVC 技术压缩后,数据量只有 MPEG-2 的 1/8,MPEG-4 的 1/3。因此,可以预计,H. 264 必将在视频会议系统中得到广泛的应用。

④交换式组播技术。传统的视频会议设备大多只能单向接收。若采用交互式组播技术,则可以将本地会场开放或上传给其他会场观看,从而实现极具真实感的双向会场。

4. 远程教育系统

远程教育和远程教学是指处于不同地点的知识提供者和学习者之间通过适当的手段进行交互的教育行为。它是随着现代信息技术的发展而产生的一种新型教育方式,是构筑知识经济时代终身学习体系的主要手段。它可以使学习者在不同时间、不同地点进行实时、交互、有选择地学习,提高教育的社会效益,使受教育对象扩展到全社会不同群体,并能够发挥各种教育资源的优势,使得学校教育资源迅速辐射,国内外教育资源得以共享。

现代远程教育应当具有以下五个特征。

①教师和学生在地理位置上分开,而非面对面。

②以现代通信技术、计算机网络技术和多媒体技术为基础。

③具有实时交互式的信息交流功能。

④学生可以随时随地上课,不受时空的限制。

⑤政府行政管理部门对教育机构的资格认证。

远程教育系统的核心技术是基于 IP 网络的流媒体传输技术。它通过基于计算机网络的远程连接和多媒体化的信息交互,改变了传统的面对面课堂式单向教学方式,学生可以不受时空限制地接受教育、更新知识。

(1)系统框架。在现代远程教育系统中,共有四种角色:知识提供者、学习者、教学管理者、技术提供者。知识提供者负责根据教学计划安排教学内容,通过多媒体形式传授知识,解答学生的提问,批改学生提交的作业。学习者通过网络访问远程教育系统,获取所需的知识,接受专业的教育。教学管理者负责组织和管理教学,指导教学活动,保证教学秩序。技术提供者负责为远程教育提供必要的环境和工具,包括网络环境和应用环境等。图 9-3 所示为远程教育系统的结构框架。

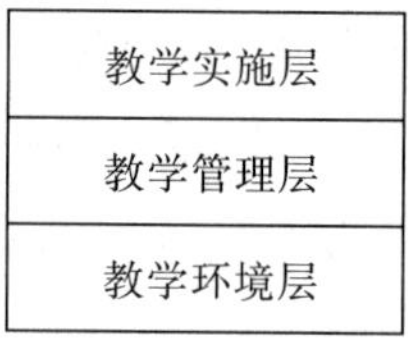

教学实施层
教学管理层
教学环境层

图 9-3　远程教育系统结构框架

在这个结构框架中,教学环境是基础,教学管理是核心,教学实施是目标。在各个层次上,不同角色的人员通过分工协作,共同打造面向特定目标的现代远程教育系统。

①教学环境层。该层主要为远程教育系统提供必要的技术基础和应用环境。包括构成系统的软件和硬件环境、远程网络的接入、远程站点的组织、多媒体信息的运用等。该层的工作由技术提供者负责。

②教学管理层。该层主要提供远程教育系统中的教学组织和管理,包括教学计划安排、学生学籍管理、课程考试组织、学生成绩管理、网络教学平台建设、新型教学方法探讨、教学内容和手段改进等。该层的工作由教学管理者负责。

③教学实施层。该层主要实现知识的传授和共享。在网络的支持下,采用多媒体化知识表现形式,由知识提供者与学习者以多种交互手段共同完成。

(2)实现方案。从技术实现的角度,一个现代远程教育系统可以采用以下三种方案来实现。

①基于 Internet 的实现方案。在这种模式下，整个系统由服务器、远端客户、Internet 组成，如图 9-4 所示。它是一种采用浏览器/服务器模式，综合运用了 Web、FTP、E-mail、BBS 等多种 Internet 服务实现的全新教学模式。教学服务系统可以提供视频点播、虚拟教室、网上课件等多种形式的教学服务，学生只需打开浏览器就可以享受这些服务，选择自己感兴趣的教学内容。教师和学生之间可以通过多种交互方式进行交流，如通过 E-mail 进行提问和解答，通过 FTP 上传、下载文件等。教学管理系统提供学生注册、学籍管理、成绩查询等管理功能。学生通过数字图书馆查阅电子图书资料和文献。这种教学模式可以作为一种桌面远程教育系统，不受时间和地域的限制，应用广泛。

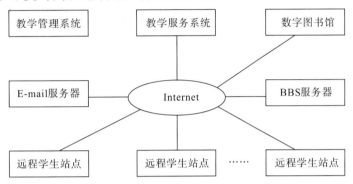

图 9-4 基于 Internet 的远程教育系统

②基于电视广播的实现方案。该模式可以作为一种教室远程教育系统，如图 9-5 所示。在这种模式下，整个系统由主播教室、通信网络、远程教室组成，让接受远程教育的学生能同时收看一名主讲教师的课程。这是一种单向广播式的教学模式，缺乏交互性，且学生必须在规定的时间和地点集中收看。由于这种教学模式需要实时传输音视频信息，因此需要较大的网络带宽，一般采用卫星通信、宽带电信网来实现。

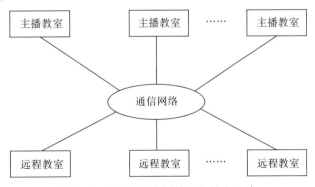

图 9-5 基于电视广播的远程教育系统

③基于多媒体会议的实现方案。这是教室远程教育系统的另一种模式。整个系统由主播教室、远程教室和通信网络组成。主播教室中的教师和远程教室的学生通过多媒体会议系统进行教学活动，具有双向交互特性。学生可以借助于音

频、视频和白板向教师提问,教师现场给予解答,实现了一种互动式的教学模式,提高了教学质量和教学效果。同样,这种教学模式的通信网络也要采用较大带宽的网络来实现,以支持音视频信息的实时传输。

从现代远程教育系统的系统构成要素来看,计算机网络技术、多媒体技术、教学管理技术缺一不可,且必须通过适当的教学模型将三者有机地结合起来。远程教育系统一般基于某种教学模型,充分利用多媒体会议、视频点播、虚拟现实等多媒体技术手段来生动翔实地表现教学内容,并且通过高速网络不失真地展现在远程终端上。

5. 多媒体监控与报警系统

多媒体监控与报警系统是以计算机为中心,以数字图像处理技术为基础,利用音频压缩、图像压缩等国际标准,综合利用图像传感器、通信网络、自动控制和人工智能等技术进行监控的系统。它是多媒体技术、网络技术、工业控制等技术的综合运用,广泛应用于银行、机场、博物馆、交通部门、电力部门、金库等各种重要场所和机构。

(1)多媒体监控系统的基本组成。图9-6所示为远程多媒体监控系统结构示意图。整个系统由监控现场、传输网络和监控中心三部分组成。

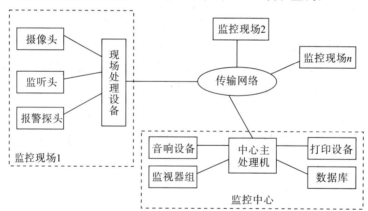

图9-6 远程多媒体监控系统结构示意图

监控现场的核心设备是现场处理设备,其主要功能是对摄像头采集的视频图像信息、监听头采集的音频信息和报警探头采集的信息进行 A/D 转换和压缩编码。根据具体的应用情况,对视频图像所采用的压缩方式可以是 MPEG-1、MPEG-2、MPEG-4 或 H. 264。

监控现场的工作方式有以下两种。

①由本地的主机对所设置的不同地点进行实时监控。这种方式适用于近距离监控。摄像头采集的视频信号既可以实时存储到本地的硬盘中,也可以只供观察。一旦有报警触发,系统自动将高质量的画面记录到硬盘中,供工作人员随时

进行回放、搜索、浏览等。本地的主机可以不外加画面分割器，同时监视多个流动画面。

可根据实际应用需要，配置不同类型的报警探头以满足多种监控要求，如门禁、红外、烟雾等。现场处理设备收到报警探头采集的报警信号后，按照用户设置采取一系列措施，如灯光指示、关闭大门、录像、拨打报警电话等。

②由现场处理设备将采集的音频、图像、报警信号通过传输网络传至监控中心，然后监控现场将监控中心传来的控制信令提取出来，进行命令格式分析，按照命令内容执行相应的操作。

监控中心对多个监控现场传送来的数字流信号进行解压缩处理，完成对音频信号、视频信号、报警信号的处理后，将控制信令发送到监控现场，从而完成对监控设备的控制。监控中心还可以与地理信息系统(GIS)和管理信息系统(MIS)结合，提供更加灵活的管理模式。

(2)应用实例。现以公安系统的城市报警和监控应用为例进行说明。该系统结构由监控现场、传输网络、远程监控中心、远程客户端四部分组成，如图 9-7 所示。

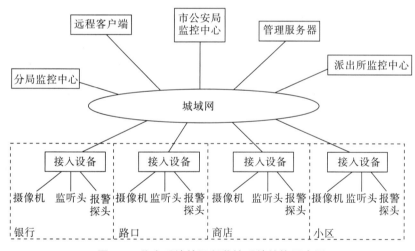

图 9-7　公安系统的远程监控系统结构示意图

监控现场负责采集监控信号，以及数字化处理和编码。采集的信号主要是音频信号、视频信号、报警信号。摄像机、报警探头等设备完成信号采集后，将采集的模拟信号交由相应的接入设备进行数字化处理和压缩，然后经局域网连入城域网。监控现场可以是银行、路口、商店、小区等重要场所。

在基本硬件基础上，系统的监控功能可以通过软件来实现。可实现的主要功能有：

①视频监控，实现多画面分屏显示，完成视频切换和视频冻结。

②实现摄像头控制、录像内容存盘和遥控开关。

③通过网络实现数据库查询和远程遥控。

④系统管理,如工作日志、系统定时启动、系统安全设置、锁定/解锁、系统自我保护。

管理服务器负责对各级监控中心、远程客户端的分级、授权管理,对监控现场音视频信息的传输控制,以及向专网的转发控制。

远程监控中心可以按照管理需要和不同的权限进行划分。监控现场的监控信号通过城域网到达监控中心,监控中心按照自己的需要选择重点内容进行监控。市公安局、各公安分局、派出所具有各自的监控权限和控制范围,可利用监控中心的电视墙或计算机显示来自监控现场的图像。

远程客户端利用装有接收软件的计算机,按照自己的使用权限监控其授权范围内的监视现场的信号。

9.2　超文本与超媒体

随着信息技术的不断发展,人们感到现有的信息存储与检索机制越来越不足以使信息得到全面有效的利用,不能像人类思维方式那样以“联想”来明确信息内部的关联性。人类的记忆是一种具有网状结构的联想式记忆,呈现跳跃式、多层次、多路径、多方位思维和访问信息的非线性结构。人类记忆的这种联想结构不同于传统的文本结构。传统的文本以字符为基本单位表达信息,以线性形式组织数据。线性形式体现在阅读文本方面即只能按照固定的顺序阅读。这种方式的缺点是不符合人类的联想思维模式,不能很好地反映现实世界的信息结构。人类的联想方式实际上表明了信息的结构和动态性,这是传统文本很难管理的,必须采用一种比文本更高层次的信息管理技术,即超文本。

9.2.1　超文本和超媒体概述

超文本是一个类似于人类联想思维的非线性网状结构,它以结点作为一个信息块,采用一种非线性的网状结构来组织信息,将文本按其内容固有的独立性和相关性划分成不同的基本信息块,并且可以按需要使用一定的逻辑顺序来组织和管理信息,可提供联想式、跳跃式的查询功能,极大地提高获得知识信息的效率。图 9-8 所示为一个完整的小型超文本结构。由图可以看出,超文本由若干内部互联的信息块组成,这些信息块可以是文本、文件等。这样的一个信息单元被称为结点,每个结点都有若干指向其他结点或从其他结点指向该结点的指针,这些指针被称为链。超文本的链通常连接的是结点中有关联的词或词组,而不是整个结点。当用户主动点击该词时,将激活这条链从而迁移到目的结点。

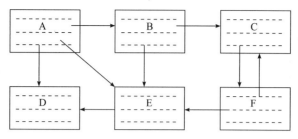

图 9-8　超文本结构示意图

图 9-8 所示的超文本结构实际上就是由结点和链构成的信息网络,也称为 Web。用户在这个超文本结构中可以自主决定阅读结点的顺序。例如,用户从标记 A 的文本块开始阅读。此时,该超文本结构有三条阅读路径可供选择,即可以到 B、D 或者 E。如果选择 B,则可以继续阅读 C 或 E,从 E 又可以返回 D。用户也可以直接由 A 到 D。由此可看出,用户可以自由地选择路径。这就要求超文本的制作者事先必须为用户建立一系列可供选择的路径,而不是传统单一的线性路径。

早期的超文本表现形式仅仅是文字。随着多媒体技术的发展,信息的表现形式越来越多样化,多媒体和超文本技术的结合大大提高了信息的交互程度和表达思想的准确性,也使得交互界面更为丰富。把多媒体信息引入超文本,这就产生了超媒体,即超文本结构中的结点数据不仅仅是文本,还可以是图形、图像、声音、动画,甚至是计算机程序或它们的组合。可以用一个表达式来表示超文本和超媒体的关系:超媒体＝超文本＋多媒体。

9.2.2　超文本和超媒体的组成

超文本和超媒体是由结点、链构成的信息网络。

1. 结点

结点是表达信息的单位,是围绕一个特殊主题组织起来的数据集合。这个集合可以是有形的,也可以是无形的;既可以是一个数据块,也可以是信息空间的一部分。结点的内容可以是文本、图形、图像、动画、音频和视频等,也可以是计算机程序或它们的组合。

结点分很多种,分类方法也不相同。根据媒体的种类、内容和功能,结点可以分为以下几类。

(1)媒体类结点。媒体类结点中存放种媒体,包括文本、图形、图像、动画、音频、视频、数据库、文献等各种媒体,以及这些媒体的来源、属性和表现方法等。一般情况下,每一个结点中包含媒体数据,但在一些情况下(特别是在网络环境下),一些媒体数据需要临时从网络中获得,所以这些结点中只有路径和属性信息,不包含数据本身。

结点中对媒体数据的描述直接关系到多媒体数据的表现。不同的媒体会有不同的属性和表现方法。例如,文本数据需要表现出文本的字号、字形等;视频数据需要定义暂停、快进等操作。

(2)动作与操作类结点。动作与操作类结点定义了一些操作,是一种动态结点。典型的操作结点是按钮结点,可为用户提供动作和操作的可能。例如,有一些超媒体系统引入了传真服务,可与电视通信相结合,用户只要按下"传真"按钮,系统就在当前结点上发送所需传送的内容。动作与操作类结点实际上是通过按钮做一些超媒体表现以外的工作,使用户操作或做其他动作。

(3)组织类结点。组织类结点是用来组织其他结点的结点,可以实现数据库的部分查询工作。组织类结点包括各种媒体结点的索引结点和目录结点。索引结点由索引项组成。索引项指针指向相关的索引项,或指向数据库表中相对应的一行,或指向原媒体的目录结点。目录结点包含各个媒体结点的索引指针,指向索引结点。

(4)推理类结点。推理类结点的产生是超媒体智能发展的产物,可用于辅助链的推理和计算,包括对象结点和规则结点。

2. 链

链是结点之间的信息联系,用来以各种形式连接相应的结点,提供在超文本结构中进行浏览和探索结点的能力。由于超文本没有规定链的规范和形式,因此,超文本和超媒体系统中的链也是各异的,信息间的联系丰富多彩,这也使得链的种类复杂多样。但是,他们最终达到的效果是一致的,即建立起结点之间的联系。链具有有向性,可分为三个部分:链源、链宿和链的属性。

①链源:链的起始端称为链源,是导致结点信息迁移的原因,可以是热字、热区、图元、热点和媒体对象等。

②链宿:链宿是链的目的所在。链宿一般是结点,也可以是其他任何媒体内容。

③链的属性:链的属性决定链的类型,例如静态图像和动态图像等。

各超媒体系统的链型不完全一样,下面介绍一些典型的链型。

(1)基本结构链。在建立超媒体系统前需要创建基本结构链。基本结构链是构成超媒体的主要形式,具有固定明确的导航和索引信息链,层次与分支明确。基本结构链包括基本链、交叉索引链、结点内注释链、缩放链和全景链。

①基本链用来建立结点之间的基本顺序,使信息在总体上呈现层次结构,类似于书中的章、节、小节、段落等结构,常用"前一结点""后一结点"等来表现结点的先后顺序,即链的方向。

②交叉索引链将结点连接成交叉的网络结构,其链源可以是各种热标、单媒体对象及按钮,其链宿为结点或任何内容,常用热标激活转移,"后退""返回"等表示先后顺序。基本链的动作决定结点间的固定顺序,而交叉索引链的动作决定访问顺序。

③结点内注释链是一种指向结点内部、附加注释信息的链。这类链的链源和链宿均在同一结点内,这种结点一般是混合媒体结点。在表现时,需要激活热标才能进行下一步的动作。结点内注释链只有在需要注释时才出现,不用另设结点。

④缩放链可以扩大或缩小当前的结点。

⑤全景链可以返回超文本系统的高层视图。

(2)索引链。索引链可以将用户从一个索引结点引到该结点相应的索引入口。索引用于与数据库的接口及查找共享同一索引项的文献,按钮表现通常是"总目录""影片索引"等,可实现结点的"点""域"之间的链接。索引链的开始给出链的标识符、名字、类型以及链宿的名字和类型等信息。

(3)推理链。推理链的主要形式是蕴涵链,用于推理系统中事实的连接,通常等价于规则。

(4)隐形链。隐形链又称为关键字链或查询链,可为结点定义关键字。通过查询关键字,可驱动相应的链宿。

3. 网络

超文本媒体由结点和链构成的网络是一个有向图,这种有向图与人工智能中的语义网有类似之处。语义网是一种知识表示法,也是一种有向图。

结点和链构成的网络具有如下特点。

①超文本的数据库是由图像、文本、声音等媒体类结点组成的网络。

②屏幕中的窗口和数据库中的结点是一一对应的,即一个窗口只显示一个结点,每一个结点都有名字或标题显示在窗口中,屏幕上只能包含有限个同时打开的窗口。

③支持标准窗口的操作,窗口能被重新定位、调整大小、关闭或缩小成一个图符。

④窗口中可含有许多链标识符,它们表示链接到数据库中其他结点的链,常包含一个文本域,指明被链接结点的内容。

⑤制作者可以很容易地创建结点和链接新结点的链。

⑥用户可以对数据库进行浏览和查询。

9.2.3 超媒体的模型

超文本和超媒体的系统结构中较著名的是 Campbell 模型和 Goodman 模型,另一个是从事超文本标准化研究的 Dexter 小组提出的 Dexter 模型。Dexter 模型的结构分为运行层、表现描述层、存储层、锚定点机制和内部组件层。从描述超文本信息的组织结构来看,可分为基于图论的模型、基于逻辑的模型以及基于集合论的模型。

Campbell 模型和 Goodman 模型都具有用户接口层、超文本抽象机层和数据库层三层结构。依据 Campbell 模型和 Goodman 模型,超文本和超媒体的体系结构分为三个层次:用户接口层——表现层;超文本抽象机层——节点和链;数据库层——存储、共享数据和网络访问,如图 9-9 所示。

图 9-9　Campbell 模型和 Goodman 模型结构

1. 数据库层

数据库层是模型中的最底层,涉及所有传统的有关信息存储的问题。实际上,这一层并不构成超文本系统的特殊性。但是,它以庞大的数据库作为基础,而且在超文本系统中的信息量大,需要存储的信息量也就大。因此,这一层一般要用到磁盘和光盘等大容量存储器,或把信息存储在经过网络访问的远程服务器上。不管信息如何存放,必须要保证信息的快速存取。

2. 超文本抽象机层

超文本抽象机层(Hypertext Abstract Machine,HAM),是三层模型中的中间层。这一层决定超文本系统节点和链的基本特点,记录节点之间链的关系,并保存有关节点和链的结构信息。在这一层中,可以了解到每个相关联的属性。例如节点的"物主"属性,这一属性指明该节点由谁创建,谁有修改权限、版本号或关键词等。由于数据层在存储数据格式上依赖于不同的机器,而用户层上的各个超文本系统各不相同,所以必须提供信息格式转换能力。

3. 用户接口层

用户接口层也称表现层或用户界面层,是三层模型中的最高层,也是超文本和超媒体系统特殊性的重要表现,并直接影响着超文本和超媒体系统的成功,应该具有简明、直观、生动、灵活和方便等特点。用户接口层是超文本和超媒体系统中人机交互的界面,决定信息的表现形式、交互操作方式和导航方式等。

9.2.4　基于 Web 的超媒体协议

1. HTTP 协议

万维网(WWW)中广泛使用的协议是 HTTP 协议,也称为超文本协议,为客户/服务器通信提供了握手方式和消息传送格式。HTTP 是一个客户端和服务器端请求和应答的标准(TCP)。客户端是终端用户,服务器端是网站。通过使用 Web 浏览器、网络爬虫或者其他工具,客户端发起一个到服务器上指定端口的 HTTP 请求。应答的服务器上存储着一些资源，比如 HTML 文件和图像。在用户代理和服务器之间可能存在多个中间层，比如代理、网关或者隧道。尽管 TCP/IP 协议是互联网上最流行的应用，HTTP 协议并没有规定必须使用它和它支持的层。事实上，HTTP 可以在任何其他互联网协议或其他网络上实现。HTTP 只假定（其下层协议提供）可靠的传输，任何能够提供这种保证的协议都可以被其使用。

2. WAP 协议

无线应用协议（WAP）是一个使移动用户利用无线设备随时使用互联网中信息和服务的开放的规范。WAP 的主要意图是使袖珍无线终端设备能够获得类似网络浏览器的功能。

3. 客户机和服务器

客户机、服务器和协议虽然都是很简单的概念，但描述它们比理解它们更难。

一个客户机可以向许多不同的服务器发出请求，一个服务器也可以向多个不同的客户机提供服务。通常情况下，一个客户机启动与某个服务器的对话，服务器通常是等待客户机请求的一个自动程序。客户机通常是作为某个用户请求或类似于用户的某个程序提出的请求而运行的。协议是客户机请求服务器和服务器如何应答请求的各种方法的定义。WWW 客户机又称为浏览器。

在 Web 中，客户机的任务是：

①帮助用户制作一个请求（通常在单击某个链接点时启动）。

②将用户的请求发送给某个服务器。

③通过对直接图像适当解码，呈交 HTML 文档和传递各种文件给相应的"观察器"（Viewer），把请求所得的结果报告给用户。

其中，"观察器"是一个可被 WWW 客户机调用而呈现特定类型文件的程序。当一个声音文件被 WWW 客户机查阅并下载时，它只能用某些程序，如播放器，来"观察"。

通常 WWW 客户机不仅限于向 Web 服务器发出请求，还可以向其他服务器（例如 FTP）发出请求。

在 Web 中，服务器的任务是：

①接受请求；

②对请求进行合法性检查，包括安全性屏蔽；

③针对请求获取并制作数据，包括 Java 脚本和程序、GGI 脚本和程序、为文件设置适当 MIME 类型来对数据进行前期处理和后期处理；

④把信息发送给提出请求的客户机。

Web 拥有一个被称为"无状态"的协议。这是因为服务器在发送给客户机应答信息后便遗忘了此次交互。而在"有状态"的协议中，客户机与服务器要记住许多关于彼此和它们的各种请求与应答的信息。

　　Web 是一个易于实现的协议。因为"无状态"的协议是很轻松的,没有多少必需的核心代码和资源。此种协议另一个吸引人的特性是可以方便地从一个服务器转向另一个服务器(在客户机端),或者从一个客户机转到另一个客户机(服务器端),而无需过多的清理和跟踪。这种快速转移的能力对于超文本而言是非常理想的。

　　Internet 和伴随它产生的一切是一个分布极为广泛的网络。它们支持标准的或者至少是具有互操作性的协议,允许这种互操作性跨越学术界、商业界乃至于国界。也就是说,Internet、TCP/IP 协议、HTTP 协议以及 WWW 不属于任何国家、任何个人。不同国家的学校和公司可独立建立客户机和服务器,而它们在 Web 上一起协同工作。

9.2.5　标记语言

　　标记语言(markup language)是指用一系列约定好的标记来对电子文档进行标记,以实现对电子文档的语义、结构及格式的定义。常见的标记语言有 SGML、HTML、XML 和 WML 等。

1. 标准通用标记语言 SGML

　　1989 年 3 月,欧洲粒子物理研究所提出一项计划——CERN,目的是使科学家们能很容易地翻阅同行们的文章。此项计划的后期目标是使科学家们能在服务器上创建新的文档。为了支持此计划,Tim 创建了一种新的语言来传输和呈现超文本文档。这种语言就是超文本标记语言(Hyper Text Markup Language,HTML),是标准通用标记语言(Standard Generalized Markup Language,SGML)的一个子集。SGML 是开放式语言,是 HTML 的前身技术,是文件和文件中信息的构成主体。与 HTML 不同的是,SGML 允许用户扩展标记集合,且允许用户建立一定的规则。SGML 所产生的标记集合是用来描述信息段特征的,而 HTML 仅仅是一个标记的集合,所以我们说 HTML 是 SGML 的子集。

　　SGML 建立了一种语言模型,该模型包含许多标签,放置在文档的各个部分,标志和它们所定义的文本构成 SGML 的元素,元素又构成计算机能够处理的结构和内容模型。采用这种方式,SGML 可以描述各种内容和结构的所有细节和类型。例如,可以采用＜PARAGRAPH＞和＜/PARAGRAPH＞描述段落结构。另外,SGML 也可以描述和表示一些不能够打印的信息。

　　SGML 还提供一些日期、地点、句子以及通用媒体等标志。SGML 对信息没有限制,信息可以在不同的应用之间传递。也就是说,用于历史检索的文本和用于语言分析的文本之间没有什么差别。不同类型的信息可用于不同目的,例如金融分析、表格、产品介绍等标志,可以共用一些符号或使用完全不同的符号。这从另一个侧面反映了 SGML 功能的灵活性。

SGML 说明了文档的各个必需部分,比如标题和强调文字等,但 SGML 标识的是它们的结构而不是表示形式。SGML 是一种定义描述文本语言的国标标准,可用于构造剧本、诗歌或者 CD-ROM 多媒体系统。SGML 可建立字符集和语法。嵌套和层次性是 SGML 的最大特点。

2. 超文本标记语言 HTML

由于 SGML 过于繁复,许多可选特性在 Web 开发中不必要,故难以应用。Internet 的广泛应用,需要有人人都易上手的描述语言。作为 SGML 的一种应用,超文本标记语言 HTML 应运而生。

HTML 是目前网络上应用较广泛的语言,也是构成网页文档的主要语言。设计 HTML 语言的目的是将存放在一台计算机中的文本或图形与另一台计算机中的文本或图形方便地联系在一起,形成有机的整体,使人们不用考虑信息是在当前计算机上还是在网络中的其他计算机上。只需使用鼠标在某一文档中单击一个图标,Internet 就会马上跳转到与该图标相关的内容,而这些信息可能存放在网络的另一台计算机中。HTML 文本是由 HTML 命令组成的描述性文本,HTML 命令可以用来描述文字、图形、动画、声音和链接等。HTML 的结构包括头部(head)和主体(body)两大部分,其中头部描述浏览器所需的信息,而主体则包含所要说明的具体内容。

HTML 是一种简单、通用的网络语言,允许网页制作者建立文本与图片相结合的复杂页面。这些页面可以被网上任何其他人浏览到,无论对方使用什么类型的计算机或浏览器。HTML 页面的建立不需要任何专门的软件,只需要一个文字处理器。HTML 是标签和一系列相关的文件组成的集合体。HTML 的标签通常是英文词汇的全称或缩略语。例如,块引用使用 blockquote,p 代表 paragraph,但它们与一般文本有区别,它们都放在单书名号里。因此,paragraph 标签是<paragraph>,块引用标签是<blockquote>。

需要注意的是,标签是成对出现的。每当使用一个标签,例如<blockquote>,则必须以另一个标签</blockquote>将它关闭。

超文本文档分文档头和文档体两部分,在文档头里,对这个文档进行一些必要的定义,在文档体中显示的各种文档信息。

3. 可扩展标记语言 XML

XML 其实和 HTML 是同属于 SGML 家庭的"兄弟"。有人说 XML 很像 HTML,也有人说 XML 是 HTML 的精简版,其实这两种说法都对。XML 也是标记语言的一种,以一种简单的方式来描述信息,是一种十分容易学习及运用的语言。XML 的写法和 HTML 类似。不同之处在于，XML 只负责描述资料，并不负责表现资料，表现资料由另外的 XSL 负责，如图 9-10 所示的关系。

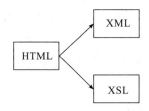

图 9-10　HTML 与 XML 的关系

XML 的优势在于，它保持了用户界面和结构数据之间的分离。HTML 指定如何在浏览器中显示数据，而 XML 则定义内容。在 HTML 中，使用标记告诉浏览器以粗体或斜体的方式显示数据；而在 XML 中，只使用标记来描述数据，如城市名、温度和气压。在 XML 中，使用诸如"可扩展样式表语言（XSL）"和"层叠样式表（CSS）"的样式表，来表示浏览器中的数据。XML 把数据从表示和处理中分离出来，使用户可通过应用不同的样式表和应用程序，来按自己的意愿显示和处理数据。

把数据从表示中分离出来，能够无缝集成众多来源的数据。可以将用户信息、采购订单、研究结果、账单支付、医疗记录、目录数据以及其他来源的数据转换为中间层上的 XML，以便像 HTML 页显示数据一样很容易地联机交换数据。然后可以在 Web 上将 XML 编码的数据传送给用户。对于大型数据库或文档中存储的遗留信息无需进行更新，并且由于使用了 HTTP 在网络上传送 XML，因此 HTML 页的显示功能不需要更改。

XML 在采用简单、柔性的标准化格式表达和应用交换数据方面迈出了一大步。HTML 提供了显示数据的通用方法，XML 则提供了直接在数据上工作的通用方法。XML 的优点在于将用户界面和结构化数据分离，允许不同来源数据的无缝集成和对同一数据的多种处理。从数据描述语言的角度看，XML 是灵活的、可扩展的，有良好的结构和约束；从数据处理的角度看，它足够简单且易于阅读，几乎和 HTML 一样易于学习，同时又易于被应用程序处理。XML 的特点如下。

①自描述。XML 是一种标记语言，其内容由相应的标记来标识，具有自描述的特点。

②可扩展性。XML 是一种可扩展的标记语言，具有强大的可扩展性，用户可以定义自己的标记来表达自己的数据。

③内容和显示分离。XML 文档只描述数据本身，而与数据相关的显示则由另外的处理程序来完成，具有内容和显示相分离的特点。

④本地计算。XML 解析器读取数据，并将它递交给本地应用程序（例如浏

览器)进一步查看或处理,也可以由使用 XML 对象模型的脚本或其他编程语言来处理。

⑤个性化数据视图。传递到桌面的数据可以根据用户的喜好和配置等因素,以特定的形式在视图中动态地表现给用户。

⑥数据集成。使用 XML 可以描述和集成来自多种应用程序的不同格式的数据,使其能够传递给其他应用程序,以便于进一步处理。

9.3 流媒体技术

9.3.1 流媒体概述

流媒体技术是一种专门用于网络多媒体信息传播和处理的新技术,能够在网络上实现传输和播放同时进行的实时工作模式,目前已经成为音视频(特别是实时音视频)网络传输的主要解决方案。

流媒体与常规视频媒体的区别在于,流媒体可以边下载边播放,"流"的重要作用体现在能够明显地节省时间。由于常规视频媒体文件比较大,因而只能下载后播放。由于下载需要较长的时间,因而影响了信息的流通。流媒体技术是近年来互联网发展的产物,已广泛应用于远程教育、网络电台、视频点播等。

目前,制约流媒体宽带应用发展的关键在于互联网的服务质量。流媒体从理论上解决了大容量网络多媒体数据传输的实时性要求问题。但是,在实际的应用过程中,由于大型分组交换网络中数据传输受到诸多因素的影响,网络的状况是不可靠的,从而导致网络带宽、负荷等的变化难以满足流媒体宽带业务的实时性服务质量要求,因而常常造成播放卡壳、延迟、视频抖动剧烈,给使用者感观造成很大影响。因此,解决流媒体网络应用的服务质量问题,对于流媒体宽带应用来说极为重要。

互联网对流媒体的影响主要体现在带宽、时延和分组丢失 3 个方面。

①网络带宽的可用性是不可预测的。

②互联网是分组交换的数据网络,既不能保证实时数据可以直接到达目的地,也不能保证分组在网络上的传输时间相同。音频和视频数据要求正确定时和同步以便连续地回放。因此,必须采用相应的机制来处理定时和抖动问题,保证媒体的连续播放。

③在互联网上,出现差错和网络拥塞均表现为分组丢失,分组丢失对于应用的质量影响较大,必须采取相应的措施加以处理。

这几个方面有时是相互制约的。例如,当采用纠错编码或重传来处理分组丢失时,会增加网络的流量;而互联网中分组丢失往往是由于网络拥塞引起的,增加传输数据量会恶化网络状况,严重时可能造成网络崩溃,传输时延也将大大增加。因此,在实际应用中往往采用折中的策略。

9.3.2　流媒体技术原理

由于互联网以分组传输为基础进行断续的异步传输,因此流媒体传输的实现需要缓存。实时的 A/V 源或存储的 A/V 文件在传输中被分解为多个分组。由于网络是动态变化的,因此各个分组选择的路由可能不尽相同,因而到达客户端的时间延迟也就不等,其至先发送的数据分组有可能后到。为此,可采用缓存系统来弥补延迟和抖动的影响,并保证分组的顺序正确,从而使媒体数据能连续输出,不会因为网络暂时拥塞使播放出现停顿。

流媒体传输的实现需要合适的传输协议。由于 TCP 需要较多的开销,因此不太适合传输实时数据。在流媒体传输的实现方案中,一般采用超文本传输协议和 TCP 来传输控制信息,而用 RTP 和用户数据报协议(UDP)来传输实时声音数据。

图 9-11 说明了从 Web 浏览器中点播流媒体节目的流媒体传输过程。

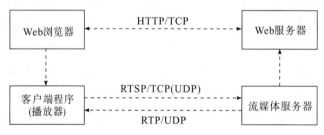

图 9-11　流媒体传输过程

①当用户选择某一流媒体服务后,Web 浏览器与 Web 服务器之间使用 HTTP/TCP 交换控制信息,以便把需要传输的音视频流从流媒体服务器中检索出来。

②Web 服务器从流媒体服务器中取出客户所选的音/视频流及相关信息。

③客户端上的 Web 浏览器启动客户端程序(即播放器),使用 HTTP 从 Web 服务器检索到的相关参数对客户端程序进行初始化。这些参数可能包括目录信息、音/视频的编码类型或与检索相关的服务器地址信息。

④客户端程序及流媒体服务器运行实时流协议(RTSP),以交换传输音/视频数据流所需的控制信息。RTSP 起遥控器的作用,用于客户端对流媒体服务器的远程控制,控制媒体数据流的暂停、快进或回放等。

⑤流媒体服务器使用 RTP/UDP 将音/视频流传输到客户端程序。音/视频流到达客户端,客户端程序即可播放输出。

9.3.3 流媒体的传输方式和相关协议

1. 流媒体的传输方式

流媒体的传输方式有两种：顺序流传输方式和实时流传输方式。

(1)顺序流传输方式。顺序流传输方式为顺序下载，下载的同时可播放前面已经下载的部分。这种方式不提供交互性，是早期在互联网上提供流服务的方式，通常采用 HTTP 和 TCP 进行发送，用标准的 HTTP 服务器就可以提供服务，而不需要特殊的协议。顺序流播放方式的质量较高，易于管理，但不适合传输片段较长的媒体，也不提供随机访问功能。由于采用的是低层的 TCP 协议，因此网络传输的效率较低。

(2)实时流传输方式。在实时流传输方式下，流媒体能够实时播放，并提供交互功能，在播放的过程中响应用户的快进或后退等操作。在传输过程中，网络的状况对播放质量的影响较为直接。当网络拥塞或出现问题时，分组的丢失会导致视频质量变差，播放出现断续甚至停顿的现象。实时流传输具有更多的交互性，缺点是需要特殊的协议和专用的服务器，网络配置和管理也更复杂。

顺序流传输适合传输较高质量的短片段多媒体内容，而实时流方式比较适合现场直播。从底层的传输模式看，顺序流方式只支持单播，而实时流方式支持单播和多播。

2. 流媒体传输需要的协议

流媒体涉及的协议有 HTTP、UDP、TCP、RTP/RTCP、RSVP、实时流协议(RTSP)等。

RTSP 由 Real Networks 和 Netscape 共同提出，是工作在 RTP 之上的应用层协议。它的主要目标是为单播和多播提供可靠的播放性能。RTSP 的主要思想是提供控制多种应用数据传送的功能，即提供选择传送通道的方法（例如 UDP、TCP、IP 多播），同时提供基于 RTP 传送机制的方法。RTSP 协议中的控制是通过单独协议连接的流，与控制通道无关。例如，RTSP 控制可通过 TCP 连接，而数据流通过 UDP 连接。RTSP 通过建立并控制一个或几个时间同步的连续流数据，其中可能包括控制流，为服务器提供远程控制。另外，由于 RTSP 在语法和操作上与 HTTP 类似，RTSP 请求可由标准 HTTP 或描述消息内容类型的多用途互联网邮件扩展(MIME)解析器解析。与 HTTP 相比，RTSP 是双向的，即客户机和服务器都可以发出 RTSP 请求。

RTSP 是一个应用层协议。利用 RTSP 可以在服务器和客户端之间建立并控制连续的音频媒体和视频媒体流，进行服务器和客户端之间的网络远程控制，从而提供远程控制功能。RTSP 需要在独立于数据的通道中传输。RTSP 支持单

播和多播,提供选择传送通道的方法,可以选择 UDP、多播 UDP 和 TCP。RTSP
底层的传输机制依赖于 RTP 或 TCP。RTSP 与底层的协议协调运行,提供完全
的流服务。

9.3.4　流媒体文件格式

流媒体文件格式是支持采用流式传输在 Internet 播放的媒体格式。经过数
字化的多媒体信息通常采用第 4 章所述的方法进行压缩编码,形成压缩媒体文
件。为了进行流式传输,媒体文件必须经过特殊编码才能实现边下边播。表 9-2
列出了常见的流媒体文件类型。

表 9-2　常见的流媒体文件类型

文件扩展名	媒体类型	所属公司
.asf	Advanced Streaming Format	Microsoft
.wmv	Windows Media Video	Microsoft
.wma	Windows Media Audio	Microsoft
.rm(.rmvb)	Real Video/Audio	Real Networks
.ra	Real Audio	Real Networks
.rp	Real Pix	Real Networks
.rt	Real Text	Real Networks
.swf	Shockwave Flash	Adobe
.qt	QuickTime	Apple

表 9-2 所列的流媒体文件格式分别属于四大流媒体平台所定义的文件格式。
其中,Microsoft 的 ASF 格式是一种流行的网络流媒体格式。此外,Microsoft 公
司还定义了 WMV 和 WMA 等新的流媒体格式。RM 和 RA 格式由 Real
Networks 开发,主要用来在低速率的网络上实时传输活动视频影像,可通过
RealPlayer 播放器进行播放。RMVB 是 RM 的升级版。SWF 格式是基于 Adobe
公司 ShockWave 技术的流式动画格式,是用于 Flash 软件制作的一种格式。客户
端安装 ShockWave 的插件即可播放。Apple 公司的 QuickTime 是数字媒体领域
事实上的工业标准,它实际是一个媒体集成技术,包含了各种流式和非流式的媒
体技术,是一个开放式的结构体系。

流媒体技术包含了从服务器构架到网络协议等一系列技术,目前这些技术还
在不断发展和完善中。尽管如此,流媒体技术改变了传统互联网限于文本和图片
的二维内容表现形式,是宽带应用的发展方向。流媒体能够广泛应用于 VOD、远
程教学、网络广告、交互视频游戏等,因此大大拓宽了互联网服务范围。可以预
见,流媒体业务将成为宽带网络的主流信息业务。

习题 9

一、单选题

1. 下面关于视频会议系统的说法，不正确的是＿＿＿＿。

    A. 视频会议系统是一种分布式多媒体信息管理系统

    B. 视频会议系统是一种集中式多媒体信息管理系统

    C. 视频会议系统的需求是多样化的

    D. 视频会议系统是一个复杂的计算机网络系统

2. 下列多媒体通信应用中，属于双向对称通信的是＿＿＿＿。

    A. 视频点播　　　B. QQ 视频聊天　　　C. 网上下载歌曲　　　D. 在线小游戏

3. 下列特征中，多媒体通信系统不具备的是＿＿＿＿。

    A. 集成性　　　　B. 交互性　　　　　C. 同步性　　　　　D. 独立性

4. 下列关于多媒体技术同步特性的说法，错误的是＿＿＿＿。

    A. 指多种媒体之间同步播放的特性

    B. 指单一媒体播放的特性

    C. 指两种以上媒体之间同步播放的特性

    D. 指相关媒体组合之后播放的特性

5. 多媒体网络远程教育实现方案中，目前最常用＿＿＿＿方式。

    A. 纯硬件多媒体方案　　　　　　　B. 纯软件多媒体方案

    C. 软硬件结合方案　　　　　　　　D. 以上都不对

6. 在流媒体协议中，一般采用 UDP 传输协议，其主要原因是＿＿＿＿。

    A. 降低传输协议的 CPU 执行开销　　　B. 降低上层通信协议设计的复杂度

    C. 降低传输可靠性要求　　　　　　　　D. 降低流媒体播放器的实现难度

7. 超文本系统的典型特点是＿＿＿＿。

    A. 可提供信息的非线性链接　　　　　B. 文本表现形式更加多样化

    C. 可使用网络传输　　　　　　　　　D. 可用多种文档编辑工具编辑

8. 目前，很多网站都提供在线视频功能，主要是利用了＿＿＿＿技术。

    A. 虚拟现实　　　B. 流媒体　　　　　C. 人工智能　　　　D. 动画

9. 流媒体的核心技术是＿＿＿＿。

    A. 流媒体的网络传输

    B. 数据压缩/解压缩技术

    C. 媒体文件在流式传输中的版权保护问题

    D. 音视频技术

10. 视频会议中,多媒体信息处理的过程为_____。

　　①信息打包,经网络传送

　　②采集音视频信号(模拟信号)

　　③通过显示设备和扩音设备播放

　　④模拟采样转换成数字信号

　　⑤接收端接收数据包,解压缩,D/A 转换

　　⑥对信号进行压缩编码

　　A. ②①④⑤⑥③　　　　　　　　B. ②④⑥①⑤③

　　C. ②⑥①⑤④③　　　　　　　　D. ②④⑥⑤①③

二、多选题

1. 多媒体通信对网络性能的要求指标有_____。

　　A. 吞吐量　　　B. 延时　　　　　C. 延时抖动　　　　D. 错误率

2. 下列选项中,视频点播系统涉及的关键技术有_____。

　　A. 视频服务器　　　　　　　　B. 网络环境支持

　　C. 用户操作电脑的能力　　　　D. 流媒体技术

3. 下列关于节点的说法中,正确的是_____。

　　A. 节点在超文本中是信息的基本单元

　　B. 节点的内容可以是文本、图形、图像、动画、音频和视频

　　C. 节点是信息块之间连接的桥梁

　　D. 节点在超文本中必须经过严格的定义

4. 超文本的三个基本要素是_____。

　　A. 节点　　　　B. 链　　　　　C. 网络　　　　D. 多媒体信息

5. 下列扩展名,_____是流媒体视频文件扩展名。

　　A. . asf　　　B. . rmvb　　　C. . tga　　　D. . mov

三、填空题

1. 多媒体通信具有三个主要特征,分别是_____、_____和_____。

2. 多媒体通信网络主要有电信网、_____和_____三种。

3. VOD 的中文含义是_____。

4. 流媒体的传输方式主要有_____和_____两种。

5. 衡量多媒体网络信息传输的技术指标主要包括_____、传输误码率、_____和服务质量四种。

第 10 章　Web 前端技术

> HTML 就是电脑之间交换信息时所使用的语言。也就是说,当你在电脑上点击一条链接,你的电脑就会自动进入你想要查看的页面,之后它就会利用这种电脑之间的语言与其他计算机进行沟通,这种规则就是 HTTP。
>
> ——蒂姆·伯纳斯·李
> 互联网之父

"当你的手指触碰到手机屏幕时,长按,它就弓腰蓄力;松开,它就开始翻转跳跃——从这个盒子跳到另一个盒子。"没错,这就是微信小游戏"跳一跳"。相信很多人都是从此开始对 HTML5(HTML 最新修订版,简称 H5)小游戏感兴趣。不需要安装软件,不需要适配机器,打开网址就能访问,使用成本低,传播能力强,这就是 HTML5 的魅力,它已经承载了越来越多的传统网络功能。

本章先向读者介绍使用 HTML5 实现网页图文混排,再介绍如何使用 CSS "层叠样式表"实现网页美化,最后介绍 JavaScript 相关知识及使用方法。

10.1　HTML5 网页设计

10.1.1　网站与网页

1. 网站与网页

网站(Website)是指在因特网上依据一定的规则所创建的,用于展示特定内容的,由相关网页及图片、动画、视频等多媒体元素组成的集合。

网页(Webpage)是构成网站的主体元素,是展现信息的视觉页面。一个网站通常由一个或多个网页组成,且各个网页间均有相应的逻辑关系。网站其实是由网页组成的一个有机整体。

2. 静态与动态网页

网页按表现形式进行分类,可以分为静态网页和动态网页。

静态网页:是指使用 HTML 语言编写的网页,其内容是预先确定的,并存储在 Web 服务器或者本地计算机/服务器上。

动态网页:是取决于由用户提供的参数,并根据存储在数据库中的网站上的数据创建的页面。用 ASP、PHP、JSP、ASP. NET 等网页制作技术开发的网页可以与浏览者进行交互,也称为交互式网页。

通常情况下,网页指超文本标记语言(Hyper Text Markup Language, HTML)网页。

HTML 网页由<html>标签开始,由</html>标签结束。

HTML 网页内部由"头"(Head)和"主体"(Body)两部分所组成。其中,"头"部由<head>标签开始,由</head>标签结束,用于提供关于网页的信息;"主体"部分由<body>标签开始,由</body>标签结束,用于提供网页的具体内容。

一个完整的 HTML 网页文档基本结构如下所示。

```
<! DOCTYPE html>
<html>
  <head>
    <meta charset="UTF-8">
      <title></title>
  </head>
  <body>
  </body>
</html>
```

3. HTML、CSS 和 JavaScript 的关系

一个网站一般由很多个 HTML 网页所组成。一个 HTML 网页一般由 HTML 标签、CSS 样式和 JavaScript 脚本语言组成。HTML、CSS、JavaScript 三项技术是静态网页设计、制作的核心技术。三者的关系如下:

①HTML 标签是主体,装载各种网页元素。

②CSS 样式用来装饰这些网页元素。

③JavaScript 脚本语言则用来控制这些网页元素,实现交互功能。

三者之间的关系可以说是既相互独立、又紧密联系。可以打个比喻来描述,如果 HTML 是房间,那么 CSS 就是装饰,而 JavaScript 则是在房间里的人。HTML 房间建好了就不会再改变了,但我们可以通过 CSS 装饰来美化房间。不过,HTML 房间和 CSS 装饰是静态的,房间里只有住了人,即加入 JavaScript,才会给房间带来生机。

关于 CSS 样式和 JavaScript 脚本语言的内容,我们会在后文详细介绍。

10.1.2　HTML5 简介

1. HTML5 的发展史

从 1993 到 2000 年,短短 7 年的时间里,HTML 语言有着很大的发展,1993 年,HTML1.0 被作为草案推出,1995 年,HTML2.0 面世,1996 年,HTML3.2 成为万维网联盟(W3C)推荐标准页文档的标记语言,1997 年和 1999 年,作为升级版本的 HTML4.0 和 HTML4.01 也相继成为 W3C 的推荐标准。

HTML5 是 HTML 的第 5 次重大修改。HTML5 草案的前身名为 Web Applications 10,于 2004 年由 WHATWG(为了推动 Web 标准化运动的发展,一些公司联合起来,成立了 Web Hypertext Application Technology Working Group,即网页超文本应用技术工作小组)提出,于 2007 年被 W3C 接纳。HTML5 的第一个正式草案于 2008 年 1 月 22 日公布。2012 年 12 月 17 日,W3C 正式宣布 HTML5 规范已定稿。2014 年 10 月 29 日,W3C 宣布,经过接近 8 年的艰苦努力,该标准规范终于制定完成。此后,HTML5 取代 HTML4.01、XHTML1.0 标准,实现桌面系统和移动平台的完美衔接。

2. HTML5 的新特性

HTML5 兼容了 HTML 以及 XHTML,增加了很多非常实用的新功能和新特性。下面具体介绍 HTML5 的优势。

(1)语义特性。HTML5 赋予了网页更好的意义和结构、更加丰富的标签,增加了对微数据与微格式等的支持,将真正形成以数据驱动的 Web 应用。

新增加的内容元素有 header、nav、section、article、footer 等。

新增加的表单控件有 calendar、date、time、email、url、search 等。

(2)本地存储特性。基于 HTML5 开发的网页应用拥有更短的启动时间和更快的联网速度,这是因为 HTML5 具有 APP Cache 以及本地存储功能。

(3)网页多媒体特性。HTML5 支持网页端的 Audio、Video 等多媒体功能,可与网站自带的影音多媒体功能相得益彰。

(4)三维、图形及特效特性。HTML5 支持基于 SVG、Canvas、WebGL 及 CSS3 的 3D 功能,可在浏览器中呈现出相当绚丽的视觉效果。

简单来说,HTML 是一种网页设计语言,而 HTML5 是在此基础上的扩展,是互联网的一种标准规范。HTML5 产品最直观的感受就是跨平台。不管是 PC 端还是移动端,不管是安卓还是 IOS,HTML5 都可以轻松兼容,应用非常广泛。

10.1.3 HTML5 的文档实现

1. HTML 开发工具

网页文件即扩展名为.htm 或.html 的文件,本质上是文本类型的文件。网页中的图片、动画等资源通过属性设置页文件中的 HTML 代码进行链接,与网页文件分开存储。

由于 HTML 语言编写的文件是标准的文本文件,因此可以使用以下任意一种文本编辑器来打开或编辑。

①记事本等文本编辑器。

②EditPlus 编辑器。

③Sublime Text 3 编辑器。

④WebStorm 开发平台。

⑤HBuilder 开发平台。

⑥Dreamweaver 软件平台。

由于记事本和 Dreamweaver 的便利性和普及性较高,此处以这两种常见的编辑器为例来介绍如何创建网页文件。

(1)使用记事本编写。HTML 是一个以文字为基础的语言,并不需要什么特殊的开发环境,可以直接在 Windows 操作系统自带的记事本中进行编辑,其优点是方便快捷,缺点是无任何语法提示和行号提示,格式混乱,初学者使用困难。

下面我们来编写第一个网页。打开记事本窗口,然后在记事本中按正确的文档结构编写如下 HTML 页面代码,并保存文件。

```
<html>
<head>
<title>第一个源程序</title>
</head>
<body>
让我们踏上 HTML5 征途吧!
</body>
</html>
```

执行"文件|另存为"命令,如图 10-1 所示,保存文件名为"1-1 first.html"。此时,记事本文件如图 10-2 所示。

图 10-1　"另存为"对话框

图 10-2　保存并打开 HTML 文件

关闭记事本，双击"1-1 first. html"，可在浏览器中预览页面，如图 10-3 所示。

图 10-3　预览页面

（2）使用 Dreamweaver 编写。Dreamweaver 是网页制作的主流软件，其优点是"所见即所得"。在用户设计视图下，可通过创建并编辑网页文件，自动生成相应的 HTML 代码。在代码视图下，可使用双击提示、自动完成和关键词高亮等高级编辑器功能。可以说，Dreamweaver 是一个非常全面的网页制作工具，非常适合初学者使用。

打开 Dreamweaver，执行"文件|新建"命令将会弹出"新建文档"对话框，选择 HTML 选项，如图 10-4 所示。

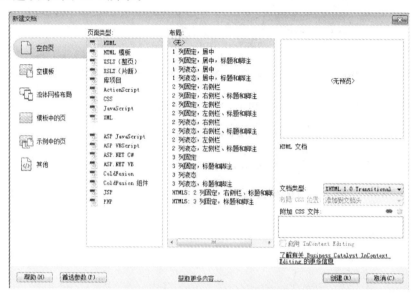

图 10-4 "新建文档"对话框

单击"创建"按钮，新建 HTML 文档，点击左上角的"代码"按钮可转换到代码视图，查看文档的 HTML 代码，如图 10-5 所示。

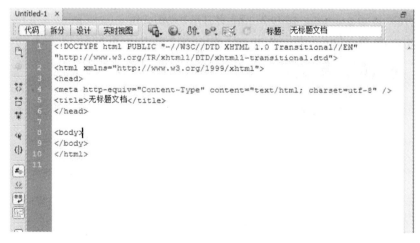

图 10-5 "代码"视图

Dreamweaver 的代码视图有非常完善的语法设计器面板，且给出了 HTML

网页文件的基本结构代码，所以相较图 10-2，我们只需适当修改＜title＞＜body＞两处的标签代码，不需逐字录入。

＜title＞DW 制作第一个源程序＜/title＞

＜body＞

让我们踏上 HTML5 征途吧！

＜/body＞

执行"文件|保存"命令，保存网页，双击可预览网页，如图 10-6 所示。

图 10-6　预览网页

2. HTML5 与浏览器

在 HTML 之前，几大主流浏览器厂商为了争夺市场占有率，在各自的浏览器中增加各种各样的功能，各浏览器对 HTML、JavaScript 的支持很不统一，没有统一的标准，这样就造成了同一个页面在不同浏览器中表现不同的情况。HTML5 的目标是详细分析各浏览器所具有的功能，并以此为基础制定一个通用规范，要求各浏览器能支持这个通用标准。

HTML5 纳入了所有合理的扩展功能，具备良好的跨平台性能。针对不支持新标签的老式浏览器，只需要简单地添加 JavaScript 代码就可以使用新的元素标签。就目前的形势来看，各浏览器厂商对 HTML5 都抱着极大的热情，主流浏览器都纷纷地朝着支持 HTML5、结合 HTML5 的方向迈进，HTML5 已经被广泛地推行开来。

10.1.4　HTML5 的网页排版

1. HTML 页面构成

网页是由各个板块构成的。一般情况下，网页由 logo（徽标）、导航条、banner（横幅广告）、内容板块、版尾版块等构成。

（1）logo。logo 是徽标或者标志，方便人们识别徽标所属公司，并辅助宣传公司。形象的 logo 可以让消费者记住公司主体和品牌文化。网络中的 logo 主要是各个网站用来与其他网站链接的图形标志，代表网站或网站的一个板块。例如，安徽大学官方网站的 logo 如图 10-7 所示。

图 10-7　logo

（2）导航条。导航条是网站的重要组成部分，如同窗口中的菜单，链接着各个页面。合理安排导航条可以帮助浏览者快速地查找所需的信息与内容。如图 10-8 所示为安徽大学官方网站的导航条，单击导航条上的按钮，即可进入相应的网页页面。

| 学校概况 | 机构设置 | 人才培养 | 合作交流 | 招生就业 | 教育资源 | 校园生活 | 党的建设 | 信息公开 |

图 10-8　导航条

（3）banner。banner 是网页中的广告，目的是吸引用户，一般出现在顶部，也称横幅广告。如图 10-9 所示为当当网的 banner。

图 10-9　banner

（4）内容版块。内容板块是网站的主体部分，通常包含文本、图像、超级链接、动画等媒体。如图 10-10 所示为安徽大学官方网站的主体部分。

学术安大　　学术报告　人文社科　科学技术　学术平台　　信息安大　　通知公告　人才服务　后勤服务　招标采购

物质科学与信息技术研究院	关于举办安徽大学2019年新入职教师研习营的通知	07-12
绿色产业创新研究院	关于举办"乡村振兴背景下社会工作介入乡村治理…	07-10
徽学与中国传统文化研究院	2019年"物质科学英才班"学生选拔考核拟录取公示	07-08
创新发展战略研究院	关于举办2019第三届全国兵棋推演大赛安徽分赛区…	07-05
高等教育研究所	关于暑假期间学生班车停止运行的通知	07-04
经济法制研究中心	关于安徽大学电子邮件系统（教师邮箱）升级的通知	06-26

图 10-10　内容板块

（5）版尾板块。版尾板块是网页最底端的板块，通常设置网站的版权信息。如图 10-11 所示为安徽大学官方网站的版尾板块。

Copyright：2018 All rights reserved皖ICP备020547号
磬福校区：合肥市经济技术开发区九龙路111号邮编：230601龙河校区：合肥市肥西路3号 邮编：230039

图 10-11　网页版尾板块

2. HTML 标签列表

HTML 代码中比较核心的内容就是标签。通过标签可以实现网页上的各种功能，如设置格式、插入图片等。常见的标签见表 10-1。

表 10-1　常见的 HTML 标签

标签	描述
<!--…-->	定义注释
<!DOCTYPE>	定义文档类型
<body>	定义文档的主体
 	定义简单的折行
<div>	定义文档中的节
<font>	定义文字的字体、尺寸和颜色(不赞成使用)
<hr>	定义水平线
<html>	定义 HTML 文档
<img>	定义图像
<p>	定义段落
<style>	定义文档的样式信息
<table>	定义表格
<td>	定义表格中的单元格
<time>	定义日期/时间
<title>	定义文档的标题

3. HTML5 基本语法与注意事项

（1）基本语法。绝大多数元素都有起始标签和结束标签，在起始标签和结束标签之间的部分是元素体，如<body>…</body>。每一个元素都有名称和可选择的属性，可在起始标签内进行设置。

①普通标签。普通标签是由一个起始标签和一个结束标签所组成的，其语法格式如下：

<x>内容</x>

其中，x 代表标签名称。<x>和</x>就如同一组开关：起始标签<x>开启某种功能，而结束标签</x>（通常为起始标签加上一个斜线/）关闭功能，受控制的内容放在两标签之间，如下面的代码：

加粗文字

标签之中还可以附加一些属性，用来实现或完成某些特殊效果或功能，如下面的代码：

<x al="v1",a2="v2",…an="vn">内容</x>

其中，al，a2，…，an 为属性名称，而 v1，v2，…，vn 则是其对应的属性值。

<h2 align=right> HTML 标题 2</h2>

其中，align 为属性，right 为属性值。元素属性出现在元素的"<>"内，并且和元素名之间有一个空格分割，属性值可以直接书写，也可以使用"""""括起来。下面两种写法都是正确的。

<h2 align=right> HTML 标题 2</h2>

<h2 align="right"> HTML 标题 2</h2>

属性值加不加引号，目前所使用的浏览器都可接受。但是，根据 W3C 的新标准，属性值是需要加引号的，所以读者最好养成加引号的习惯。

②单标签。虽然大部分的标签是成对出现的，但也有一些是单独存在的。这些单独存在的标签被称为单标签，其语法格式如下。

<x al="v1",a2="v2",…,an="vn">

同样，空标签也可以附加一些属性，用来完成某些特殊效果或功能，如下面的代码。

<hr color="♯0000FF">

③注释语句。如果希望在源代码中添加注释，便于阅读，可以"<！ ——"开始，以"——>"结束。如以下代码：

<！ ——这些文字不会被预览——>

注释语句只出现在源代码中，不会在浏览器中显示。

（2）注意事项。用 HTML 编写文件时，要注意以下事项。

①在源代码中不区分大小写。以下几种写法都是正确的并且是相同的标签。

<body>　<BODY>　<Body>

②任何回车和空格在源代码中不起作用。为了使代码清晰,建议在不同的标签之间的回车后编写代码。

③标签与标签之间可以嵌套。

```
<h1><center> HTML 标题 1</center></h1>
```

④元素的标签可以省略,具体包括 3 种类型:不允许写结束标签、可以省略结束标签、开始与结束标签都可以省略。

4. HTML5 页面排版

(1)段落与文字。文本是网页的基础部分,文本的排版涉及段落和文字的HTML 标记。

①标题字标签<hn>。它位于浏览器的正文部分,可以用来显示标题文字。所谓标题文字,就是以某种固定的字号显示的文字。HTML 文档中的标题文字分别用来指明页面上的 1～6 级标题。

标题文字共包含 6 种标记,每一种的标题在字号上有明显的区别,从 1～6 级依次减小。

语法格式:

1 级标题:<h1>…</h1>

2 级标题:<h2>…</h2>

依次下去,到 6 级标题。

标题代码案例如下:

```
<html>
</head>
<title>标题文字的效果</title>
</head>
<body>
<h1>1 级安徽大学</h1>
<h2>2 级安徽大学</h2>
<h3>3 级安徽大学</h3>
<h4>4 级安徽大学</h4>
<h5>5 级安徽大学</h5>
<h6>6 级安徽大学</h6>
</body>
</html>
```

运行这段代码,可以看到网页中 6 种不同大小的标题文字,如图 10-12 所示。

图 10-12　标题文字

文字的其他常见格式设置见表 10-2。

表 10-2　文本格式设置

格式元素	案　例
设置字体——face	<font face="黑体">安徽大学</font>
设置字号——size	<font size="3">安徽大学</font>
设置文字颜色——color	<font coor="333333">安徽大学</font>
设置粗体、斜体、下划线	加粗文字 加粗文字 斜体文字 斜体文字 <cite>斜体文字</cite> <u>下划线内容</u>
设置上标与下标	^{上标内容} _{下标内容}

读者可以尝试用 HTML 写一个勾股定理的数学表达式 $a^2+b^2=c^2$ 或者水的化学式 H_2O。

②段落标签<p>。为了排列整齐、清晰，在文字段落之间常用<p></p>来作标签。文件段落的开始由<p>来开始标签，段落的末尾由</p>来结束标签。</p>是可以省略的，因为下一个<p>的开始就意味着上一个<p>的结束。

语法格式：<p>大篇幅段落文本</p>

(2)网页图像。在 HTML 中，<img>是定义文本中图片的标签。它的作用是提供图片的名字、尺寸大小和一些属性，比如 alt 这个属性，可以给图片一个替换名称来告诉用户。

语法格式：<img　src=" "/>

<img src="图片路径" width="图片宽度" height="图片高度" alt="图片

关键词" title＝"提示关键词" align＝"对齐方式" />

src：用于指定图像的路径，设置链接的图像文件所在的位置，可以是相对路径，也可以是绝对路径。

width 和 height：分别用来设置图片显示时占用的宽度和高度，与图像本身的宽度与高度无关。用数值和像素表示，如 400px。

alt：描述图片内容的关键字，用于帮助搜索引擎识别图片，另外图像无法正常显示时，用文字来代替。

title：图像提示文字，可省略。当鼠标停留在图片上时，会提示相关文字。

align：指定图片与文字混合排版时图片的对齐方式。align 属性的取值有 top、middle、bottom，默认值为 bottom。

我们将上述案例修改代码为：

＜body＞

＜img src＝"images/bg.jpg" width＝"400" height＝"350" alt＝"画面中心图"/＞

＜p＞让我们踏上 HTML5 征途吧！＜/p＞

＜/body＞

则预览效果如图 10-13 所示。

图 10-13　加网页图片

（3）网页超链接。所谓超链接是指从某个网页元素指向一个目标的连接关系。在网页中，用来创建超链接的元素可以是一段文字，也可以是一幅图像。超链接的目标可以是另一个网页，也可以是网页上的指定位置，还可以是一幅图像、一个电子邮件地址、一个文件，甚至一个应用程序。

按照链接路径划分，网页中超链接主要分为内部链接、局部链接和外部链接；按照目标对象划分，网页中的超链接可以分为文档链接、锚点链接、电子邮件链接、脚本链接和空链接。

（4）表格与表单。

①表格的基本组成。表格是用于排列内容的最佳手段。在 HTML 页面中，绝大多数页面都是使用表格进行排版的。

在 HTML 的语法中，表格主要由 3 个标签构成，即表格标签、行标签、单元格标签。在表 10-1 中已有对应的描述。

表格标签＜table＞有很多属性，最常用的属性见表 10-3。

表 10-3　＜**table**＞标签的常用属性

属　性	描　述
width /height	表格的宽度（高度），其值可以是数字或百分比。数字是表格宽度（高度）所占的像素点数，百分比是表格的宽度（高度）占浏览器宽度（高度）的百分比
border	表格边框的宽度（以像素为单位）
bgcolor	表格的背景颜色，不赞成使用，后期通过样式控制背景颜色
background	表格的背景图片
bordercolor	表格边框颜色
align	表格相对周围元素的对齐方式
cellpadding	单元格内容与单元格边界之间的间距

②表单的基本构成。表单是一个包含表单元素的容器，在动态网页中常用，可使网站管理者与 Web 站点的访问者进行交互，是收集客户信息和进行网络调查的主要途径。表单用于收集用户填写的信息，比如某网站的会员注册、问卷调查、留言簿、网上服务器名等都会用到表单。表单可以说是一个容器，里面的表单对象类型不同，所表示的功能也不同。表单对象包括文本框、单选框、复选框、列表/菜单等，通过＜input＞标记体现它们的功能。

③表单的建立。＜form＞标签的主要作用是设定表单的起始位置，并指定处理表单数据程序的 URL 地址。表单所包含的控件在＜form＞与＜/form＞之间定义，其基本语法格式为：

＜form action="url" method="get|post" name="value"＞…＜/form＞

表单的属性及其含义见表 10-4。

表 10-4　表单的属性

属　性	描　述
action	表单收集到信息后，需要将信息传递给服务器进行处理，action 属性用于指定接收并处理表单数据的服务器程序的 URL 地址，例如：action="http://www.baidu.com/"
method	method 属性用于设置表单数据的提交方式，其取值为 get 或 post。 get 方法为默认值，浏览器会直接与表单处理服务器建立连接，然后直接在一个传输步骤中发送所有的表单数据，提交的数据将显示在地址栏中，保密性差，且有数据量的限制。 使用 post 方法时，表单数据是与 URL 分开发送的，可以进行大量的数据交换
name	name 属性用于指定表单的名称，以区分同一个页面中的多个表单

④表单的基本要素。表单重要组成包含两个部分：表单域、表单按钮。

表单域，具体是指文本框、密码框、隐藏域、多行文本框、复选框、单选框、下拉选择框和文件上传框等各类控件。

表单按钮可分为提交按钮、复位按钮和一般按钮，用于将数据传送到服务器上的CGI脚本或者取消输入，还可以用来控制其他定义了处理脚本的处理工作。

（5）视频与音频。HTML5规定了一种通过video元素来包含视频的标准方法。在此之前，大多数视频是通过插件（比如Flash）来显示的。HTML5可以通过浏览器直接播放视频。

video元素的语法格式如下：

```
<video src="movie.ogg" controls="controls"></video>
```

controls属性提供播放、暂停和音量控件。video元素的常见属性见表10-5。

表 10-5　video 元素常见属性

属　　性	值	描　　　　　述
autoplay	autoplay	如果设置该属性，则视频在就绪后马上播放
controls	controls	如果设置该属性，则向用户显示控件，比如播放按钮
height	pixels	设置视频播放器的高度
loop	loop	如果设置该属性，则当媒介文件完成播放后再次开始播放
preload	preload	如果设置该属性，则视频在页面加载时进行加载，并预备播放。如果使用"autoplay"，则忽略该属性
src	url	设置要播放的视频的 URL
width	pixels	设置视频播放器的宽度

图 10-14　网页播放视频

在网页中插入视频的效果如图10-14，代码如下：

```
<html>
<head>
<meta charset="utf-8">
```

```
<title>视频播放</title>
</head>
<body>
<video src="images/movie磐苑雪.mp4" controls></video>
</body>
</html>
```

与 video 元素类似，播放音频使用 audio 标签，语法格式为<audio src="music.ogg" controls="controls"></audio>，常用属性有 loop、autoplay 和 preload。

（6）浏览器的 HTML 属性支持。由于各种浏览器对音频和视频的编/解码器的支持不一样，为了能够在各种浏览器中正常显示音频和视能效果，可以提供多种不同格式的音频和视频文件。这就需要使用<source>标签为 audio 元素或 video 元素提供多个备用的多媒体文件，代码如下所示：

```
<audio src="images/music.mp3">
<source src="images/music.ogg" type="audio/ogg">
<source src="images/music.mp3" type="audio/mpeg">
您的浏览器不支持 audio 元素
</audio>
```

或者

```
<video src="movie.ogg" width="562" height="423" controls>
<source src="images/movie.ogg" type="audio/ogg" codes="theora, vorbis">
<source src="images/movie.mp4" type="audio/mp4">
您的浏览器不支持 video 元素
</video>
```

由上面可以看出，使用 source 元素代替<audio>或<video>标签中的 src属性后，浏览器可以根据自身的播放能力，按照顺序选择最佳的源文件进行播放。

其实还有很多元素会有这样的问题，可以在以后的学习中多加留意，写出高质量的代码。

10.1.5　HTML5 的基本结构

1. HTML5 的元素分类

根据现有的标准规范，可以先把 HTML5 的元素按优先等级定义为结构性元素、级块性元素、行内语义性元素和交互性元素 4 类。

（1）结构性元素。结构性元素主要负责 Web 上下文结构的定义，确保 HTML 文档的完整性。

article：用于表示文档、页面或应用程序中独立的、完整的、可以被外部引用的内容。它可以是一篇博客或报纸杂志中的文章、一篇论坛帖子、一段用户评论或一个独立的插件,或者其他任何独立的内容。除了内容部分,一个 article 元素通常有自己的标题,有时还有自己的脚注。article 元素通常是可以嵌套使用的,内层的内容在原则上需要与外层的内容相关联。

section:用来对网站或应用程序中页面上的内容进行分块。一个 section 通常由其内容和标题组成,section 元素中的内容可以单独存储于数据库或输出至 word 文档。通常不推荐为那些没有标题的内容使用 section。

nav:专门用于菜单导航、链接导航的元素,是 navigator 的缩写。nav 可以用的场合有:传统导航条、侧边导航栏、页内导航、翻页操作。

aside:有以下两种典型使用方法:第一种是包含在 article 元素中作为主要内容的附属信息部分,其中的内容可以是与当前文章相关的参考资料、名词解释等。第二种是在 article 之外的元素中使用,作为页面或站点全局的附属信息部分,用以表示侧边栏、摘要、插入的引用等作为补充主体的内容。从简单页面显示上看,就是侧边栏,可以在左边,也可以在右边,其中的内容可以是友情链接、博客中其他文章列表或广告单元等;从一个页面的局部看,就是摘要。

header:用来表示逻辑结构或附加信息的非主体性结构元素,一般用来指明页面主体的头部。header 元素是一种具有引导和导航作用的结构元素,通常用来放置整个页面或页面内的一个内容区块的标题,但也可以包含其他内容,例如数据表格、搜索表单或者相关的标题图片。在 HTML5 中,一个 header 元素通常包含至少一个 heading(h1~h6)。

footer:位于页面的底部(页脚)。通常会在这里标出网站的一些相关信息。

(2)级块性元素。级块性元素主要完成 Web 页面区域的划分,确保内容的有效分隔。

figure:是对多个元素进行组合并展示的元素,通常与 figcaption 联合使用。

code:表示一段代码块。

dialog:用于表示人与人之间的对话。该元素还包括 dt 和 dd 这两个组合元素,它们常常同时使用。dt 用于表示说话者,而 dd 则用来表示说话者说的内容。

(3)行内语义性元素。行内语义性元素主要完成 Web 页面具体内容的引用和表述,是丰富内容展示的基础。

meter:表示特定范围内的数值,可用于表示工资、数量、百分比等。

time:表示时间值。

progress:表示进度条,可通过对其 max、min、step 等属性的设置,实现进度条状态的展示。

video:视频元素,用于支持和实现视频(含视频流)文件的直接播放,支持缓冲预载,并支持多种视频媒体格式,如 MPEG-4、Ogg Vorbis 和 WebM 等。

audio:音频元素,用于支持和实现音频(音频流)文件的直接播放,支持缓冲预载,并支持多种音频媒体格式。

(4)交互性元素。交互性元素主要用于功能性的内容表达,会有一定的内容与数据的关联,是各种事件的基础。

details:用来表示一段具体的内容,但是内容默认可能不显示,通过某种手段(如单击)与 legend 交互才会显示出来。

datagrid:用来控制客户端数据与显示,可以由动态脚本及时更新。

menu:主要用于交互菜单(这是一个曾被废弃现在又被重新启用的元素)。

command:用来处理命令按钮。

2. 引用 CSS 样式文件

我们经常应用 CSS 样式来修饰网页。一般引入 CSS 样式表有 4 种方式:内联样式表、内部样式表、链接外部样式表和导入外部样式表文件,一般以中间两种使用方式居多。

(1)内联样式表。内联使用 style 属性:将 style 属性直接加在个别元件的标签里。

＜元件(标签)style="性质(属性)1:设定值 1;性质(属性)2:设定值 2;…"＞

例如:

＜td style="color:blue;font-size:9pt;font-family:" 标楷体 ";line-height:150％"＞

这种用法的优点是可将样式灵巧地应用到各标签中,但缺点是没能将结构与表现分离,所以不建议使用。

(2)内部样式表。内部使用 style 标签:通常将样式规则写在＜style＞…＜/style＞标签之中,而整个的＜style＞…＜/style＞结构写在网页的＜head＞＜/head＞部分之中。

＜style type="text/css"＞

＜! ――样式规则表――＞

＜/style＞

这种用法的优点是文件具有统一性,只要是有声明的元件都会套用该样式规则,但缺点是在个别元件中的灵活度不足。

(3)链接外部样式表。使用 link 标签链接样式表:将样式规则写在". css"的样式文件中,再以＜link＞标签引入。

假设我们把样式规则存为 example. css,我们只要在网页中加入＜link rel＝stylesheet　type＝"text/css"　href="example. css"＞即可套用该样式表中制定好的样式。

通常是将 link 标签写在网页的<head></head>部分之中。这种用法的优点是可以把要套用相同样式规则的数个文件都指定到同一个样式文件,但缺点也是在个别文件或元件中的灵活度不足。

(4)导入外部样式表文件。使用@import 导入外部文件:跟 link 用法很像,但必须放在<style>…</style>中。

```
<style type="text/css">
<! ——
@import url(引入的样式表的位址、路径与文件名);
——>
</style>
```

例如:

```
<style type="text/css">
<! ——
@import url(http://yourweb/example.css);
——>
</style>
```

要注意的是,行末的分号是绝对不可少的! 这种方式也可以把@import url (http://yourweb/example.css);加到其他样式内调用。

10.2　CSS 层叠样式表与 JavaScript 脚本

10.2.1　CSS 层叠样式表

1. CSS 基介

CSS 是 Cascading Style Sheet 的缩写,可以翻译为"层叠样式表"或"串联样式表",即样式表。CSS 的属性在 HTML 元素中是依次出现的,并不显示在浏览器中。它可以定义在 HTML 文档的标记里,也可以在外部附加文档中作为外加文件。此时,一个样式表可以作用多个页面,乃至整个站点,因此具有更强的易用性和拓展性。CSS3 是 CSS 技术的升级版本,被分为若干个相互独立的模块。很多以前需要使用图片和脚本来实现的效果,如圆角、图片边框、文字阴影和盒阴影、过渡、动画等,使用 CSS3 后只需要短短几行代码就能搞定。CSS3 简化了前端开发工作人员的设计过程,加快了页面载入速度。

目前,主流浏览器 Chrome、Safari、Firefox、Opera,甚至 360 浏览器都已经支持 CSS3 的大部分功能了,IE 浏览器自 IE10 以后也开始全面支持 CSS3。在编写 CSS3 样式时,不同的浏览器可能需要不同的前缀。它表示该 CSS 属性或规则尚未成为 W3C 标准的一部分，是浏览器的私有属性。虽然目前较新版本的浏览器都是不需要前缀的，但为了更好地向前兼容，前缀还是少不了的。具体前缀和浏览器见表 10-6。

表 10-6　前缀与浏览器关系

前缀	浏览器
-webkit	Chrome 和 Safari
-moz	Firefox
-ms	IE
-o	Opera

2. 盒子模型

盒子模型是 CSS 中一个重要的概念。只有理解了盒子模型才能更好地排版。所谓盒子模型，就是可以将所有的 HTML 元素视为盒子。CSS 盒子模型本质上是一个盒子，用于封装周围的 HTML 元素。大多数浏览器都采用了 W3C 规范。一个标准的 W3C 盒子模型由内容（content）、填充（padding）、边框（border）和空白（margin）这 4 个属性组成，如图 10-15 所示。

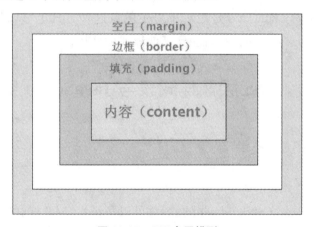

图 10-15　CSS 盒子模型

所谓网页的布局，其实就是多个盒子嵌套排列。通常会使用 div 标签来作为容器进行网页布局。div 是英文 division 的缩写，意为"分割、区域"。＜div＞标签简单而言就是一个区块容器标记，可以将网页分割为独立的、不同的部分，以实现网页的规划和布局。

日常中生活的盒子也有这些属性。比如把月饼想象成 HTML 元素，那么月饼盒子就是一个 CSS 盒子模型。其中，月饼为 CSS 盒子模型的内容，填充泡沫的厚度为 CSS 盒子模型的内边距，纸盒为 CSS 盒子模型的边框。

虽然盒子模型有内边距、边框、空白、宽和高这些基本属性，但是并不要求每个元素都必须定义这些属性。

　　盒子模型按照嵌套方式,自外到内的顺序为空白、背景颜色、背景图像、内边距、内容、边框。

　　CSS 代码中的宽和高,指的是盒子模型中内容的大小。因此,可以得到以下结论:盒子的总宽度＝width＋左右内边距之和＋左右边框宽度之和＋左右外边距之和,盒子的总高度＝height＋上下内边距之和＋上下边框宽度之和＋上下外边距之和。

3. 使用方法和选择器分类

　　在 HTML 中,通过模式匹配规则来决定给文档树中的元素应用什么样的样式。这些模式规则就被称为选择器。一个选择器可能只是一个单一的元素名称,也可能是包含复杂上下文的模式规则集合。

　　一个选择器既可以是类型选择器,又可以是全局选择器,也可以是前面二者与零个或多个属性选择器、ID 选择器或伪类组合形成的选择器集合。如果一个元素满足一个选择器中的所有组成条件(单个简单选择器),那么这个元素满足该选择器。

　　常用选择器有以下几类:

　　(1)元素选择器。最常见的 CSS 选择器当属元素选择器。在 HTML 文档中,该选择器通常是指某种 HTML 元素,例如:p,h2,span,a,div 乃至 html。

　　例如:

html {background-color:black;}

p {font-size:30px;backgroud-color:gray;}

h2 {background-color:red;}

　　以上 CSS 代码会为整个文档添加黑色背景,将所有 p 元素字体大小设置为30 像素同时添加灰色背景,为文档中所有 h2 元素添加红色背景。

　　通过上面的例子也可以看出 CSS 的基本规则结构:由选择器和声明块组成。每个声明块中包含一个或多个声明。每个声明的格式为:属性名:属性值。如图10-16 所示。

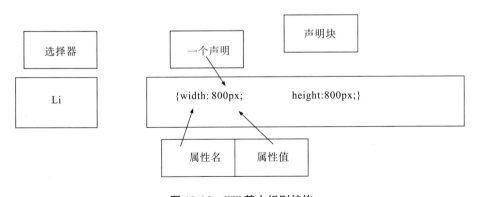

图 10-16　CSS 基本规则结构

每条声明以分号";"结尾。如果在一个声明中使用了不正确的属性值,或者不正确的属性,则该条声明会被忽略。另外,请注意不要忘记每条声明后面的分号。

我们也可以同时对多个元素进行声明。

h1, h2, h3, h4, h5, h6, p {font-family:黑体;}

这样会将文档中所有的 h1~h6 以及 p 元素字体设置为"黑体"。如果我们希望一次性选取所有的元素,可以使用通配符"＊":＊ {font-size:20px;}。

这样,所有的元素都将被选中。如果 font-size 属性对于某些元素是无效的,那么它将被忽略。

(2)类选择器。

①单类选择器。单纯的元素选择器似乎还是过于粗糙了,比如我们希望在文档中突出显示某种重要的内容,例如稿件的截止日期。但是,我们不能确定稿件的截止日期将会出现在哪种元素中,或者它可能出现在多种不同的元素中。这个时候,我们可以考虑使用类选择器(class selector)。

要使用类选择器,我们需要先为文件元素添加一个 class 属性。

<p class="deadline">…</p>

<h2 class="deadline">…</h2>

这样,我们就可以用以下方式使用类选择器了。

p.deadline {color:red;}

h2.deadline {color:red;}

点号"."加上类名就组成了一个类选择器。以上 2 个选择器会选择所有包含"deadline"类的 p 元素和 h2 元素。而其余包含该属性的元素则不会被选中。

如果我们省略.deadline 前面的元素名,那么所有包含该类的元素都将被选中。

.deadline {color:red;}

通常情况下,我们会组合使用以上二者得到更加有趣的样式,如

.deadline {color:red;}

span.deadline {font-style:italic;}

以上代码首先会将所有的包含 deadline 的元素字体设置为红色,同时会为 span 元素中的文本添加额外的斜体效果。如果你希望某处文本拥有额外的斜体效果,那么将相关设置放在<span></span>中就可以了。

②多类选择器。在实际的做法中,元素的 class 属性可能不止包含一个单词,而是一串单词,各个单词之间用空格隔开。

比如某些元素包含一个"warning"类,某些元素包含一个"important"类,某些元素包含"warning important"类。属性名出现的顺序无关紧要。

```
class = "warning important"
class = "important warning"
```

（3）ID 选择器。ID 选择器和类选择器有些类似，但是差别又十分显著。首先，一个元素不能像类属性一样拥有多个类，一个元素只能拥有一个唯一的 ID 属性。其次，一个 ID 值在一个 HTML 文档中只能出现一次，即一个 ID 只能标识一个元素（不是一类元素，而是一个元素）。类似类属性，在使用 ID 选择器前，先要在元素中添加 ID 属性，例如：

```
<p id="top-para">…</p>
<p id="foot-para">…</p>
```

使用 ID 选择器的方法为井号"♯"后面跟 id 值。现在我们使用 id 选择器选择以上 2 个 p 元素，如：

```
♯top-para {} ♯foot-para {};
```

这样，我们就可以对以上 2 个段落进行需要的操作了。正因为 ID 选择器具有唯一性，所以其用法相对简单。

（4）属性选择器。属性选择器使我们可以根据元素的属性及属性值来选择元素。

简单的属性选择器可以使我们根据一个元素是否包含某个属性来做出选择。使用方法为：元素名[属性名]或 * [属性名]。比如我们希望选择带有 alt 属性的所有 img 元素：img[alt] {…}。

选择带有 title 属性的所有元素：* [title] {…}。与类选择器类似，我们也可以根据多个属性信息进行选择，例如同时拥有 href 和 title 的 a 元素：

```
a[href][title] {…}
```

组合使用属性选择器和类选择器可使我们的选择更加灵活。

4. CSS3 基础样式

CSS 规则由两个主要的部分构成：选择器，一条或多条声明。

```
selector {declaration1;declaration2;… declarationN;}
```

选择器通常是您需要改变样式的 HTML 元素。每条声明由一个属性和一个值组成。

属性是希望设置的样式属性，每个属性有一个值，属性和值被冒号分开。

```
selector {property:value;}
```

大多数样式表包含不止一条规则，而大多数规则包含不止一个声明。多重声明和空格的使用使得样式表更容易被编辑。

```
body {
    color:♯000;
    background:♯fff;
```

```
margin:0;
padding:0;
font-family:Georgia, Palatino, serif;
}
```

是否包含空格不会影响 CSS 的工作效果。与 XHTML 不同,CSS 对大小写不敏感。

5. CSS3 动态与美化

(1)CSS3 新增渐变背景。以前,我们要实现渐变,可能要用 Photoshop 或 Fireworks 创建一个渐变图形,然后使用 background-image 属性把渐变图形放在元素的背景中。

现在,CSS3 支持渐变背景,可以理解为 Web 浏览器即时创建的图像。所以,渐变也可使用常规的 background-image 属性创建。

①线性渐变。

基本语法:background-image:linear-gradient(角度,颜色);

线性渐变是最基本的渐变类型。这种渐变沿一条直线从一个颜色过渡到另一个颜色。这条直线的方向由角度指定,一般在关键字 to 后面加上 top、bottom、right、left 中的某一个关键字或多个关键字。过渡所用的颜色可以使用 CSS 中任何一种颜色值。

如图 10-17 所示的常规线性渐变代码如下。

```
<! doctype html>
<html>
<head>
<title>线性渐变</title>
<style type="text/css">
html, body {width:100%;height:100%;}
body {background-image:linear-gradient(to right , #ff7602, #fffe00);}
</style>
</head>
<body>
</body>
</html>
```

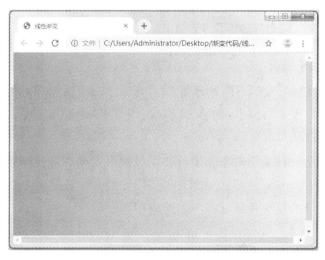

图 10-17 网页线性渐变

此外，还可以用 to bottom right 这样的关键字指定渐变的角度。使渐变从元素的左上角开始，到元素的右下角结束。

②径向渐变。

语法：background-image：radial-gradient()；

径向渐变就是沿着圆周或者椭圆周向外扩散的渐变。与线性渐变类似，可以自己尝试不同效果。

(2)CSS 与 canvas 绘图定制框。HTML5 提供了在网页中实现绘图功能的 canvas 元素。在网页中使用 canvas 元素，像使用其他 HTML 标签一样简单。利用 JavaScript 脚本调用绘图 API，可以绘制出各种图形。如图 10-18 所示为利用 canvas 绘制的两个矩形，分别使用了绘制线条和填充区域两种绘图方式，图中还绘制了"安徽大学"文字标识。CSS 样式中主要设置了对象的边框为 10px 的白色虚线边框，并且对对象进行了定位。在这里，主要是通过 CSS 样式标明本页面中的 canvas 对象。

图 10-18 canvas 绘图定制框

10.2.2 JavaScript 概述

1. JavaScript 简介

脚本实际上就是一段程序,用来完成某些特殊的功能。脚本程序既可以在服务器端运行(称为服务器脚本,如 ASP 脚本、PHP 脚本等),也可以直接在浏览器端运行(称为客户端脚本)。

JavaScript 是一种基于对象和事件驱动且具有安全性能的脚本语言。使用它的目的是与 HTML、CSS 一起实现在一个 Web 页面中链接多个对象、与 Web 客户交互的作用,帮助开发者开发客户端的应用程序等。

JavaScript 不是 Java,只不过两者类似。JavaScript 语言的前身是 LiveScript。自从 Sun 公司推出著名的 Java 语言后,Netscape 公司引进了 Sun 公司有关 Java 的程序概念,对 LiveScript 重新进行设计,并将其改名为 JavaScript。

2. JavaScript 特点

JavaScript 的出现弥补了 HTML 语言的缺陷。它是 Java 与 HTML 折中的选择,具有以下几个特点。

①简单性。首先,JavaScript 是一种基于 Java 基本语句和控制流的简单而紧凑的脚本。其次,JavaScript 的变量类型采用弱类型,并未使用严格的数据类型。

②安全性。JavaScript 不允许访问本地硬盘,并且不能将数据存入服务器,不允许对网络文档进行修改和删除,只能通过浏览器实现信息浏览或动态交互,可有效地防止数据的丢失。

③动态性。JavaScript 可以直接对用户或客户输入作出响应,无须经过 Web 服务程序。它对用户操作的响应,是采用事件驱动的方式进行的。所谓事件驱动,就是指在主页中执行了某种操作后产生了动作,从而触发响应的事件过程。

④跨平台性。JavaScript 依赖于浏览器本身,与操作环境无关。只要计算机能运行浏览器且支持 JavaScript 浏览器,就都能正确执行 JavaScript 代码。

3. JavaScript 的语法规则

每一种计算机语言都有自己的语法规则。只有遵循语法规则,才能编写出符合要求的代码。在使用 JavaScript 语言时,需要遵从一定的语法规则,如执行顺序、大小写以及注释规范等。下面将对 JavaScript 的语法规则做具体介绍。

(1)按从上到下的顺序执行。JavaScript 程序按照在 HTML 文档中排列顺序逐行执行。如果代码(例如函数、全局变量等)需要在整个 HTML 文件中使用,那么最好将这些代码放在 HTML 文件的<head></head>标签中。

(2)区分大小写字母。JavaScript 严格区分大小写字母。也就是说,在输入关键字、函数名、变量以及其他标识符时,都必须采用正确的大小写形式。例如,变量 username 与变量 userName 是两个不同的变量。

（3）每行结尾的分号非强制要求。JavaScript 语言并不要求必须以分号";"作为语句的结束标签。如果语句的结束处没有分号，JavaScript 会自动将该行代码的结尾作为整个语句的结尾。

例如，下面两行示例代码都是正确的。

```
alert("您好,欢迎学习 JavaScript")
alert("您好,欢迎学习 JavaScript");
```

注意：书写 JavaScript 代码时，为了保证代码的严谨性和准确性，最好在每行代码的结尾都加上分号。

（4）注释规范。使用 JavaScript 时，为了使代码易于阅读，需要为 JavaScript 代码加一些注释。JavaScript 代码注释和 CSS 代码注释方式相同，也分为单行注释和多行注释，示例代码如下：

```
//是单行注释
/*
我是多行注释 1
我是多行注释 2
我是多行注释 3
*/
```

4. JavaScript 的引入方式

（1）内嵌 JavaScript 脚本。通常，JavaScript 代码是使用＜script＞标签嵌入 HTML 文档中的。可以将多个脚本嵌入一个文档中，只要将每个脚本都封装在＜script＞标签中即可。浏览器在遇到＜script＞标签时，将逐行读取内容，直到＜/script＞结束标签。然后，浏览器将检查 JavaScript 语句的语法。如有任何错误，就会在警告框中显示；如果没有错误，浏览器将编译并执行语句。

＜script＞标签的格式如下。

```
<script type="text/JavaScript">
//JavaScript 语句;
</script>
```

其中，type 属性用于指定 HTML 文档引用脚本的语言类型，"type＝'text/ JavaScript'"表示＜script＞＜/script＞元素中包含的是 JavaScript 脚本，"//"表示单行注释标记。同时需要注意，JavaScript 区分大小写。

（2）使用外部 JS 文件。使用外部 JavaScript 文件的方法就是将 JavaScript 代码放入一个单独的文件（＊.js），然后将此外部文件链接到一个 HTML 文档。链接外部 JS 文件的好处是可以在多个文档之间共享函数。

语法：＜script src="JS 文件路径" type="text/javascript"＞＜/script＞

10.2.3 利用JavaScript实现动态效果

在设计之初,JavaScript 是一种可以嵌入网页的脚本语言,它的主要作用是在 Web 上创建网页特效。使用 JavaScript 脚本语言实现的动态应用,在网页上随处可见。

1. 简单窗口应用

先给大家介绍一个窗口对话框应用,如图 10-19 所示,程序运行时先出现警示提示对话框,单击确定后,出现网页文本效果,具体步骤如下。

图 10-19　窗口对话框

①创建简单网页。

<! doctype html>

<html>

<head>

<meta charset="utf-8">

<title>第一个 JavaScript 程序</title>

</head>

<body>

<p>第一个 JavaScript 程序</p>

```
</body>
</html>
```

②嵌入 JavaScript 脚本语言。

在<head>标签中放入如下代码：

```
<script>
    alert("第一个 JavaScript 程序!");
</script>
```

2.验证码应用

验证码是一串随机产生的数字或符号,在用户登录或注册网站账号过程中经常出现。用户需要将验证码输入表单并提交网站验证,验证成功后才能使用某项功能。常见用户注册页面如图 10-20 所示。

图 10-20　验证码应用

通过 JavaScript 代码和 CSS 应用,可以产生图片验证码,在后台资源中获取对应代码。

3.焦点切换轮播图应用

焦点图可以将文字信息图片化,通过更直观的信息展示吸引用户。但是,网页空间是有限的。为了更合理地利用网页空间,需要把多张焦点图排列在一起,通过轮播的方式进行展示。在网页设计中,运用 JavaScript 可以轻松实现焦点图轮播效果,如图 10-21 所示。

图 10-21　焦点切换轮播图应用

焦点轮播图与逐帧轮播图相比多了两个功能。

一是图片轮播可以手动滚动（新增左右箭头），这里重点是实现向左滚动的无缝连接。

二是多了下方小圆点，可指示图片播放位置，且可以通过激活小圆点实现跳转。

实现代码可参考附录2综合案例解析。

10.3　HTML5＋CSS3 工具在线开发

如今 HTML5 免费创作平台竞争激烈，各个公司纷纷推出自家的 HTML5 在线制作工具来获取互联网的优质资源。使用 HTML5 创作一般有以下需求。

①传播效应：一般是为品牌进行宣传，让更多的人知道和了解这个品牌。

②品牌推广：形式一般是小游戏、抽奖，或者邀请函、活动介绍等。

③商品展示：一般是展示商家的产品，特别突出产品的某些好处，吸引人们的眼球。

目前，市场上 HTML5 作品的制作工具主要有爆米兔、Mugeda、Hype3（mac平台）、易企秀、Epub360（意派）、MAKA、VXPLO 等。下面介绍专业级别的 HTML5 创作平台爆米兔和 Mugeda。

（1）爆米兔。爆米兔是一个小而美的 HTML5 创意平台。通过简单可视化操作即可进行 HTML5 宣传页面制作。利用爆米兔创意商店的模板，用户可以轻松制作场景应用，开启微信营销之门，如图 10-22 所示。

图 10-22　爆米兔 HTML5 创意工具

（2）Mugeda。Mugeda（木疙瘩）是专业级 HTML5 交互动画制作云平台，方便 Flash 设计师快速上手制作 HTML5 交互动画，为用户提供 HTML5 教程、免费 HTML5 工具、免费 HTML5 模板，HTML5 培训等，如图 10-23 所示。

图 10-23　Mugeda HTML5 创意工具

Mugeda 的优点是拥有业界最为强大的动画编辑能力和最为自由的创作空间，可以帮助专业设计师和团队高效地完成面向移动设备的 HTML5 专业内容的制作发布、账号管理、协同工作、数据收集等功能。

①Mugeda 采用时间线和关键帧的方式来创建 HTML5 作品，使平台播放体验非常接近之前流行的 Flash，传统 Flash 设计师可以很轻松地进行 HTML5 交互动画设计。

②Mugeda 提供了关键帧动画、进度动画、遮罩动画、元件动画、变形动画等专业级的动画功能，支持移动设备的触屏、陀螺仪、GPS、通信等交互方式，交互方式

的实现无需写代码,很适合设计师使用,给了设计师最为自由的创作空间。

③Mugeda 是一个基于云平台的 HTML5 制作工具,无需下载安装,申请账号即可使用,而且可以免费使用,无广告植入,可以将作品导出至本地,使用成本很低。

这两款专业级别的 HTML5 交互动画创作平台收录了很多精彩的 HTML5 交互动画设计案例。除此以外,基于模板的 HTML5 制作工具,如易企秀,可以非常简单地通过添加文本、更换图片以及插入音频文件来快速生成 HTML5 页面进行分享,是一款非常好用的营销工具,用户能够在手机中登录,根据模板快速制作出 HTML5 页面。

习题 10

一、单选题

1. Web 标准的制定者是_____。

    A. 微软   B. 万维网联盟(W3C)

    C. 网景公司(Netscape)   D. ISO 国际标准化组织

2. 1982 年,_____创造了 HTML 语言。

    A. 爱因斯坦   B. 蒂姆·伯纳斯·李

    C. 比尔·盖茨   D. 埃隆·马斯克

3. 下面不属于 CSS 插入形式的是_____。

    A. 索引式   B. 内联式   C. 嵌入式   D. 外部式

4. 客户端网页脚本语言中最常见的是_____。

    A. JavaScript   B. VBA   C. Perl   D. ASP

5. 下列的 HTML 中,_____可以插入一条水平线。

    A.
      B. <hr>   C. <break>   D. <p>

6. 以下说法中,不正确的是_____。

    A. HTML5 标准还在制定中

    B. HTML5 兼容 HTML4 及以前的浏览器

    C. <canvas>标签替代 Flash

    D. 简化的语法

7. 以下选项中,_____全部是表格标签。

    A. <table> <head> <tfoot> B. <table> <tr> <td>

C. <table>　　<tr>　　<tt>　　　　D. <thead>　　<body>　　<tr>

8. 外部式样式单文件的扩展名为_____。

A. . js　　　　　B. . dom　　　　　C. . htm　　　　　D. . css

9. 超级链接是一种_____的关系。

A. 一对一　　　B. 一对多　　　C. 多对一　　　　D. 多对多

10. HTML5 不支持的视频格式是_____。

A. OGG　　　　　B. MP4　　　　　C. FLV　　　　　D. WebM

二、多选题

1. 下面属性中,属于文本标签的属性有_____。

A. nbsp　　　　B. align　　　　C. color　　　　D. face

2. 下列特性中,_____是 HTML5 的新特性。

A. 兼容性　　　B. 合理性　　　C. 安全性　　　D. 有插件

3. CSS 中,盒子模型的属性包括_____。

A. font　　　　　B. margin　　　　C. padding　　　　D. border

4. CSS 中的选择器包括_____。

A. 超文本标记选择器　　　　　　B. 类选择器

C. 标签选择器　　　　　　　　　D. ID 选择器

5. 以下浏览器中,全部支持 CSS3 选择器的有_____。

A. Chrome5　　B. Safari4　　　C. IE6　　　　　D. Firefox3. 6

三、填空题

1. 超文本标记语言的英文简称是_____。

2. 在 HTML 文档中插入图像其实只是写入一个图像链接的_____,而不是真的把图像插入文档中。

3. JavaScript 是一种基于_____和_____且具有安全性能的脚本语言。

4. HTML5 支持_____的 Audio、Video 等多媒体功能,不需要浏览器安装 Flash 插件。

5. HTML5 提供了在网页中实现绘图功能的_____元素。

附　录

附录 1　英汉对照术语索引

IEC	国际电工委员会
ISDN	综合业务数字网
ISO	国际标准化组织
ITU	国际电信联盟
JPEG	联合图像专家组
LED	发光二极管
MIDI	音乐设备数字接口
MIS	管理信息系统
MMX	多媒体扩展指令集
MPC	多媒体个人计算机
MPEG	运动图像专家小组
MPMC	多媒体个人计算机市场协会
Multimedia	多媒体
NTSC	正交平衡调幅制
PAL	正交平衡调幅逐行倒相制
PC	个人计算机
PCM	脉冲编码调制
PIFF	资源交换文件标准
RAM	随机存取存储器
RAMDAC	随机读写存储数模转换器
RLE	行程编码
SECAM	顺序传送彩色与存储制
SGML	标准通用标记语言
SNR	信噪比
STB	机顶盒
TTS	语音合成技术
UID	用户界面设计师
VCR	盒式磁带录像机
VPN	虚拟专用网
VSTi	虚拟乐器插件
W3C	万维网联盟

附录 2　综合案例解析

一、网页效果

制作如附图 2-1 所示的网站页面。

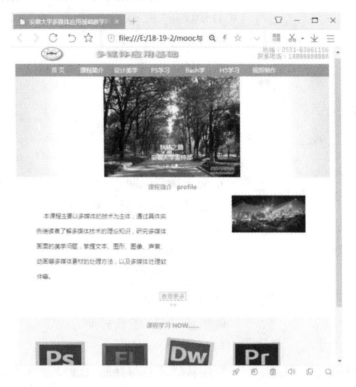

附图 2-1　网页效果

同学们初学 HTML5＋CSS＋JavaScript，写 JavaScript 代码可能比较困难，所以推荐大家使用 jQuery 库来美化和丰富你的个人多媒体网站。

jQuery，顾名思义，就是 JavaScript 和查询（Query），其宗旨是 WRITE LESS，DO MORE（少写，多做）。jQuery 是一个兼容多浏览器的、轻量级的 JavaScript 库，是继 prototype 之后又一个优秀的 JavaScript 库。如今，jQuery 已经成为最流行的 JavaScript 库。

从另一个方面说，jQuery 库实际上就是提供了一个常用功能代码的".js"文件，只需要在网页中直接引入这个文件就可以了。

在本节中，我们就来应用大家熟悉的轮播图来简单介绍 jQuery 库的使用。若想要深入了解，同学们可进一步查询相关资料。

二、模块分析

本例中的网站由页面头部、网站课程导航栏、网页主体（轮播图＋网页主内容＋软件导航）和网页页脚版权信息四大部分组成。

三、案例代码

①页面头部。

```
<header> <img style="float:left;" src="images/logo.jpg" width="768" height="60" alt="">
     <div class="tel">热线:<font>0551-63861156</font><br>
          联系电话:<font>18888888888</font></div>
</header>
```

②网站课程导航栏。

```
<p style="clear:left;"></p>
<nav>
     <div id=navv> <a href="#">首  页</a> <a href="#">课程简介</a>
<a href="#">设计美学</a> <a href="#">PS 学习</a> <a href="#">flash 学习
</a> <a href="#">H5 学习</a><a href="#">视频制作学习</a> </div>
</nav>
```

③网页主体。

A. 轮播部分。

```
<section class="lunbo">
<div id="slidershow" class="carousel slide" data-ride="carousel">
<!--设置图片轮播计数器-->
     <ol class="carousel-indicators">
     <li class="active" data-target="#slidershow" data-slide-to="0"></li>
          <li data-target="#slidershow" data-slide-to="1"></li>
          <li data-target="#slidershow" data-slide-to="2"></li>
     </ol>
     <!--设置轮播图片-->
     <div class="carousel-inner">
          <div class="item active">
               <a href="#">
                    <img src="images/carousel1.jpg"
                         style=" height:400px;margin:0 auto;">
               </a>
               <div class="carousel-caption">
```

```
                <h3>光影安大</h3>
                <p>安徽大学宣传部</p>
            </div>
        </div>
        <div class="item">
            <a href="#">
                <img src="images/carousel2.jpg"
                    style="height:400px;margin:0 auto;">
            </a>
            <div class="carousel-caption">
                <h3>鸣磬余晖</h3>
                <p>安徽大学宣传部</p>
            </div>
        </div>
        <div class="item">
            <a href="#">
                <img src="images/carousel3.jpg" style=
"height:400px;margin:0 auto;">
            </a>
            <div class="carousel-caption">
                <h3>秋林之路</h3>
                <p>安徽大学宣传部</p>
            </div>
        </div>
    </div>
    <!--设置轮播图片控制器-->
    <a class="left carousel-control" href="#slidershow" role="button"
      data-slide="prev">
        <span class="glyphicon glyphicon-chevron-left"></span>
    </a>
    <a class="right carousel-control" href="#slidershow" role="button"
      data-slide="next">
        <span class="glyphicon glyphicon-chevron-right"></span>
    </a>
</div>
<script src="lib/jquery-1.11.0.min.js"></script> /* jQuery 引用 */
<script src="lib/bootstrap.min.js"></script> /* jQuery 引用 */
</section>
```

B. 主体信息和软件导航。

```
<section id="sec1">
  <header class="sec1_title">
    <h2>课程简介   <span> profile</span></h2>
  </header>
  <aside class="sec1_right"><img src="images/kcxx.jpg" width="418" height="149" alt=""/></aside>
  <article class="sec1_left"> <br/>
    <p>本课程主要以多媒体的技术为主体,通过具体实例使读者了解多媒体技术的理论知识,研究多媒体画面的美学问题,掌握文本、图形、图像、声音、动画等多媒体素材的处理方法,以及多媒体处理软件等。</p>
  </article>
  <p class="clear"></p>
  <p align="center"><a href="#" class="sec1_more" >查看更多>></a></p>
</section>
<!--软件学习-->
<section id="sec2">
<h2>课程学习 NOW……</h2>
  <div id="contentc">
    <div class="index_anli_list">
      <ul>
        <li><a href="#" target="_blank" title="PS 学习"><img src="images/ps.jpg"></a>
          <p><a href="#" target="_blank" title="PS 学习">PS 学习</a></p>
        </li>
        <li><a href="#" target="_blank" title="Flash 学习"><img src="images/Flash.jpg"></a>
          <p><a href="#" target="_blank" title="Flash学习">Flash学习</a></p>
        </li>
        <li><a href="#" target="_blank" title="h5+CSS5 学习"><img src="images/dw.jpg" class="ppp"></a>
          <p><a href="#" target="_blank" title="h5+CSS5 学习">h5+CSS5 学习</a></p>
        </li>
        <li><a href="#" target="_blank" title="视频制作"><img src="images/pre.jpg"></a>
          <p><a href="#" target="_blank" title="视频制作">视频制作</a></p>
        </li>
      </ul>
    </div>
  </div>
```

④网页页脚版权信息。

＜footer　align="center"＞Copyright © 2019 AHU ＜/footer＞

⑤CSS 代码部分。

```
* {                              /* 设置页面通用样式 */
  font-size: 14px;               /* 设置字号 */
  margin: 0;                     /* 设置所有外边距为 0 像素 */
  padding: 0;                    /* 设置所有内边距为 0 像素 */
  border: none;                  /* 设置所有元素无边框 */

}
a {
  text-decoration: none;
}                                /* 设置页面 a 链接的通用样式 */


#box{width:1280px;
height:auto;
margin:0 auto;
}


.tel {
  margin-top: 10px;
  margin-left: 800px;
  line-height: 27px;
  text-align: right;
  font-family: "微软雅黑";
  font-size: 16px;
  font-weight: normal;
  color: #5F9EA0;
  letter-spacing: 2px;
}
.tel font {
  font-family: "微软雅黑";
  font-size: 16px;
  font-weight: normal;
  color: #5F9EA0;
  letter-spacing: 1px;
}
```

```
nav {
  width: 100%;
  height: 50px;
  margin: 0px auto;
  text-align: center;
  background: #5F9EA0;
}
#navv {
  width: 1110px;
  height: 50px;
  margin: 0px auto;
}
#navv a{
  float: left;
  width: 100px;
  height: 50px;
  line-height: 50px;
  text-align: center;
  display: block;
  color: #fff;
  text-decoration: none;
  font-family: "微软雅黑";
  font-size: 16px;
  margin-left: 40px;
}
#navv a:first-child {
  color: #FF0;
}
#navv a:last-child {
  color: #FF0;
}
#navv a:hover {
  color: red;
  height: 50px;
  background: #F7F2F2;
}
#sec1 {
  width: 100%;            /* 设置宽度 */
  padding-bottom: 28px;   /* 设置下内边距 */
```

```
    background-color：#5F9EA0；   /* 设置背景颜色 */
}
.sec1_title {
    padding-top：5px；              /* 设置上内边距 */
    padding-bottom：5px；           /* 设置下内边距 */
}
.sec1_title h2 {
    font-family："微软雅黑"；        /* 设置字体 */
    color：#5F9EA0；               /* 设置颜色 */
    font-weight：800；             /* 设置粗体 */
    font-size：24px；              /* 设置字号 */
    text-align：center；           /* 设置对齐方式 */
}
.sec1_box {
    width：1110px；                /* 设置宽度 */
    margin：0 auto；               /* 设置外边距 */
    padding-bottom：9px；           /* 设置下内边距 */
}
.sec1_left {
    float：left；                  /* 设置浮动 */
    width：535px；                 /* 设置宽度 */
    font-size：12px；              /* 设置字号 */
    line-height：2.5em；           /* 设置行高 */
    margin-left：80px             /* 设置左外边距 */
}
.sec1_left p {
    text-align：justify；          /* 设置对齐方式 */
    text-indent：30px；            /* 设置缩进 */
}
.sec1_right {
    float：right；                 /* 设置浮动 */
    padding-top：5px；             /* 设置上内边距 */
    margin-right：100px           /* 设置右外边距 */
}
.sec1_right img {
    margin：0 auto；               /* 设置外边距 */
    width：300px；                 /* 设置宽度 */
}
```

```css
.sec1_more {
    width: 109px;              /* 设置宽度 */
    height: 34px;              /* 设置高度 */
    border: 1px #999999 solid; /* 设置边框 */
    margin: 20px auto 20px;    /* 设置外边距 */
    display: block;            /* 设置块状显示 */
    line-height: 34px;         /* 设置行高 */
    text-align: center;        /* 设置对齐方式 */
    font-size: 16px;           /* 设置字号 */
    color: #999;               /* 设置颜色 */
}
.clear {
    clear: both;               /* 设置清除浮动 */
}
.line1{
    width:1280px;              /* 设置宽度 */
    height: 2px;               /* 设置高度 */
    background-color: #e3e3e3; /* 设置背景颜色 */
    margin:0 auto;
}
#sec2 {
    width: 100%;               /* 设置宽度 */
    height: 435px;             /* 设置高度 */
    margin: 0px auto 0px auto; /* 设置外边距 */
    background-color: #f5f5f5; /* 设置背景颜色 */
}
.sec2_left {
    width: 690px;              /* 设置宽度 */
    height: 435px;             /* 设置高度 */
    float: left;               /* 设置浮动 */
    background: url(images/video.PNG) no-repeat center;
                               /* 设置背景 */
    margin-left: 20px;         /* 设置左外边距 */
}
.sec2_right {
    width: 370px;              /* 设置宽度 */
    height: 435px;             /* 设置高度 */
    float: right;              /* 设置右浮动 */
    margin-right: 140px;       /* 设置左外边距 */
}
```

```css
.index_news_t {
    width: 100%;                          /* 设置宽度 */
    height: 35px;                         /* 设置高度 */
    margin: 0px auto;                     /* 设置外边距 */
    font-family: "微软雅黑";               /* 设置字体 */
    font-size: 25px;                      /* 设置字号 */
    color: #FCBD05;                       /* 设置颜色 */
    padding-top: 10px;                    /* 设置上内边距 */
    font-weight: 900px;                   /* 设置字体粗细 */
}
.index_news_t span {
    font-weight: 900px;                   /* 设置字体粗细 */
    font-size: 20px;                      /* 设置字号 */
}
.index_news1 {
    width: 100%;                          /* 设置宽度 */
    height: 95px;                         /* 设置高度 */
    margin: 0px auto 0px auto;            /* 设置外边距 */
    background-color: #AF2B2E;            /* 设置背景色 */
}
.index_news11 {
    width: 100px;                         /* 设置宽度 */
    height: 74px;                         /* 设置高度 */
    float: left;                          /* 设置左浮动 */
    margin-top: 11px;                     /* 设置上外边距 */
    margin-left: 10px;                    /* 设置左外边距 */
}
.index_news11 img {
    width: 96px;                          /* 设置宽度 */
    height: 70px;                         /* 设置高度 */
    border: #fff 2px solid;               /* 设置边框样式 */
}
.index_news12{
    width: 230px;                         /* 设置宽度 */
    height: 85px;                         /* 设置高度 */
    line-height: 29px;                    /* 设置行高 */
    float: left;                          /* 设置左浮动 */
    margin-top: 10px;                     /* 设置上外边距 */
    margin-left: 5px;                     /* 设置左外边距 */
```

```
    font-family: "微软雅黑";        /* 设置字体 */
    font-size: 12px;               /* 设置字号 */
    text-align: left;              /* 设置对齐方式 */
}
.index_news12 a {
    font-family: "微软雅黑";        /* 设置字体 */
    font-size: 12px;               /* 设置字号 */
    color: #fff;                   /* 设置颜色 */
    text-align: left;              /* 设置对齐方式 */
}
.index_news2 {
    width: 340px;                  /* 设置宽度 */
    height: auto;                  /* 设置高度 */
}
.index_news2 ul li {
    width: 100%;                   /* 设置宽度 */
    height: 40px;                  /* 设置高度 */
    line-height: 40px;             /* 设置行高 */
    list-style-type: none;         /* 设置列表样式 */
    text-align: left;              /* 设置对齐方式 */
    border-bottom: #a39fa0 1px dotted;  /* 设置下边框线 */
}
.index_news2 ul li a {
    font-family: "微软雅黑";        /* 设置字体 */
    font-size: 14px;               /* 设置字号 */
    color: #333;                   /* 设置颜色 */
}
.index_news2 ul li a:hover {
    font-family: "微软雅黑";        /* 设置字体 */
    font-size: 14px;               /* 设置字号 */
    color: #C00;                   /* 设置颜色 */
}

#sec2 {
    width:1280px;                  /* 设置宽度 */
    height:auto;                   /* 设置高度 */
    margin:0 auto;                 /* 设置外边距 */
    background-color:#f5f5f5;      /* 设置背景 */
}
```

```css
#sec2 h2 {
    font-family: "微软雅黑";        /* 设置字体 */
    color: #5F9EA0;               /* 设置颜色 */
    font-weight: 800;             /* 设置字体粗细 */
    font-size: 24px;              /* 设置字号 */
    text-align: center;           /* 设置对齐方式 */
    line-height: 60px;            /* 设置行高 */
    height: 60px;                 /* 设置高度 */


}

.index_rjxx_info {
    width: 1240px;                /* 设置宽度 */
    height: auto;                 /* 设置高度 */
    line-height: 25px;            /* 设置行高 */
    margin-top: 5px;              /* 设置上外边距 */
    font-family: "微软雅黑";       /* 设置字体 */
    font-size: 14px;              /* 设置字号 */
    color: #585858;               /* 设置颜色 */
    text-align: left;             /* 设置对齐方式 */
}

.index_rjxx_list {
    width: 1140px;                /* 设置宽度 */
    height: 222px;                /* 设置高度 */
    margin: 30px auto;            /* 设置外边距 */
}

.index_rjxx_list ul li{
    width: 208px;                 /* 设置宽度 */
    height: 222px;                /* 设置高度 */
    float: left;                  /* 设置浮动 */
    list-style-type: none;        /* 设置列表类型 */
    margin-right: 60px;           /* 设置右外边距 */
    text-align: center;           /* 设置对齐方式 */
}

.index_rjxx_list ul li img {
    width: 203px;                 /* 设置宽度 */
    height: 140px;                /* 设置高度 */
    margin-top: 5px;              /* 设置上外边距 */
}
```

```css
.index_rjxx_list ul li img:hover {
    /* 设置背景色 */
    background-color: #FFF;
    padding: 10px;
    box-shadow: 5px 5px 3px RGBa(50,50,50,1);
    opacity: 0.5;                    /* 定义透明度 */
    cursor: pointer;
    -webkit-transform: rotate(-6deg) scale(1.33);
    -moz-transform: rotate(-6deg) scale(1.33);
    -ms-transform: rotate(-6deg) scale(1.33);
    -o-transform: rotate(-6deg) scale(1.33);
    transform: rotate(-6deg) scale(1.33);
    z-index: 10;
}


.ppp{
    transform: rotate(6deg);
    transform-origin: right top;
    margin-top: 20px;
}
.index_rjxx_list ul li p {
    width: 203px;                    /* 设置宽度 */
    height: 50px;                    /* 设置高度 */
    line-height: 25px;               /* 设置行高 */
    margin-top: 15px;                /* 设置上外边距 */
}
.index_rjxx_list ul li p a {
    font-family: "微软雅黑";          /* 设置字体 */
    font-size: 16px;                 /* 设置字号 */
    color: #000;                     /* 设置颜色 */
    text-align: center;              /* 设置对齐方式 */
}

/* contactus */

.contactus {
    position: relative;              /* 设置相对定位 */
    overflow: auto;                  /* 设置溢出方式 */
}
```

```
.contactus dl {
    display: block;                  /* 设置元素块状显示 */
}

.contactus dl dt {
    margin-top: 30px;                /* 设置上外边距 */
    margin-bottom: 20px;             /* 设置下外边距 */
    color: #f4651d;                  /* 设置颜色 */
    font-size: 28px;                 /* 设置字体大小 */
    font-weight: bold;               /* 设置字体粗细 */
    text-align: center;              /* 设置对齐方式 */
    letter-spacing: 10px;            /* 设置字母间距 */
}

.contactus dl dd:first-of-type {
    font-size: 14px;                 /* 设置字体大小 */
    line-height: 22px;               /* 设置行高 */
    text-align: center;              /* 设置对齐方式 */
}

.contactus .nav1 {
    width: 800px;                    /* 设置宽度 */
    margin: 30px auto;               /* 设置外边距 */
}

.contactus .nav1 form .fullname {
    display: block;                  /* 设置元素块状显示 */
    float: left;                     /* 设置浮动 */
    margin-left: 10px;               /* 设置左外边距 */
    padding: 3px 5px;                /* 设置内边距 */
    margin-bottom: 10px;             /* 设置下外边距 */
    width: 370px;                    /* 设置宽度 */
    height: 30px;                    /* 设置高度 */
    border: 1px solid #999;          /* 设置边框样式 */
}

.contactus .nav1 form .email {
    display: block;                  /* 设置元素块状显示 */
    float: left;                     /* 设置浮动方式 */
    margin-left: 20px;               /* 设置左外边距 */
    padding: 3px 5px;                /* 设置内边距 */
    margin-bottom: 10px;             /* 设置下外边距 */
    width: 370px;                    /* 设置宽度 */
    height: 30px;                    /* 设置高度 */
```

```
      border: 1px solid #999;        /* 设置边框样式 */
  }
  .contactus .nav1 form .message {
      display: block;                /* 设置元素块状显示 */
      clear: left;                   /* 设置清除浮动 */
      margin-left: 10px;             /* 设置左外边距 */
      padding: 3px 5px;              /* 设置内边距 */
      margin-bottom: 10px;           /* 设置下外边距 */
      width: 772px;                  /* 设置宽度 */
      height: 200px;                 /* 设置高度 */
      border: 1px solid #999;        /* 设置边框样式 */
  }
  .contactus .nav1 form .submit {
      display: block;                /* 设置元素块状显示 */
      margin: 20px auto;             /* 设置外边距 */
      padding: 8px 20px;             /* 设置内边距 */
      height: 40px;                  /* 设置高度 */
      background-color: #f4651d;     /* 设置背景色 */
      color: #fff;                   /* 设置字体颜色 */
  }
  footer {
      height: 100px;                 /* 设置高度 */
      line-height: 100px;            /* 设置行高 */
      text-align: center;            /* 设置对齐方式 */
      background: #5F9EA0;           /* 设置背景 */
      color: #FFF;                   /* 设置颜色 */
      font-size: 14px;               /* 设置字号 */
  }
```

本例中轮播图使用了 Bootstrap 架构,站点引用 Bootstrap 架构的方式为编译(同时)引用:使用压缩版的 bootstrap. min. js。Bootstrap 是 CSS 框架,采用样式库加 jQuery 插件的方式,本例样式库文件为 Bootstrap. min. css。Bootstrap 是一个前台框架,包含 CSS 和一些 jQuery 插件,依赖 jQuery,所以必须一起使用。本例引用于 jQuery-1. 11. 0. min. js。

参考文献

[1] 赵子江. 多媒体技术应用教程[M]. 2 版. 北京:机械工业出版社,2015.

[2] 王轶冰. 多媒体技术应用实验与实践教程[M]. 北京:清华大学出版社,2015.

[3] 林崇德. 心理学大辞典[M]. 上海:上海教育出版社,2003.

[4] 许良军. 传感器与驱动器技术工艺参数[M]. 北京:机械工业出版社,2012.

[5] 王志强. 多媒体应用基础[M]. 北京:高等教育出版社,2012.

[6] 李泽年. 多媒体技术教程[M]. 北京:机械工业出版社,2004.